82 resumos geológicos

tradução | Rena Signer

Laurent Emmanuel
Marc de Rafélis
Ariane Pasco

Oficina de Textos

Maxi fiches de géologie
© Copyright original 2007, 2011 Dunod, Paris
© Copyright da tradução em português 2014 Oficina de Textos

Grafia atualizada conforme o Acordo Ortográfico da Língua
Portuguesa de 1990, em vigor no Brasil desde 2009.

Conselho editorial   Cylon Gonçalves da Silva; Doris C. C. K. Kowaltowski; José Galizia Tundisi; Luis Enrique Sánchez; Paulo Helene; Rozely Ferreira dos Santos; Teresa Gallotti Florenzano

Capa e projeto gráfico   Malu Vallim
Diagramação   Maria Lucia Rigon
Preparação de textos   Deborah Quintal
Revisão de textos   Roberta Oliveira Stracieri
Revisão técnica   Benjamin Bley de Brito Neves
Impressão e acabamento   Prol Editora e Gráfica

Dados Internacionais de Catalogação na Publicação (CIP)
(Câmara Brasileira do Livro, SP, Brasil)

Emmanuel, Laurent
   82 resumos geológicos / Laurent Emmanuel, Marc de Rafélis, Ariane Pasco ; tradução Rena Signer. -- São Paulo: Oficina de Textos, 2014.

Título original: Maxi fiches de géologie.
Bibliografia
ISBN 978-85-7975-134-9

1. Geologia I. Rafélis, Marc de. II. Pasco, Ariane. III. Título.

14-08741   CDD-551

Índices para catálogo sistemático:
   1. Geologia 551

Todos os direitos reservados à **Oficina de Textos**
Rua Cubatão, 959
CEP 04013-043 – São Paulo – Brasil
Fone (11) 3085 7933   Fax (11) 3083 0849
www.ofitexto.com.br   e-mail: atend@ofitexto.com.br

Sumário

	Introdução	7
1	O sistema solar	9
2	O campo magnético terrestre	13
3	Os princípios da estratigrafia	16
4	A datação relativa	20
5	A datação absoluta	24
6	O balanço térmico da Terra	29
7	Os movimentos atmosféricos	34
8	A estrutura físico-química dos oceanos	37
9	As circulações oceânicas	41
10	A teoria astronômica do clima	47
11	As propriedades da água	50
12	O ciclo da água	52
13	O ciclo do carbono	56
14	O ciclo do nitrogênio	60
15	A estrutura interna da Terra	63
16	O geoide	66
17	As anomalias gravimétricas	68
18	A isostasia	71
19	Os minerais: generalizações	73
20	Os critérios de reconhecimento dos minerais	75
21	O microscópio polarizante	77
22	As principais famílias de minerais	81
23	As rochas vulcânicas e plutônicas	83
24	Os diferentes tipos de vulcões	87
25	As rochas sedimentares	89
26	O manto e a convecção mantélica	93
27	As rochas metamórficas	97

28	Crosta continental e crosta oceânica	101
29	A morfologia dos oceanos	103
30	As margens passivas	105
31	Margens ativas e arcos insulares ativos	107
32	As dorsais e a litosfera oceânica	109
33	A subducção	112
34	Colisão e obducção	114
35	As deformações da crosta terrestre: os dobramentos	116
36	As falhas	120
37	Os sismos	122
38	A gênese dos magmas	124
39	Anatexia	128
40	A fusão parcial	130
41	A cristalização fracionada	132
42	Os "pontos quentes" (hot spots)	136
43	Cinemática ou movimentos das placas	138
44	Deriva dos continentes e paleogeografia	140
45	O metamorfismo	142
46	Os processos de alteração	144
47	Alteração e climas	149
48	Os meios sedimentares	153
49	A profundidade da compensação dos carbonatos (CCD)	155
50	Os depósitos oceânicos atuais	157
51	As variações do nível marinho	160
52	A diagênese	164
53	O hidrotermalismo submarino	168
54	As geleiras e o relevo glacial	170
55	As glaciações	173
56	Hidrogeologia	176
57	Os recursos minerais	178
58	Da matéria orgânica ao petróleo	182
59	As hipóteses sobre a origem da vida	185
60	A carta do tempo geológico	187

61	Os fósseis	189
62	A fossilização e suas modalidades	191
63	As grandes etapas da evolução	194
64	As crises biológicas	196
65	O surgimento do homem	198
66	Os meteoritos	202
67	Os *tsunamis*	204
68	As catástrofes naturais: prevenção e previsão	206
69	As pedras preciosas	209
70	Os satélites nas ciências da Terra	211
71	O mapa topográfico	213
72	O mapa geológico	215
73	A magnetoestratigrafia	219
74	Geomorfologia	221
75	O ciclo das rochas	224
76	A escala estratigráfica	225
77	Mapa da sismicidade mundial	227
78	As principais placas e tipos de margens	228
79	Mapa das idades dos fundos oceânicos, deduzidas as anomalias magnéticas	229
80	Mapa do deslocamento das placas	230
81	Os métodos de análise em geociências	231
82	Elementos da geologia de Marte	233
	Questionário de Múltipla Escolha	239
	Questões de revisão	242
	Gabarito das QME	248
	Respostas das questões de revisão	249
	Leitura recomendada	255
	Índice remissivo	256

Introdução
à segunda edição

Esta segunda edição de 82 *resumos geológicos* se deve a duas coisas: à confiança da editora e (especialmente) à de nossos leitores. Por causa dessa confiança, grande parte dos alunos validou a relevância desse tipo de trabalho e reforçou a nossa melhoria desta nova versão.

A sensibilidade das pessoas acentuou-se diante das manifestações naturais do planeta e dos problemas ambientais, principalmente pela ação da mídia. Esse interesse crescente é respaldado pelo ensino de Ciências Exatas e da Terra nas escolas de ensino médio e nos primeiros anos das faculdades. Na área de geologia, as obras gerais e especializadas sobre o tema se multiplicaram, para garantir aos leitores de todos os níveis um acesso de qualidade a uma disciplina situada no âmbito da biologia, da física e da química. Esta obra cobre um largo espectro de temas: da superfície ao núcleo da Terra e da hidrosfera à atmosfera, passando pela biosfera e sua evolução.

Esta obra direciona-se, principalmente, aos estudantes do primeiro ano universitário, mas o conteúdo interessa também aos alunos de final do ensino médio e cursinhos preparatórios ao vestibular, além das pessoas curiosas pelos fenômenos e manifestações do planeta Terra. No final do livro, são apresentados alguns exercícios e questões de múltipla escolha (com as respectivas respostas), para se familiarizar com as noções apresentadas nas fichas. A lista de temas abordados é bastante ampla e associa noções fundamentais a aspectos mais especializados ou metodológicos das Ciências da Terra e do Universo.

As fichas são independentes umas das outras, mas deu-se especial atenção às remissões a fichas referenciadas. Nelas se encontram detalhes dos processos, aspectos históricos de um conceito ou crítica de um modelo em obras mais clássicas, por exemplo. Para reforçar esse caráter acessível do modelo em "fichas", os autores privilegiaram a inserção de muitas figuras e tabelas. As numerosas ilustrações utilizadas nesta obra são originais ou correspondem a versões simplificadas de figuras retiradas de obras gerais de geologia. Desejamos agradecer a permissão pelo uso das figuras aos autores de *Elementos de Geologia* (Charles Pomerol, Maurice Renard e Yves Lagabrielle, Dunod) e ao Professor Eric Verrecchia (Universidade de Lausanne). Queremos agradecer também a Alexandre Lethiers (infografista do Instituto de Ciências da Terra da Universidade Pierre e Marie Curie) e Raymond Ghirardi, pela preciosa colaboração em determinadas ilustrações.

Agradecemos também aos leitores que, por meio de sua leitura crítica, enviam-nos comentários e outras correções. Eles continuam contribuindo muito com seus comentários!

1 O sistema solar

Palavras-chave
Estrela – Galáxia – Planetas gasosos – Planetas telúricos

O sistema solar é uma comunidade ordenada e compreende **uma estrela** (o Sol), **oito planetas** (Plutão não é considerado planeta desde 24 de agosto de 2006) e centena de milhares de satélites, meteoritos, asteroides e cometas.

1.1 Generalidades

O sistema solar tem cerca de **4,55 bilhões de anos**. Sua rápida formação (cerca de 200 milhões de anos) ocorreu em três etapas: **condensação** da nuvem protossolar, seguida de acreção e **diferenciação**. Encontra-se na galáxia da **Via Láctea**. As distâncias são medidas em unidades astronômicas (U.A.), em que uma U.A. corresponde à distância entre a Terra e o Sol.

A fronteira desse sistema corresponde a uma nuvem de cometas (a nuvem de Oort), situada a mais de 60.000 U.A. do Sol, ou seja, 2.000 vezes mais distante do que o mais longínquo dos planetas (Netuno, 30 U.A.).

1.2 O Sol

O Sol é uma estrela esférica de tamanho modesto (695.000 km de raio), constituído essencialmente de hidrogênio (73%) e hélio (25%), e representa 99% da massa total do sistema solar. Ele gira em torno de si mesmo em um período de, aproximadamente, 27 dias. Ele é a sede de reações nucleares (**fusão**) muito intensas, que liberam energia sob a forma de uma irradiação de fótons e de neutrinos ou de vento solar (plasma de prótons e de elétrons).

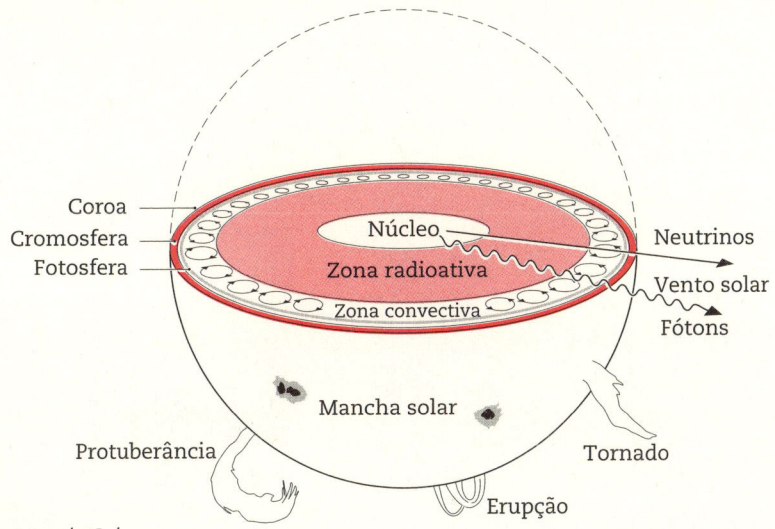

Fig. 1.1 *A estrutura do Sol*

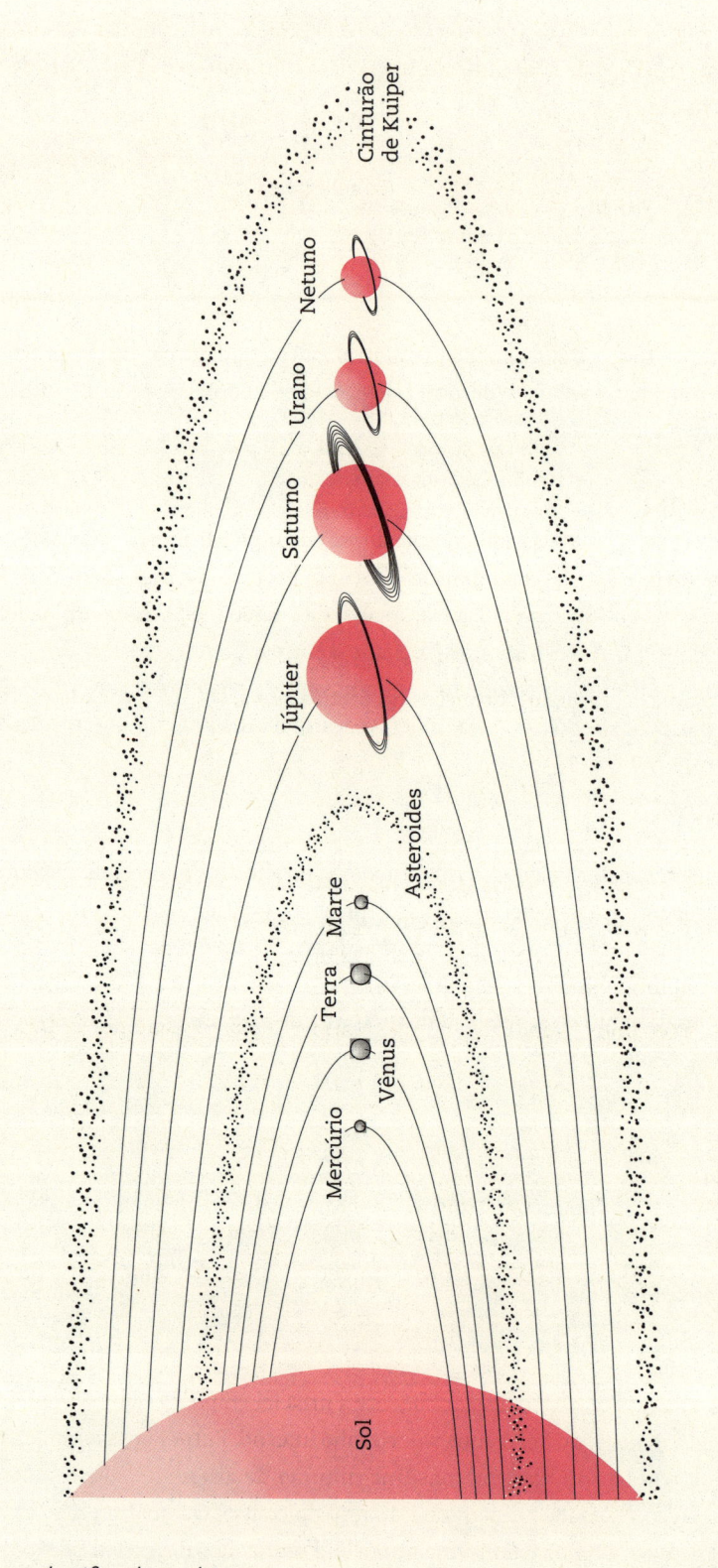

Fig. 1.2 *O Sistema solar (fora de escala)*

1 | O sistema solar

Como o Sol não é "sólido", é difícil determinar seus limites com exatidão. Assim, separam-se as estruturas mais internas de sua "atmosfera" graças à diminuição de densidade de seus gases. Assim, sua estrutura é:

	Invólucros	Característica	Raio (R) ou Espessura (Ep)
Estrutura interna	Núcleo ou centro	Muito denso (d = 150) T° = 15.10⁶°C	R = 150.000 km
	Zona radioativa	d = 15 T° = 10⁶°C Calor emitido por radiação.	R = 350.000 km
	Zona convectiva	d e T° diminuem (T° em torno de 6.000-7.000°C). Calor emitido por convecção.	R = 200.000 km
Atmosfera	Fotosfera	T° varia de 8.000°C na base a 4.500°C no pico. A olho nu, é branco-amarelada.	Ep = 300 km
	Cromosfera	T° varia de 4.500°C na base a 10°C no pico. É rosa choque quando visível no eclipse total.	Ep = 2.000 km
	Coroa	T° em torno de 3.10⁶°C	> 100.000 km

A atividade solar (perturbações magnéticas, ondulações gasosas) apresenta-se na atmosfera solar por meio de **manchas**, **tornados**, **erupções** ou **protuberâncias**. Essa atividade parece cíclica, com periodicidade de 11 anos.

1.3 Os planetas
a] Generalidades

Os oito planetas (Mercúrio, Vênus, Terra, Marte, Júpiter, Saturno, Urano e Netuno) giram em torno do Sol em órbitas elípticas, quase circulares. Essas órbitas estão todas num mesmo plano elíptico.

	Mercúrio	Vênus	Terra	Marte	Júpiter	Saturno	Urano	Netuno
Distância/Sol (10⁶ km)	58	107,9	149,6	227,7	777,9	1.427	2.869	4.497
Densidade (água = 1)	5,43	5,24	5,52	3,93	1,33	0,71	1,31	1,77
Revolução sideral	88 dias	224,7 dias	365,26 dias	687 dias	11,86 anos	29,46 anos	84,01 anos	164,8 anos
Rotação (dias)	58,65	243,6	0,9973	1,026	0,41	0,427	0,45	0,67
Satélites	-	-	1	2	39	28	17	8

A divisão dos planetas do sistema solar obedece a uma lei empírica muito simples: cada planeta é duas vezes mais afastado do Sol do que seu vizinho interno. Entre Marte e Júpiter, no local previsto por essa lei, não há um planeta, mas um cinturão de asteroides constituídos de invólucros concêntricos, cuja densidade aumenta na direção do centro. Os quatro planetas mais próximos do Sol são pequenos, densos e têm uma atmosfera reduzida e desprovida de hidrogênio. São os **planetas telúricos** (ou **terrestriais** ou **rochosos**).

Os quatro planetas seguintes são muito mais volumosos e menos densos. São os **planetas gigantes** (ou **gasosos**).

Depois da órbita de Netuno, há um segundo maior cinturão de asteroides (o **cinturão de Kuiper**), ao qual pertence Plutão.

b] A formação

Para explicar a formação dos planetas globalmente concêntricos, duas hipóteses se apresentam:
- durante a **acreção "homogênea"**, em duas fases, um corpo homogêneo se forma pela acreção de poeiras, e depois forma um núcleo e um manto, enquanto os produtos voláteis migram em direção à superfície para formar a atmosfera;
- durante a **acreção "heterogênea"**, os materiais se condensam por ordem decrescente de densidade: primeiro os mais pesados, como o ferro, para formar o núcleo; depois, os silicatos, para o manto e a crosta. Em seguida, os materiais gasosos são capturados, para formar a atmosfera.

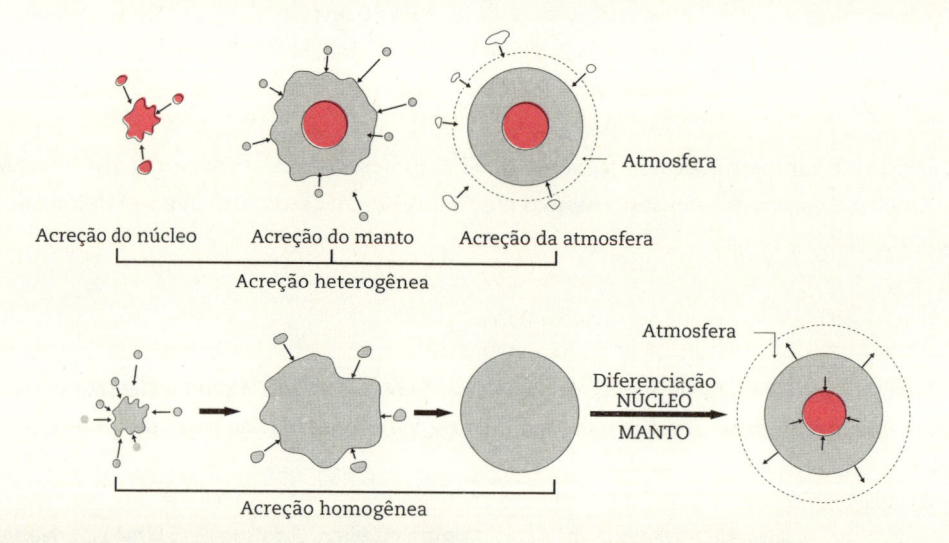

Fig. 1.3 *Mecanismos de formação dos planetas*

O cinturão de asteroides, que separa os dois grupos de quatro planetas, marca a transição entre os planetas em que predomina o fenômeno de acreção (planetas telúricos) e os planetas gigantes formados por "desmoronamento" gravitacional.

Fig. 1.4 *O Sol visto pela sonda SOHO (NASA, ESA)*

O campo magnético terrestre

Palavras-chave
Declinação – Inclinação – Magnetopausa – Magnetosfera – Polos magnéticos

A Terra, como a maioria dos planetas do sistema solar (exceto Vênus), possui um campo magnético que é responsável, por exemplo, pela orientação das agulhas imantadas das bússolas. Para simplificar, ele se parece com aquele que criaria um ímã dipolar colocado no centro da Terra.

2.1 Generalidades

O campo magnético terrestre é orientado por um eixo magnético composto por um polo Norte magnético e um polo Sul magnético. Esses **polos magnéticos** não correspondem exatamente aos polos geográficos Norte e Sul e variam bastante. Atualmente, o polo Norte magnético (na altura do escudo canadense) desloca-se a 40 km/ano em direção ao polo Norte, que está a cerca de 1.000 km dele. O polo Sul magnético (Terra Adélia) está a mais de 2.000 km do polo Sul geográfico.

O efeito do campo magnético estende-se até o espaço: é a **magnetosfera**, que começa depois da ionosfera (altitude de 1.000 km) e termina na **magnetopausa**. Do lado ensolarado, ela é muito assimétrica, com um limite externo bem definido por causa dos ventos solares (em torno de 10 raios terrestres) e uma "cauda" do lado oposto, pela qual escapam as linhas de força desse campo sobre milhares de raios terrestres.

2.2 A origem

99,5% do campo magnético terrestre é de origem interna à Terra, particularmente do **núcleo** (composto de ferro e níquel), que funciona como um dínamo, cujos compartimentos seriam as partes externas (líquido) e internas (sólido) (Ficha 15). Além disso, a orientação do eixo magnético é alinhada totalmente com a rotação, como acontece em todos os planetas dotados de campo magnético. A relação entre a rotação da Terra e o campo magnético é denominada força de Coriolis (Ficha 7).

2.3 Os parâmetros

Em qualquer ponto do globo, define-se campo magnético segundo três parâmetros:
- a **intensidade** F (em nanotesla), que varia em função da latitude (60.000 nT no polo Norte e 30.000 nT no Equador);
- a **inclinação** I (em grau), que é o ângulo entre a componente horizontal do campo e a direção do campo. I é positiva quando a linha de força entra na Terra (hemisfério Norte);
- a **declinação** D (em grau), que é o ângulo entre a componente horizontal do campo e o Norte geográfico. Ela varia de 0 a 360°: 0 a 180° significa que D encontra-se a oeste do Norte geográfico; 180° a 360°, a Leste.

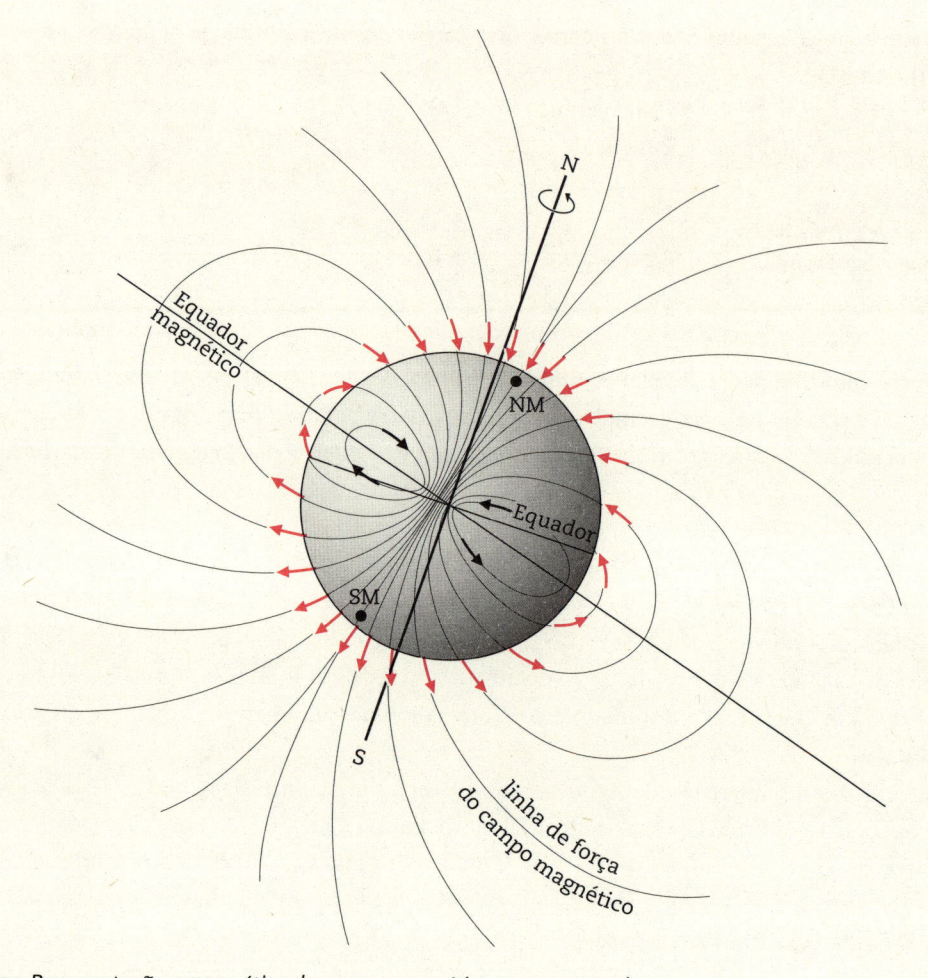

Fig. 2.1 *Representação esquemática do campo magnético terrestre atual*

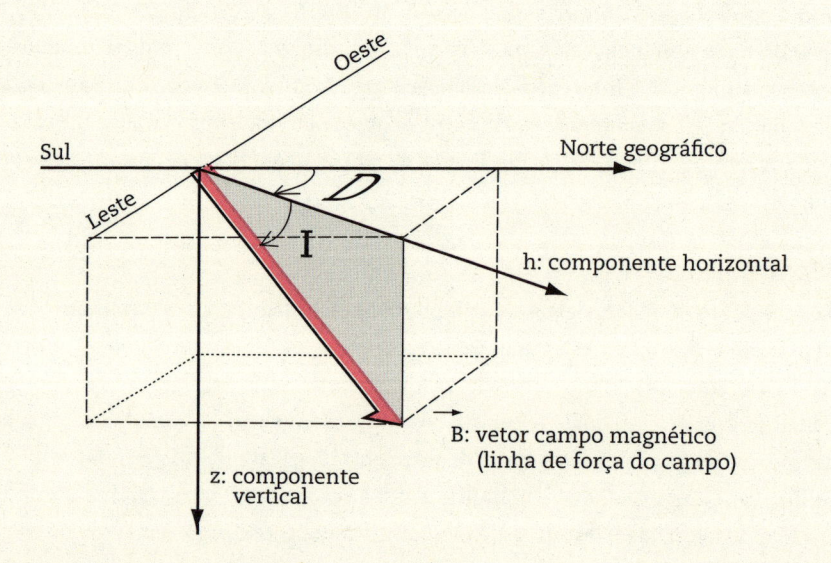

Fig. 2.2 *Os parâmetros do campo magnético*

A inclinação I do campo em um ponto é diretamente ligada à latitude L, conforme a fórmula: Tg(I) = 2Tg(L).
Essa relação permite obter a paleolatitude de determinado lugar em qualquer época, a partir do momento em que I pode ser medida.

2.4 Conclusão

A magnetosfera, assim como a camada de ozônio, constitui uma barreira protetora contra os raios solares ionizantes. A orientação do campo magnético terrestre não é constante no tempo: o campo magnético inverte-se ou volta à situação anterior periodicamente. Essas inversões são datadas com base em uma escala de referência (Ficha 73) chamada magnetoestratigrafia (0 a 150 Ma).

3 Os princípios da estratigrafia

Palavras-chave
Atualismo – Critério de polaridade – Diacronismo – Discordância angular – Lacuna – Nível de referência

O estudo das rochas e de suas relações geométricas permite reconstituir sua história geológica e relacionar as sucessões de estratos ou de rochas da mesma idade. Assim, pode-se reconstituir a evolução dos depósitos no espaço e no tempo.

3.1 Princípios da datação relativa

Pelo princípio do **atualismo**, as mesmas causas têm os mesmos efeitos. Com base nesse postulado, assim como em alguns princípios simples, os objetos geológicos podem ser datados de forma relativa uns em relação aos outros. Esses princípios são a base do estabelecimento das primeiras escalas temporais. Foi o geólogo dinamarquês Nicolas Steno (1638-1686) quem definiu os estratos e as primeiras regras da estratigrafia.

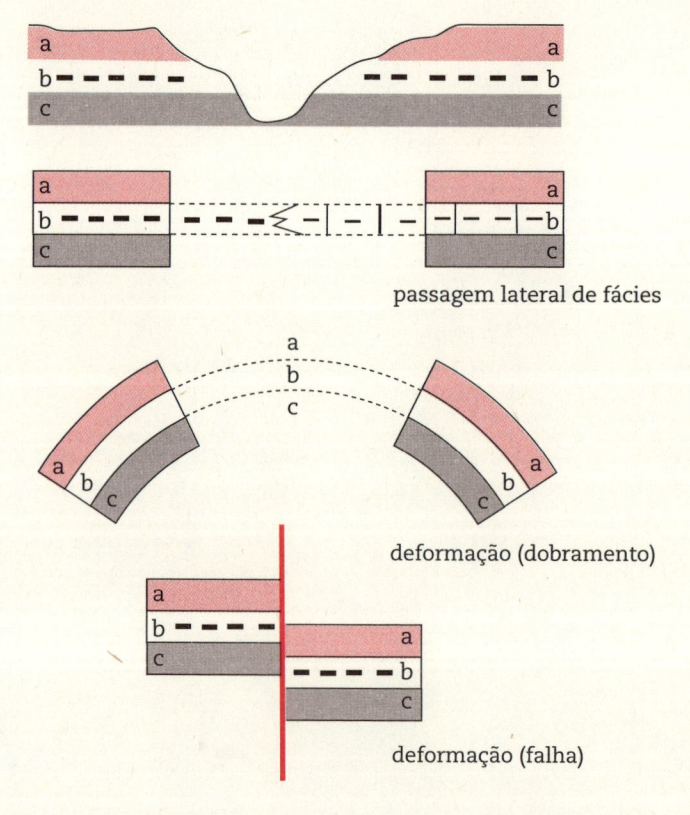

Fig. 3.1 *Princípio da superposição: a camada* **a** *é mais recente do que a camada* **b** *e* **c**

3 | Os princípios da estratigrafia

Segundo o princípio da continuidade, se uma camada tem a mesma idade em toda a sua extensão, então a camada **b**, compreendida entre a camada **a** e a camada **c**, tem a mesma idade, apesar da mudança de fácies ou das deformações por que passou.

Os princípios da estratigrafia estão resumidos no seguinte quadro:

Princípio de continuidade	Uma camada tem a mesma idade em toda a sua extensão.
Princípio da superposição	As camadas situadas estratigraficamente mais abaixo (soto-postas) são as mais antigas: se uma camada **a** está sob uma camada **b**, então **a** é mais antiga do que **b**.
Princípio da horizontalidade	As camadas estão na posição horizontal.
Princípio da intercessão (posição relativa)	Quando uma camada é recortada por uma falha ou um filão, então essa camada é mais antiga do que a falha ou o filão.
Princípio da inclusão	Um objeto inserido em uma camada é anterior a essa camada.

Há duas exceções relevantes a esses princípios:
- os movimentos aluviais e marinhos sobrepõem-se, mas sua posição reflete as variações do nível marinho, e não sua sucessão cronológica;
- os sills de rochas vulcânicas podem infiltrar-se entre estratos e deturpar a leitura da sucessão estratigráfica (Ficha 23).

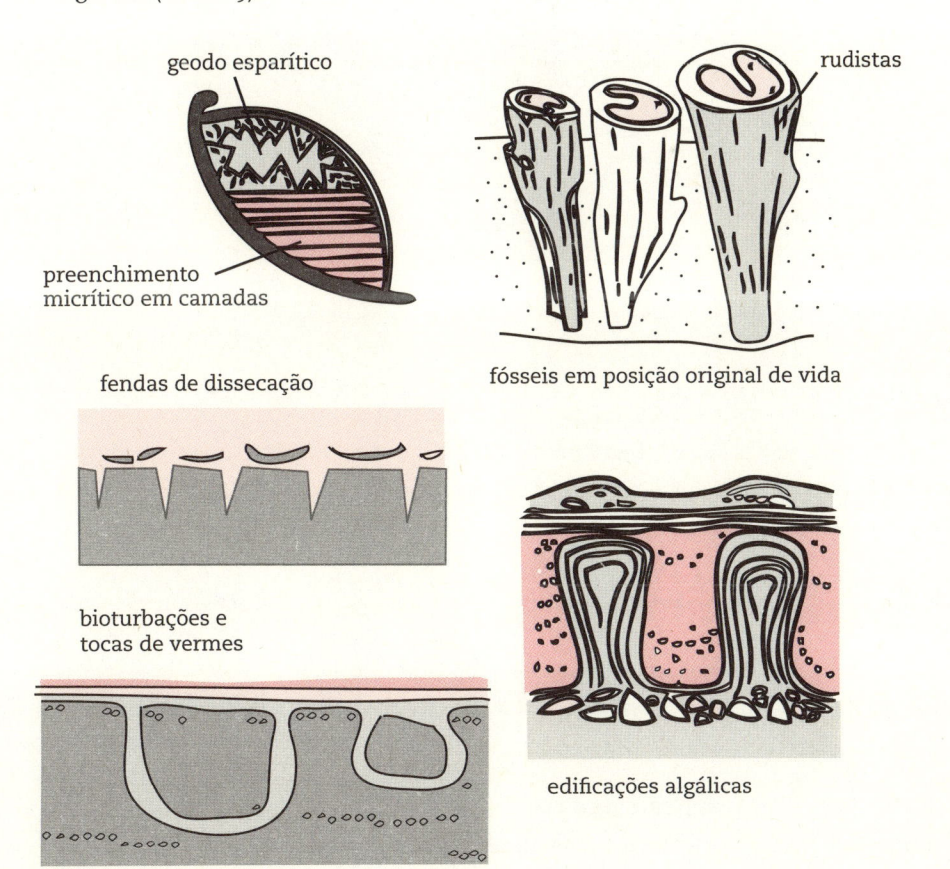

Fig. 3.2 *Alguns critérios de polaridade*

Para a aplicação desses critérios, os estratos e as rochas podem estar em posição normal, o que não ocorre, por exemplo, em zonas tectônicas, no flanco inverso de uma dobra deitada (Ficha 35). Há **critérios de polaridade** que permitem ver se o estrato ou a rocha analisada está na posição normal ou invertida. Por exemplo, a lava almofadada de derrame mostra pedúnculos na base, que fornecem a polaridade do derrame, as bioturbações, as marcas de passos ou, então, os fósseis em posição de vida.

Para aplicar os princípios da estratigrafia, é preciso que as sequências sedimentares sejam contínuas no tempo. Em uma sucessão descontínua, a sucessão dos estratos mostra hiatos ou **lacunas**. As lacunas podem ser sedimentares, quando a sedimentação simplesmente não ocorreu, ou de erosões (ablação por depósitos de correntes, por exemplo). Quando as sequências foram reconstituídas e erodidas, a superfície de erosão é selada por novos depósitos sedimentares, ou seja, pelas superfícies de **discordância**. Se as camadas subjacentes foram basculadas, tem-se a **discordância angular**.

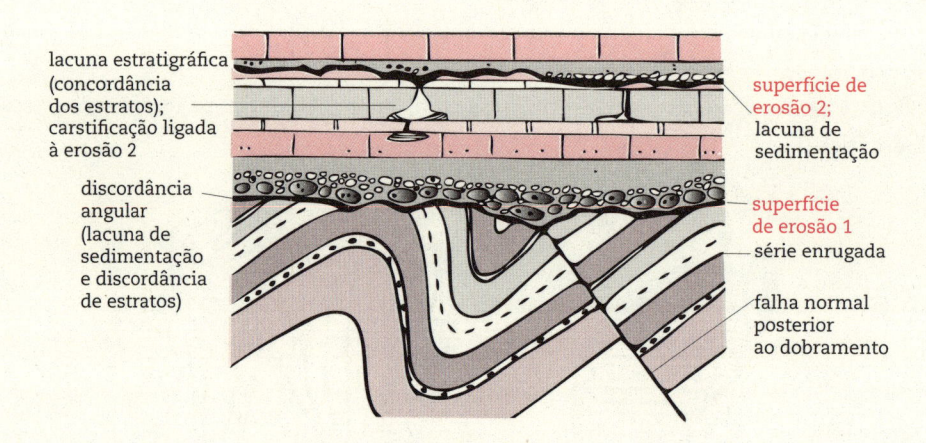

Fig. 3.3 *Datação relativa e discordâncias*

3.2 Escalas de medida: estágios e estratotipos

O estudo da sucessão dos estratos e preenchimentos sedimentares leva a construir colunas estratigráficas subdivididas em andares. Por sua vez, os estágios são agrupados em séries, e depois em sistemas (Ficha 60).

Holostratotipo	Corte de referência histórica	Geralmente perdido ou degradado (urbanização, pilhagem)
Lectostratotipo	Corte escolhido entre aqueles propostos pelo autor	
Neostratotipo	Novo corte de referência	Desaparecimento ou destruição do holostratotipo, nova descoberta paleontológica
Parastratotipo	Corte complementar proposto pelo autor	
Hipostratotipo	Corte pertencente a outro domínio paleogeográfico	

3 | Os princípios da estratigrafia

Durante muito tempo, o estágio definido por Alcide d'Orbigny foi considerado o elemento de base da estratigrafia. Um estágio deve ter um valor universal, o que não acontece em uma formação de âmbito mais local. Desde sua criação, a noção de estágio, que correspondia a um ciclo sedimentar, evoluiu bastante e agora se baseia em técnicas modernas de análise paleontológica e em ciclos eustáticos (Ficha 4). Os estágios são definidos com base em afloramentos e cortes de referência: os **estratotipos**, periodicamente revisados, e podem ser substituídos em caso de destruição ou degradação.

4 A datação relativa

Palavras-chave
Biozona – Correlações – Espaço – Estratigrafia – Tempo

A determinação do tempo geológico (geocronologia) e a reconstituição da história do planeta Terra são feitas pela interpretação dos fenômenos geológicos e biológicos gravados nas rochas e nos fósseis, por meio de sinais relacionados a eventos de grandes superfícies geográficas (regionais ou globais). A datação relativa permite organizar as estruturas e os eventos geológicos ao relacioná-los no tempo, mas sem uma datação precisa. Esse método baseia-se nos princípios fundamentais da estratigrafia (Ficha 3) e da cronologia relativa, com os quais se estabelece a escala estratigráfica das eras geológicas a partir dos dados litológicos (litoestratigrafia) e do conteúdo paleontológico (bioestratigrafia) das diferentes camadas do contexto litoestrutural.

4.1 A abordagem e os métodos estratigráficos

a] Da abordagem geométrica à abordagem cronométrica

A estratégia estratigráfica baseia-se em três fases sucessivas fundamentais:

- *Fase 1*: a estratigrafia geométrica, que é a análise das relações geométricas dos conjuntos litoestruturais em três dimensões no espaço, sem considerar o tempo, permite estabelecer relações entre sucessões geológicas em dois pontos diferentes (**correlações estratigráficas**). Eventos peculiares com incidências regionais (erupções vulcânicas) ou planetárias (impactos de meteoritos, mudanças climáticas brutais, brusca abertura de comunicação entre bacias oceânicas) podem levar a correlações precisas entre as unidades que as registram e, assim, definir uma **estratigrafia por eventos**.
- *Fase 2*: a estimativa da **duração** relativa de unidades e fenômenos estudados leva a determinado zoneamento da escala de tempo, o que permite datações relativas de terrenos e correlações simultâneas entre as diferentes unidades geológicas, a chamada **estratigrafia cronológica**.
- *Fase 3*: a **estratigrafia cronométrica** (numérica) dedica-se a medir o tempo das unidades geológicas e abstrai-se de sua natureza, espessura e de suas relações geométricas. Ela permite obter datações numéricas absolutas (Ficha 5) em uma escala de tempo graduada do milhão ao bilhão de anos.

b] Os métodos estratigráficos

A abordagem estratigráfica baseia-se em diferentes métodos com distintas abordagens analíticas, entre as quais algumas somente foram desenvolvidas a partir da segunda metade do século XX. Alguns desses métodos permitem definir unidades descritivas (unidades litoestratigráficas, sequenciais, geoquímicas, bioestratigráficas), nas quais o tempo não é diretamente considerado, ou, então, não é discriminado quantitativamente.

4 | A datação relativa

Ciências ou disciplinas	Métodos	Fenômenos naturais → Sinais estratigráficos				Contínuo Velocidade variável	Irreversível Velocidade constante
		Descontínuos reversíveis/repetitivos	Contínuo reversível	"instantâneos"/repetitivos	Descontínuos irreversíveis		
Física	Geocronologia isotópica						Radioatividade natural → Geocronômetros
Paleontologia evolutiva	Bioestratigrafia				Crises biológicas → Renovação da fauna	Evolução biológica → Espécies fósseis	
Física	Magnetoestratigrafia		Inversão de polaridade magnética				
Química	Quimioestratigrafia	Variação do meio geoquímico → Tendências e eventos geoquímicos		Meteoritos → Irídio			
	Estratigrafias genéticas - Estratigrafia faciológica	Variações no meio sedimentar → Sequências e descontinuidades sequenciais					
	- Estratigrafia sequencial - Cicloestratigrafia		Variações de parâmetros orbitais → Ciclos				
Sedimentologia Mineralogia Petrologia Paleoecologia Geofísica	Sismoestratigrafia	Sedimentação → Descontinuidades litológicas					
Astronomia	Litoestratigrafia	Sedimentação → Unidades litoestratigráficas e descontinuidades sedimentares		Erupções vulcânicas → Tefra Meteoritos → Tectitos magnéticos extraterrestres			
Abordagens		Estratigrafia geométrica	Estratigrafia por eventos	Estratigrafia cronológica		Estratigrafia cronométrica	
Aplicações		Definição de unidades descritivas e correlações locais e regionais	Estimativa da duração Correlações regionais e planetárias	Correlações regionais e planetárias	Correlações regionais e planetárias	Relativas Correlações regionais e planetárias	Datações Numéricas Correlações planetárias

4.2 A litoestratigrafia

A litoestratigrafia é o estudo de unidades/sequências sedimentares, de sua organização e do registro do tempo a partir dos dados litológicos. Essa abordagem estratigráfica baseia-se numa **descrição analítica** desde o terreno ao laboratório e envolve vários campos disciplinares (petrografia, mineralogia, geoquímica, sedimentologia, paleontologia). Ela permite o reconhecimento das **unidades litoestratigráficas** definidas por suas **fácies** e forma dos conjuntos litológicos homogêneos e hierarquizados segundo diferentes escalas: do afloramento à extensão regional em três dimensões. A evolução gradual dos elementos constituintes de uma rocha e do conjunto das características litológicas, mineralógicas, geoquímicas, paleontológicas e de suas estruturas primárias e diagenéticas caracterizam uma **sequência de fácies**. A litoestratigrafia corresponde à sucessão de diferentes fácies, o que permite definir o meio sedimentar e os mecanismos de deposição. Assim, a identificação das sequências de fácies baseia-se na análise das **relações** entre as unidades sedimentares e na compreensão dos fatores que controlam sua evolução no espaço tridimensional.

Os limites dessas sequências caracterizam-se pelas **descontinuidades**, que mostram a mudança brutal de determinada característica no registro sedimentar ou de uma mudança cronoestratigráfica significativa. A integração das abordagens analíticas e dessas relações objetiva definir e descrever os processos geradores da sedimentação e constitui a **estratigrafia genética**. Por fim, a identificação de **ciclos** litológicos em que nem sempre é possível determinar sua duração (variação dos parâmetros orbitais – Ficha 10) é útil como ferramenta de correlação e constitui uma extensão da litoestratigrafia, que recebe a designação de **cicloestratigrafia**.

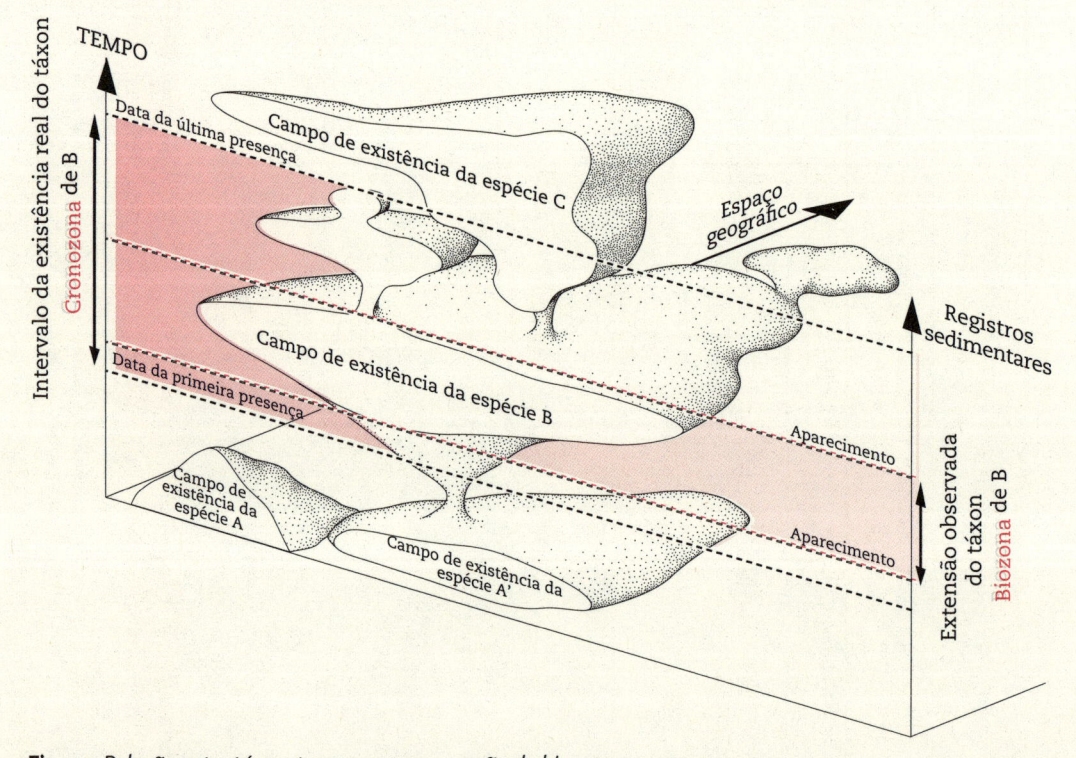

Fig. 4.1 *Relação entre táxon, tempo e espaço: noção de biozona e cronozona*

4.3 A bioestratigrafia

A bioestratigrafia é a disciplina estratigráfica que utiliza os fósseis ou traços de atividades biológicas nas camadas geológicas, a fim de organizá-los em unidades definidas pelo inventário paleontológico e classificá-los em função do tempo. A unidade-base da bioestratigrafia é a **biozona** (unidade bioestratigráfica), que fixa os limites e estabelece datações relativas e correlações regionais e globais. Identifica-se uma biozona por meio da análise de seu conteúdo paleontológico e pela posição que esse conteúdo lhe determina na sucessão irreversível da evolução do mundo animal e vegetal. A bioestratigrafia corresponde praticamente à **extensão** espaço-temporal de um ou diversos **táxons** ou a um **intervalo** compreendido entre um aparecimento (ou um desaparecimento) e outro aparecimento (desaparecimento) de táxons (Fig. 4.1). A **cronozona**, diferente da biozona, é o conjunto de camadas sedimentares depositadas desde o primeiro até o último aparecimento da espécie, sem levar em consideração sua distribuição espacial. Pode-se encontrar determinada cronozona num local onde não houve a espécie característica. A **precisão** da datação bioestratigráfica depende da qualidade e da confiabilidade da separação de biozonas, já que o índice de táxon determina um intervalo de tempo mais ou menos longo (poder de resolução).

4.4 Conclusão

A descrição do conteúdo litológico (litoestratigrafia) e paleontológico (bioestratigrafia) das sequências sedimentares constitui a primeira abordagem indispensável da definição de intervalo de tempo de valor universal (cronoestratigrafia) a fim de elaborar um "calendário" geológico (Ficha 75). Na ausência de parâmetros cronológicos numerados (datação absoluta – Ficha 5), os diferentes métodos da estratigrafia permitem chegar a uma **cronologia relativa** das formações geológicas e dos eventos e reconstituir a história da Terra e sua evolução no espaço e no tempo.

5 A datação absoluta

Palavras-chave
Idade – Constante de desintegração – Correlações – Datação – Isócrona – Isótopos – Período – Radioatividade – Estratigrafia – Tempo

Em oposição à datação relativa, que consiste em situar um evento em relação a outro, a datação absoluta visa obter estimativas quantitativas da idade dos eventos geológicos, o que permite situá-los em relação ao presente, isto é, datá-los e estimar a duração de um período geológico. Os métodos de datação absoluta têm áreas de aplicação extremamente variáveis. Desde a descoberta da espectrometria de massa, em meados do século XX, o método mais usado é a **radiocronologia**, baseada no princípio da desintegração de isótopos radioativos contidos nos minerais de rochas magmáticas, metamórficas e sedimentares. Esses métodos cobrem praticamente toda a duração de existência da Terra e são muito úteis para calibrar séries geológicas que não contêm fósseis nem ritmos ou ciclos sedimentares facilmente perceptíveis, como no caso dos terrenos e sedimentos do período pré-cambriano. No entanto, a determinação analítica da idade depende de muitos critérios físico-químicos que não apresentam resultados absolutos e, assim, não permitem uma alta resolução na maioria dos casos.

5.1 Princípios da radiocronologia

a] A desintegração nuclear

Um **elemento pai P** naturalmente radioativo (**radiógeno**) contido no mineral no momento de sua cristalização é instável e desintegra-se com o passar do tempo, fornecendo um **elemento filho F** (isótopo **radiogênico**), geralmente estável, além de irradiação de partículas α (núcleo He), β⁻ (elétron), β⁺ (próton) e irradiações eletromagnéticas γ. Há vários tipos de **radiocronômetros** (dupla de átomos) à disposição dos geólogos, cujo uso depende dos indivíduos estudados. O espectrômetro de massa é utilizado para medir a quantidade de átomos P e F estudados.

Cronômetros isotópicos (P – F)	Formas de radioatividade	Constante radioativa λ por ano^{-1}	Período T ($t_{1/2}$) em anos
$^{147}Sm/^{143}Nd$	α	$6{,}54 \cdot 10^{-12}$	$1{,}06 \cdot 10^{11}$
$^{86}Rb/^{87}Sr$	β	$1{,}42 \cdot 10^{-11}$	$4{,}88 \cdot 10^{10}$
$^{232}Th/^{208}Pb$	He	$4{,}99 \cdot 10^{-11}$	$1{,}39 \cdot 10^{10}$
$^{40}K/^{40}Ar$	Captura e⁻	$5{,}54 \cdot 10^{-10}$	$1{,}19 \cdot 10^{9}$
$^{238}U/^{206}Pb$	He	$1{,}55 \cdot 10^{-10}$	$4{,}47 \cdot 10^{9}$
$^{235}U/^{207}Pb$	He	$0{,}98 \cdot 10^{-9}$	$0{,}704 \cdot 10^{9}$
$^{230}Th/^{226}Ra$	-	$0{,}87 \cdot 10^{-5}$	75.200
$^{14}C/^{14}N$	ß	$1{,}21 \cdot 10^{-4}$	5.568
^{210}Pb	-	$3{,}11 \cdot 10^{-2}$	22,3
$^{3}T/^{2}H$	-	-	12,26

5 | A datação absoluta

A desintegração de um isótopo radioativo é um fenômeno irreversível e corresponde à quantidade de desintegração por unidade de tempo em um sistema (mineral ou rocha) de volume definido conforme a seguinte relação:

$$dP/dt = -\lambda \times P(t) \qquad (5.1)$$

Em que λ é a **constante radioativa** (ou de desintegração) do isótopo. Essa equação mostra que a velocidade de desintegração (dP/dt) é proporcional à quantidade (P) de isótopos radioativos presentes. Isso significa também que, para determinado intervalo de tempo, a quantidade de isótopos radioativos sempre diminuirá na mesma proporção. Em determinado momento t, a quantidade do isótopo P considerado num sistema fechado que inicialmente continha uma quantidade P_0 expressa, após a integração da Eq. 5.1, é definida por:

$$P(t) = P_0 \times e^{-\lambda t} \qquad (5.2)$$

Cada isótopo radioativo caracteriza-se também por seu **período T** (ou meia-vida), ou seja, o tempo necessário para o desaparecimento da metade do estoque inicial, além de ligar-se à constante de desintegração pela relação:

$$P_0/2 = P_0 \times e^{-\lambda t}, \text{ que equivale a } T = \ln 2/\lambda$$

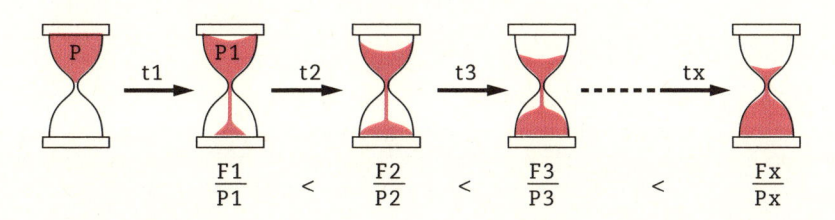

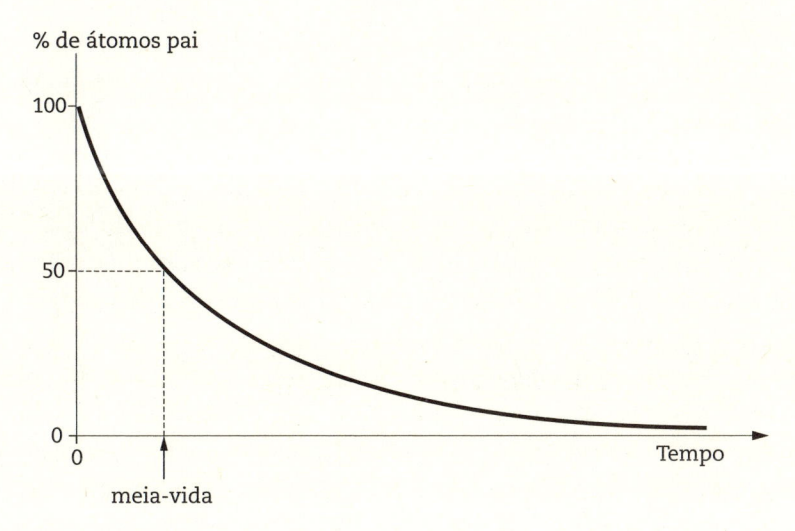

Fig. 5.1 *Representação do período ou meia-vida*

b] As equações da radiocronologia

Para datar um mineral ou uma rocha, pode-se:
- medir o número de isótopos P que restam no sistema conhecendo-se P_0 (datação ^{14}C);
- medir a quantidade de isótopos F presentes no sistema. Neste caso, deve-se considerar que isótopos F_0 podem existir desde sempre na rocha, independentemente da desintegração de P.

A quantidade F é a soma da quantidade do isótopo filho radiogênico F_r contido no mineral no início de sua história. Então, pode-se escrever:

$$F = F_0 + F_r \text{ e } F_r = P_0 - P$$

Ao combinar com a Eq. 5.2, chega-se à seguinte expressão: $F_r = P (e^{-\lambda t} - 1)$. Daí chega-se a:

$$F = F_0 + P (e^{-\lambda t} - 1) \qquad (5.3)$$

Agora, pode-se medir P e F, os atuais teores dos elementos filho e pai, mas ainda existem duas incógnitas: o tempo t, durante o qual o sistema permaneceu fechado, e F_0, a quantidade inicial do elemento filho.

c] As condições da geocronologia isotópica

A fim de obter uma medição geocronológica correta, é preciso assumir determinadas condições :
- a constante de desintegração λ deve ser conhecida com precisão;
- P e F devem ser mensuráveis com precisão;
- é preciso conhecer F_0;
- o sistema deve se manter termodinamicamente fechado.

Assim, a partir da Eq. 5.3, verifica-se que não basta uma única medida e, para resolver o problema, realizam-se análises de diversos minerais de uma mesma rocha ou de várias frações de uma rocha.

5.2 Métodos geocronológicos

- O **par $^{12}C/^{14}C$** é o mais utilizado para datar fósseis, ou seja, restos de seres vivos. Quando um indivíduo morre, cessam as trocas de carbono com o meio (alimentação, respiração, fotossíntese). A quantidade de ^{14}C diminui no organismo, desencadeando o radiocronômetro. É a quantidade inicial de ^{14}C por grama de ^{12}C na atmosfera que é considerada constante no cálculo da quantidade inicial. O período do ^{14}C é de 5.570 anos e permite uma datação de até 35.000 anos com boa precisão.
- O **par $^{40}K/^{40}Ar$** é utilizado para datar rochas que contêm minérios ricos em potássio (como a família dos silicatos – Ficha 22). Nesse caso, não é necessário o cálculo da quantidade inicial, já que o argônio, elemento filho, dissipa-se dos magmas antes da cristalização. Assim, o cálculo baseia-se na seguinte asserção: $F_0 = 0$. Em seguida, basta determinar a importância do argônio na amostra e equacionar com o período T correspondente ao potássio.
- O **par $^{86}Rb/^{87}Sr$** é bastante utilizado para datar as rochas magmáticas ou metamórficas mais antigas. Os geólogos utilizam-no quando não é possível determinar as quantidades iniciais do elemento pai nem do elemento filho. Então, faz-se uma análise diferencial com várias amostras de uma mesma rocha. Se as amostras apresentarem a mesma composição isotópica (mesma relação $^{87}Rb/^{86}Sr$ com tempo t = 0) e a mesma idade, então as medidas alinham-se em uma reta chamada **isócrona**. A inclinação dessa reta permite, então, calcular a idade da rocha.

Ao aplicar a Eq. 5.3 ao par radiocronométrico rubídio/estrôncio, tem-se:

$$^{87}Sr = {^{87}Sr_0} + {^{86}Rb} (e^{-\lambda t} - 1)$$

Essa equação apresenta duas incógnitas: o tempo t e a quantidade inicial Sr_0^{87}. Resolve-se o problema da incógnita supranumerária ao dividir a última equação pela quantidade de outro isótopo do elemento filho, nem radiogênico, nem radioativo, presente no sistema ^{86}Sr, e tem-se a equação:

$$^{87}Sr/{^{86}Sr} = {^{87}Sr_0}/{^{86}Sr_0} + {^{86}Rb}/{^{87}Sr} (e^{-\lambda t} - 1) \qquad (5.4)$$

5 | A datação absoluta

Essa operação apresenta dois aspectos interessantes:
- trabalha com relações de abundância que podem ser medidas com o espectrômetro de massa, e não com abundâncias absolutas;
- a relação $^{87}Sr/^{86}Sr_0$ é a mesma nos diferentes pontos de medição, pois não há (ou há pouco) fracionamento isotópico entre esses dois isótopos.

A Eq. 5.4 é de uma reta (regressão simples) do tipo y = ax + b, em que a = $(e^{-\lambda t} - 1)$ e b = $^{87}Sr/^{86}Sr$. A inclinação dessa reta é igual à λt e, conhecendo-se a constante de desintegração do rubídio, é possível deduzir a idade da isócrona de uma rocha, ou seja, o tempo decorrido desde sua formação. A Fig. 5.2 mostra o princípio das isócronas em amostras cogenéticas.

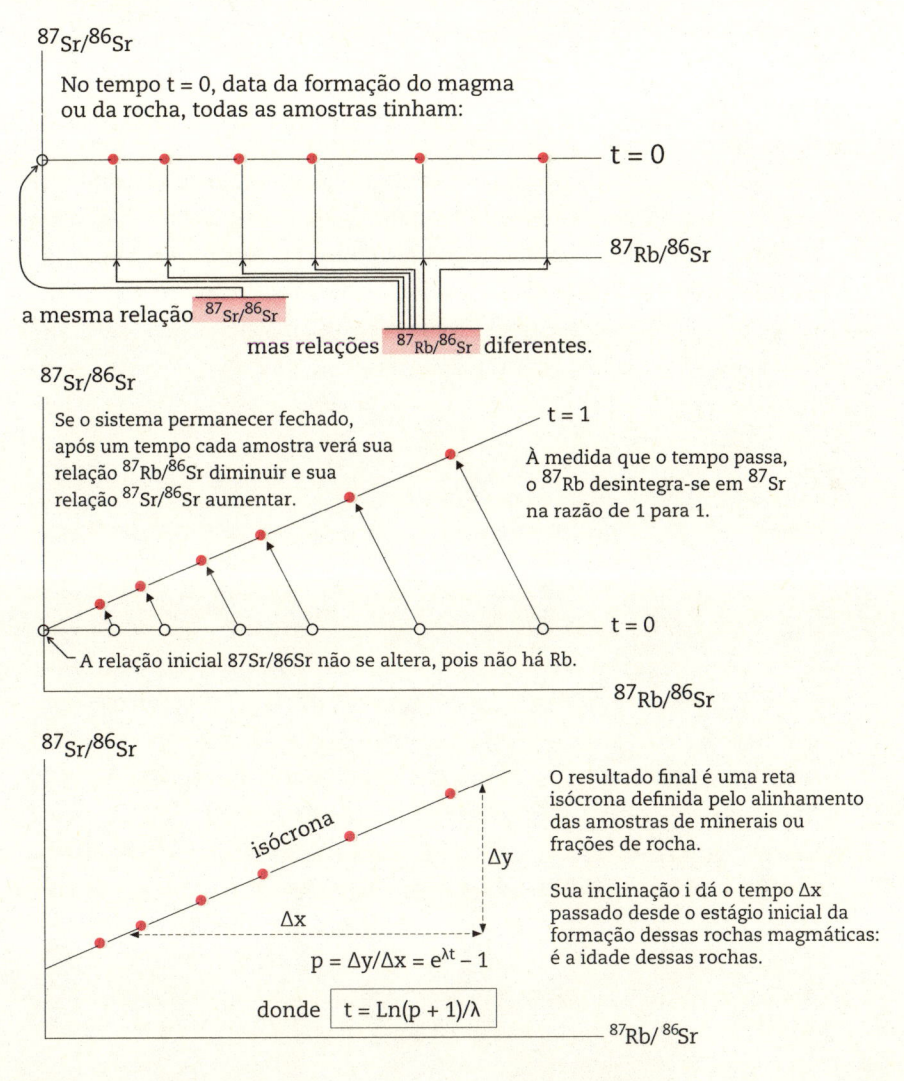

Fig. 5.2 *Princípio de construção de uma isócrona (exemplo do par rubídio-estrôncio)*

Métodos de datação	Rochas extraterrestres Meteoritos	Rochas vulcânicas, Lavas	Rochas plutônicas e metamórficas	Rochas sedimentares	Restos orgânicos
$^{147}Sm/^{143}Nd$	10^9 anos	0,1-1Ga	Granada 0,1-1 Ga	Diagênese	
$^{86}Rb/^{87}Sr$	10^9 anos	0,01-1Ga	Micas 0,01-1 Ga	Diagênese	
$^{40}K/^{40}Ar$	10^9 anos	0-1 Ga	Micas 0,01-0,11 Ma	Níveis vulcânicos	
$^{238}U/^{206}Pb$	10^9 anos	Zircão 10 Ma-Ga	Zircão idade de base		
$^{235}U/^{207}Pb$	10^9 anos	Zircão 10 Ma-Ga	Zircão idade da fonte		
U/Th		Isócrono 0-0,4 Ma		Carbonatos 0,4 Ma	Ossadas 0,4 Ma
$^{14}C/^{14}N$		Indireto-Vegetais 50.000 a 500.000 anos		Fragmentos vegetais Carbonatos 0-40.000 anos	Todo tipo de resto 0-40.000 anos

5.3 Conclusão

A datação absoluta, com o suporte da geocronologia (ou radiocronologia) isotópica, contribui para estabelecer a escala do tempo geológico, inicialmente estabelecida por meio das ferramentas de datação relativa. Essa datação permite fixar os parâmetros numéricos, além de identificar e datar eventos geológicos, o que não é possível por meio de outra abordagem estratigráfica (químio-, magneto-, lito- ou bioestratigrafia). Sua contribuição é ainda mais importante nos casos em que nenhuma bioestratigrafia pode ser utilizada.

O balanço térmico da Terra

Palavras-chave
Albedo – Atmosfera – Balanço radioativo – Efeito estufa – Energia solar

De todos os planetas do sistema solar, a Terra parece ser o único planeta que, na superfície, sofre a influência de diversos meios com diferentes características. Esses meios distribuem-se em forma de invólucros (atmosfera, hidrosfera) relativamente contínuos, que interagem entre si e, como reação direta às modificações da estimativa térmica da Terra, são o ponto de movimentações (Fichas 7 e 9) que desempenham um papel importante na definição e regulação do clima.

6.1 O balanço energético da Terra
A origem da energia na superfície da Terra é dupla.

	Interna	**Externa**
Componente	- O calor inicial (fase de acreção planetária) - A radioatividade - A diferenciação das camadas (crescente do núcleo externo em relação ao núcleo interno) - Os movimentos diferenciais dessas camadas em relação à rotação terrestre (dínamo terrestre)	**Energia Solar** O Sol, astro que apresenta altas temperaturas (5.800 K), emite uma radiação eletromagnética de ondas curtas ($\lambda < 4\mu m$) visíveis (42,4%) e infravermelhas (48,4%)
Potência	$4,2 \cdot 10^{13}$ W	$7,1.10^{17}$ W
Fluxo médio	0.05 W · m^{-2} Pode chegar a 0,6 W · m^{-2} no nível das dorsais oceânicas	1.368 W · m^{-2} **Constante solar** = Energia recebida por um disco colocado perpendicularmente à radiação solar, a uma distância média Terra-Sol, por unidade de tempo. Ao se considerar a relação das superfícies entre um disco (πr^2) e uma esfera ($4\pi r^2$), o fluxo médio suscetível de estar disponível por unidade de superfície terrestre é de **342 W · m^{-2}**
Controle	O geodinamismo terrestre e o movimento das placas litosféricas	O clima terrestre e os movimentos atmosféricos e oceânicos

6.2 O balanço radioativo da Terra
Para compreender o clima da Terra, é necessário analisar o **balanço energético médio** em equilíbrio em curto prazo (um ano). A quase totalidade da radiação solar (342 W.m^{-2}) entra no sistema terrestre, porém o fluxo solar incidente não é absorvido totalmente, porque a superfície terrestre e a atmosfera têm um poder refletor (**albedo**) de 30% (107 W.m^{-2} são refletidos na direção do espaço). Os 70% restantes são absorvidos pelo ozônio na estratosfera, pelo vapor de água, pelas

nuvens, pelos aerossóis da troposfera (por 67 W.m^{-2}) e pela superfície terrestre (por 168 W.m^{-2}). Para manter o equilíbrio energético, o sistema terrestre também emite para o espaço radiações de maiores comprimentos de onda (infravermelho próximo). Dos 390 W.m^{-2} que irradiam a partir da superfície terrestre, 40 atravessam a atmosfera e, dos 350 absorvidos pela atmosfera, 324 W.m^{-2} são enviados de volta à Terra (**efeito estufa**). A atmosfera também envia de volta ao espaço cerca de 195 W.m^{-2}.

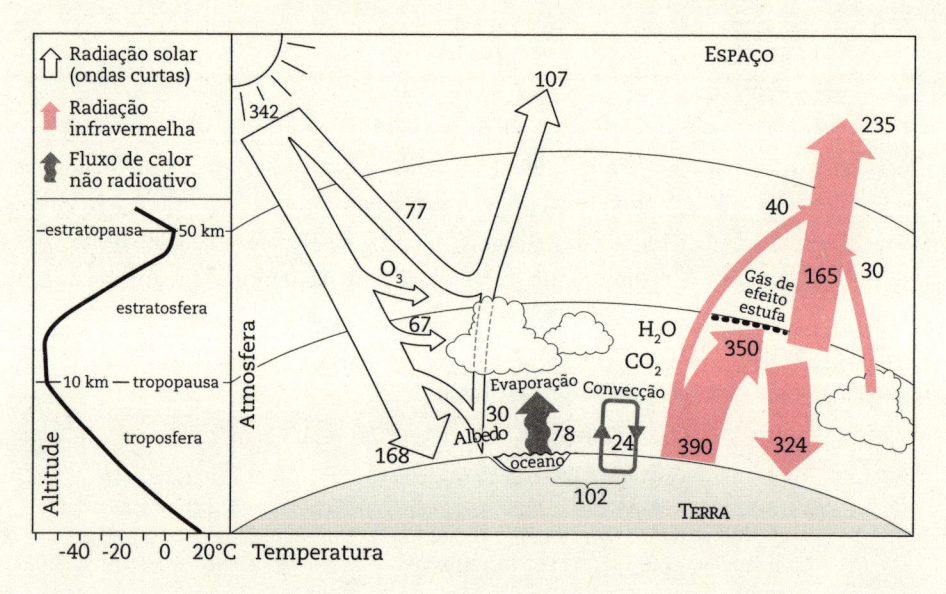

Fig. 6.1 *O balanço térmico do sistema Terra/atmosfera. Os valores dos fluxos estão expressos em W.m^{-2}*

No total, o **balanço térmico** do sistema Terra/atmosfera está em equilíbrio. O fluxo refletido e enviado de volta é de 342 W.m^{-2} (107 W.m^{-2} para as ondas curtas e 235 W.m^{-2} para os infravermelhos). Em contraposição, os subsistemas não estão em equilíbrio do ponto de vista **radiativo**. A superfície da Terra recebe mais calor do que emite, por causa do efeito estufa e a atmosfera fica deficitária, porque emite 519 W.m^{-2} (195 W.m^{-2} para o espaço e 234 W.m^{-2} para a Terra), enquanto só recebe 417 W.m^{-2} (67 W.m^{-2} da radiação solar incidente e 350 W.m^{-2} a partir da Terra). Esse déficit de uma centena de W.m^{-2} é preenchido pelos fluxos de calor não radiativos, que correspondem à condução e, sobretudo, à convecção térmica (por 24 W.m^{-2}) e aos processos de mudanças de fase: evaporação e condensação (por 78 W.m^{-2}).
Assim, esses fluxos de calor não radiativos permitem restaurar o equilíbrio térmico entre dois subsistemas.

6.3 O efeito estufa

O efeito estufa é responsável pelo aquecimento da baixa atmosfera do planeta por causa da absorção da radiação infravermelha. Essa captura é feita por alguns gases: vapor d'água, dióxido de carbono (CO_2), metano (CH_4) e os clorofluorcarbonetos (CFC). A abundância desses gases, às vezes de origem antrópica, nas camadas baixas da atmosfera, é a principal causa do aquecimento, pois a radiação infravermelha absorvida pelos gases é remetida de volta à Terra. A abundância e o potencial relativo dos principais gases de efeito estufa estão na tabela a seguir.

6 | O balanço térmico da Terra

Gases de efeito estufa		Abundância (ppmv = 10⁻⁶ em volume ppbv = 10⁻⁹ em volume pptv = 10⁻¹² em volume)	Capacidade de absorção da radiação infravermelha (por molécula, em relação ao CO_2)
H_2O	Vapor de água	até 4% (em função da temperatura)	-
CO_2	Gás carbônico	365 ppmv	1
CH_4	Metano	1,73 ppmv	20
NO_2	Dióxido de nitrogênio	310 ppmv	200
CFC	Clorofluorcarbonetos	Entre 200 e 500 pptv	Entre 12.000 e 16.000
O_3	Ozônio	Entre 70 pptv (na troposfera) e 500 pptv (na estratosfera)	-

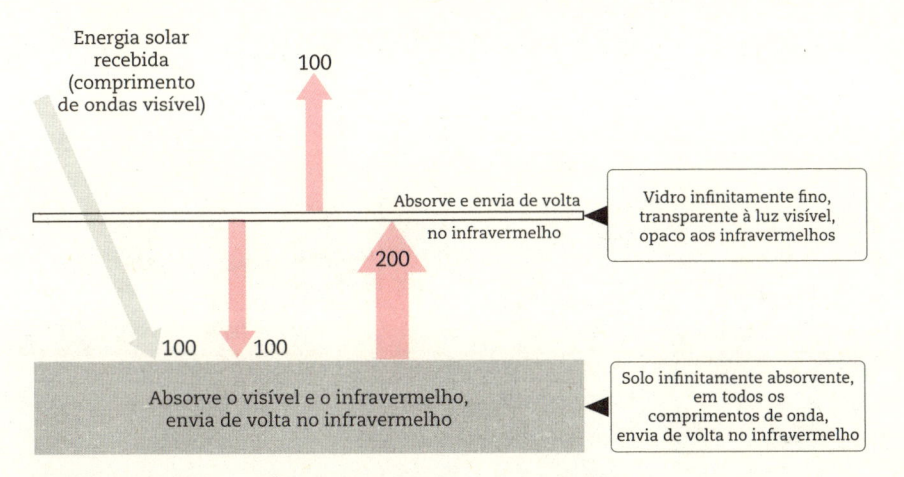

Fig. 6.2 *Representação esquemática do efeito estufa*

A **temperatura efetiva** de um planeta (obtida a partir de medidas com o uso de satélites) é determinada pela estimativa entre a radiação solar absorvida (responsável por seu aquecimento) e a radiação infravermelha emitida para o espaço (responsável por seu resfriamento). A temperatura efetiva da Terra deveria ser de 225 K (–18°C), ao passo que a temperatura média real do nosso planeta é de 288 K (15°C).

6.4 Desequilíbrios energéticos regionais

Durante o ano, o balanço radioativo em determinado ponto geográfico é diferente de zero, o que cria desequilíbrios energéticos regionais. A intensidade da insolação e a porcentagem de absorção da radiação solar dependem do ângulo dos raios solares ao atingirem a superfície terrestre. Assim, a distribuição das temperaturas na superfície do globo varia em função da latitude e das estações do ano, e o resultado global é uma oposição entre as zonas equatoriais, nas quais o balanço radioativo é excessivo, e as zonas polares, onde o balanço é deficitário. Esse desequilíbrio está na origem dos movimentos atmosféricos e oceânicos, que permitem uma redistribuição da energia ao transferir o excedente das regiões de baixas latitudes aos polos (Fichas 7 e 9).

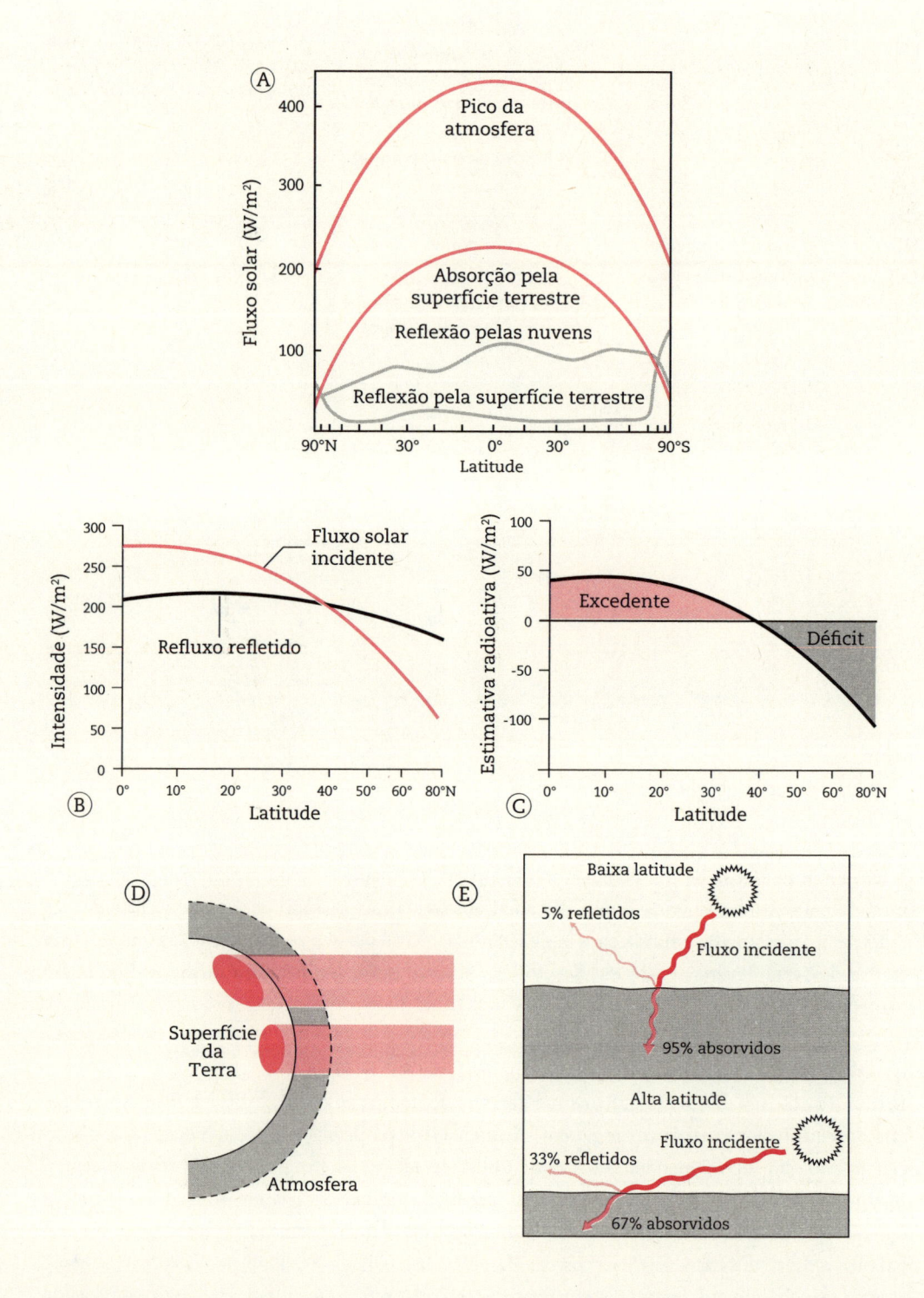

Fig. 6.3 *Dissimetria térmica regional do sistema climático da Terra e o transporte de energia entre as baixas e as altas latitudes*

6.5 Conclusão

O conjunto dos processos da geodinâmica externa da Terra é induzido e conduzido pela energia proveniente do Sol. Esse fluxo de energia mantém uma temperatura média na superfície da Terra (em torno de 15°C), o que permite haver água em diferentes estados e contribui para o desenvolvimento de vida. Mesmo se o balanço energético da Terra estiver em equilíbrio, por causa da presença de uma atmosfera que desempenha o papel de regulação térmica, os desequilíbrios locais originam transferências de energia, que se traduzem pelo movimento dos fluidos atmosféricos e oceânicos.

7 Os movimentos atmosféricos

Palavras-chave
Movimento atmosférico – Coriolis – Latitude – Pressão – Zoneamento climático

A atmosfera terrestre é um invólucro gasoso que transporta e dissipa a energia solar que chega irregularmente à superfície da Terra. As interações com a hidrosfera (e particularmente com o oceano) permitem a transferência dessa energia do Equador aos polos e formam um sistema dinâmico que desempenha um papel importante na definição e regularização do clima. Esses dois invólucros fluidos são muito importantes nos processos de alteração (Fichas 46 e 47) e de sedimentação (Fichas 48 e 50).

7.1 O movimento atmosférico

O movimento atmosférico é um fenômeno complexo, que obedece às leis físicas, as quais dependem de gradientes de pressão gerados por desequilíbrios térmicos latitudinais (Ficha 6). Esses desequilíbrios energéticos ligam-se à intensidade de insolação e à porcentagem de absorção da radiação solar na superfície da Terra, em função da inclinação do eixo de rotação em relação à elíptica. O resultado é um cotejo entre as zonas equatoriais e as zonas polares, passando de uma estimativa radioativa excedente a uma estimativa deficitária. Esse desequilíbrio está na origem dos movimentos atmosféricos e surge na movimentação das massas de ar sob a forma de ventos e permite a transferência do excedente energético das regiões de baixas latitudes para as de altas latitudes.

7.2 O modelo de movimento atmosférico

Os ventos correspondem a um movimento horizontal do ar, que tende a eliminar a diferença de pressão entre duas regiões. Assim, se a Terra estivesse imóvel e sua superfície fosse perfeitamente lisa, ventos violentos formariam uma simples e única célula convectiva do Equador aos Polos (modelo de Hadley, 1735).

Como a Terra está em rotação, a força de Coriolis desvia a direção inicial dos ventos (ventos geostróficos) e complica o sistema de movimentação ao fragmen-

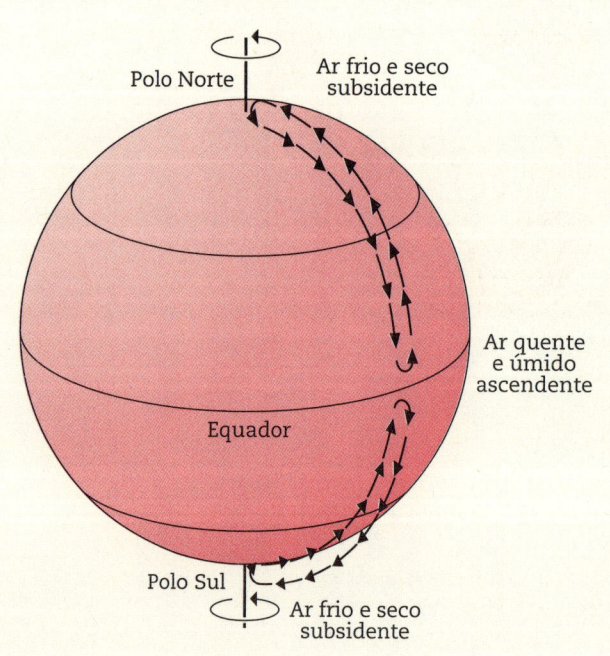

Fig. 7.1 *Modelo do movimento atmosférico de Hadley*

7 | Os movimentos atmosféricos

tar a célula de convecção única. O resultado é um **zoneamento latitudinal** e pressões altas e baixas, responsáveis pelas características das diferentes zonas climáticas.

Assim, nas baixas latitudes norte e sul, as **células de Hadley** são iniciadas, no nível do Equador, pelas subidas de ar (esquentadas por uma importante iluminação solar) muito carregadas de vapor de água. Assim que secam e se resfriam pela altitude, as massas de ar recaem ao nível das zonas tropicais, criando uma zona de altas pressões anticiclônicas. Nas latitudes altas, a iluminação solar é mais fraca e as **células polares** unem-se à descida das massas de ar, devido ao resfriamento na altitude, criando uma zona de depressão de baixas pressões. Essa diferença no início do movimento convectivo dessas células explica a variação de altitude da tropopausa (limite superior da troposfera) entre as zonas equatoriais e polares. Com altitudes médias, há uma célula intermediária mais complexa, a **célula de Ferrel**, separada da célula polar por uma zona de grande contraste térmico entre as massas de ar, a **frente polar**. O confronto das massas de ar quente meridional e das massas de ar frio polar provoca uma diminuição de altitude da tropopausa, o que cria um forte gradiente de pressão e violentos ventos de oeste: os **jet streams**, que podem chegar a velocidades superiores a 400 km/h.

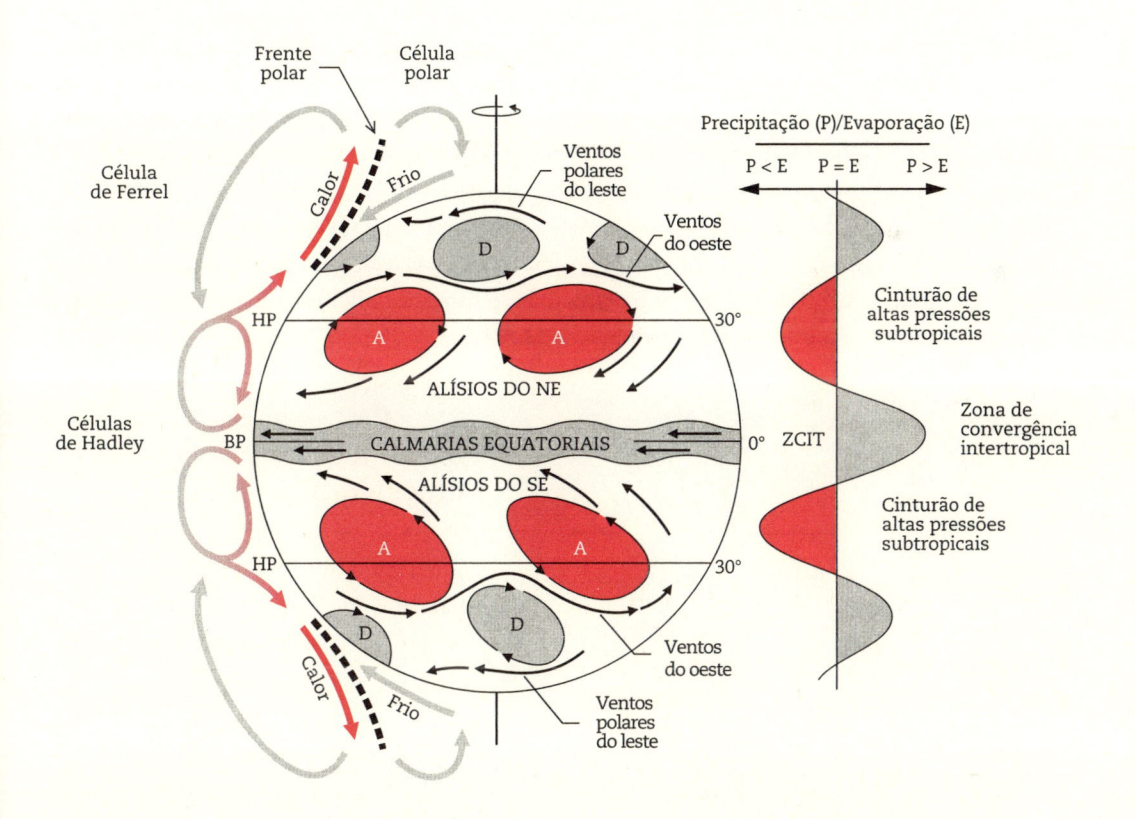

Fig. 7.2 *Modelo de movimento atmosférico convectivo, sistema de ventos e zonagem climática associados e estimativa precipitação/evaporação nas diferentes zonas climáticas*

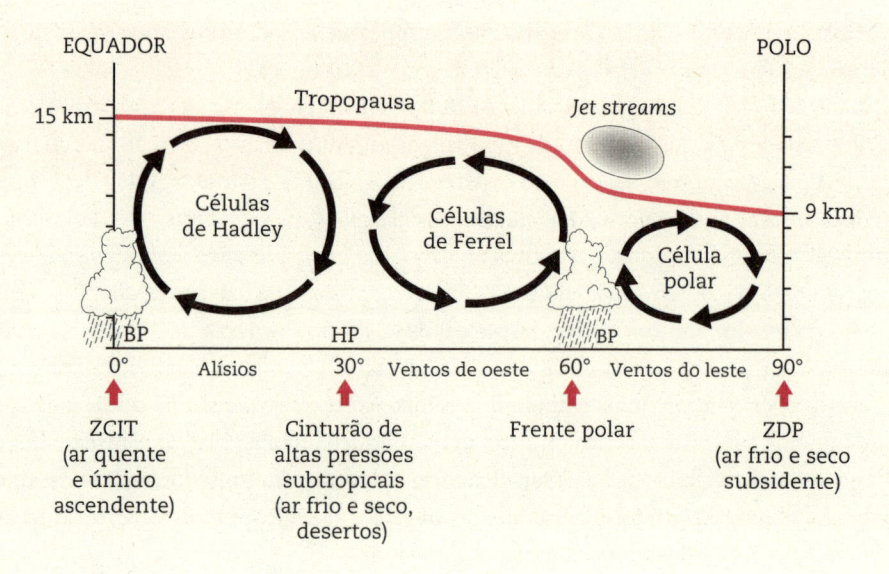

Fig. 7.3 *Detalhe do movimento atmosférico geral e dos sistemas de ventos*

7.3 Conclusão

Sem uma redistribuição da energia térmica pelos movimentos atmosféricos (e oceânicos – Ficha 6), o clima terrestre teria muito mais contrastes com as variações geográficas e as estações do ano. Apesar dos movimentos atmosféricos convectivos, todo o clima terrestre permanece dissimétrico, por causa da repartição heterogênea dos continentes e oceanos nos dois hemisférios. No entanto, depois de alguns anos, essa representação do movimento atmosférico global tende a ser substituída por um modelo de deslocamento das estruturas atmosféricas, considerando a variação geográfica dos climas que integram o papel dos relevos e é aplicável em todas as escalas de tempo: os **anticiclones polares móveis (APM)**.

A estrutura físico-química dos oceanos

Palavras-chave
Densidade – Gases dissolvidos – Profundidade – Salinidade – Termoclina

A hidrosfera corresponde à esfera líquida constituída, majoritariamente (97,5%), pela água do mar contida na massa oceânica mundial, que representa 72% da superfície da Terra, ou seja, 360 milhões de km², para um volume de 1.320 milhões de km³. Mesmo com a continuidade da massa oceânica global, cada oceano (Pacífico, Atlântico, Índico, Ártico e Antártico) possui características próprias tanto estruturais (Fichas 28 a 32) quanto de composição, origem e movimento das águas (Ficha 9). O meio marinho (portanto a água do mar) é o local de produção dos sedimentos e, ao mesmo tempo, o principal domínio ambiental externo da Terra, sendo essencial conhecer suas propriedades físico-químicas. Assim, os parâmetros mais importantes da água do mar são a temperatura e a salinidade, que comandam a densidade e estão na origem do deslocamento das massas oceânicas de água (circulação termoalina – Ficha 9).

8.1 A temperatura
a] As temperaturas da superfície

As temperaturas da superfície dependem da iluminação solar (Ficha 6) e variam entre 28°C e 30°C, na zona equatorial, até –1,91°C (ponto de congelamento – Ficha 11), nas regiões polares. Sua distribuição apresenta um forte componente latitudinal, que pode ser perturbado pela movimentação atmosférica e oceânica e pela distribuição heterogênea das massas continentais.

b] Variações da temperatura em profundidade
- **A termoclina permanente**

A temperatura média dos oceanos é baixa (em torno de 3,5°C), por causa da grande massa de água em baixa temperatura que se encontram abaixo de 3.000 m de profundidade. O aquecimento das camadas profundas do oceano tem pouca importância, pois sua condução é um fenômeno lento e a turbulência criada pelo vento e pelas ondas afeta somente a camada mais superficial da água. Assim, define-se o **nível de mistura** da água quando suas temperaturas variam pouco em função da profundidade, que pode atingir de 200 a 300 m em latitudes médias. Entre esse nível e a profundidade de 1.000 m, há uma camada de água em que o gradiente de temperatura é alto (Δtp de 15°C a 20°C em função da latitude), sem variações sazonais, e que se encontra em quase todos os oceanos: a **termoclina permanente**, cuja divisão latitudinal é controlada pelas águas densas e frias originárias das regiões polares. Abaixo de 1.000 m, as temperaturas caem, com poucas variações, e definem a camada mais profunda: a **psicrosfera**.

- **A termoclina sazonal**

A temperatura e a extensão em profundidade do nível de mistura apresentam variações sazonais em altitudes médias e induzem um forte gradiente térmico em profundidade, causados pela estratificação das massas de água estabelecida pela diferença de densidade entre o período de verão e de inverno.

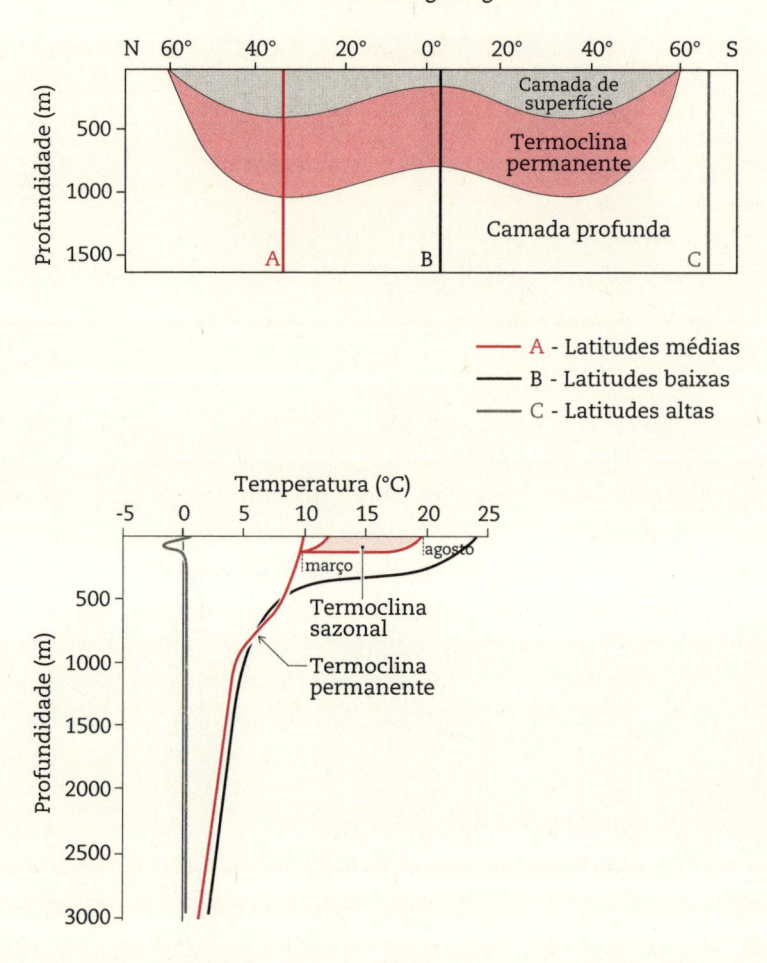

Fig. 8.1 *Divisão esquemática das diferentes camadas térmicas do oceano em função da latitude e perfis associados de temperatura em função da profundidade*

8.2 A salinidade

A **salinidade** é a massa em gramas de substâncias contidas em 1 kg de água do mar. Na maioria das vezes é expressa em ‰. Esse parâmetro é difícil de medir (pela característica higroscópica das cristalizações obtidas após a evaporação), portanto utiliza-se a **clorinidade** (mais fácil de medir por meio de um condutímetro) para expressar a salinidade: S‰ = 1,80655 Cl‰. A clorinidade média da água do mar é de 19,37‰, portanto, uma salinidade de 34,72‰, que sempre apresentará certa variação em função dos oceanos, e são essas diferenças mínimas que desempenham papel importante na movimentação oceânica em geral. A repartição das salinidades da superfície segue o balanço evaporação/precipitação, geralmente entre 40°N e 60°S. Acima disso, as divergências devem-se ao armazenamento da água das precipitações, em forma de neve ou de gelo.

As variações de salinidade em função da profundidade possuem abrangência menos importante do que em função da temperatura (salvo nas regiões polares) e são comandadas pela movimentação oceânica geral (Ficha 9) e, em profundidade, pela massa de água fria menos salgada: a Água Intermediária Antártica (AiA).

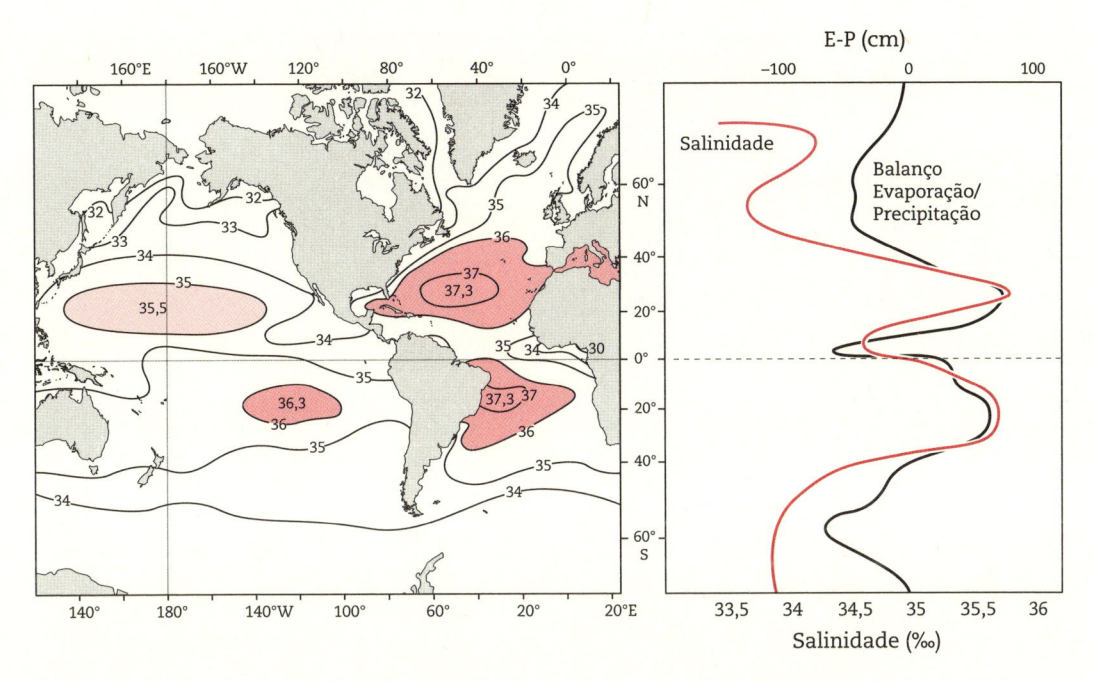

Fig. 8.2 *Mapa das isossalinidades e comparação entre a divisão das salinidades e o balanço evaporação/precipitação (E-P) em função da latitude*

8.3 A composição química da água do mar

Por causa de suas propriedades físico-químicas particulares, a água do mar é um meio quimicamente complexo, no qual se desenvolvem inúmeros equilíbrios e reações químicas. Há várias substâncias sob diferentes formas (gasosa, iônica ou específica), necessárias ao ciclo da vida nos oceanos e essenciais à sedimentação oceânica. Salvo as trocas atmosfera/oceano, há duas origens dos elementos químicos na água, principalmente ligada às contribuições continentais dos rios e das fontes hidrotermais submarinas.

Em geral, na água do mar, os gases da atmosfera (N_2, O_2, e CO_2) estão dissolvidos e sua solubilidade diminui com o aumento da temperatura e com o aumento da salinidade.

Gás	Atmosfera (% em volume)	Água do mar (S = 35‰, Tp = 10°C)
N_2	78,08%	62,1%
O_2	20,95%	34,4%
CO_2	0,03%	1,8%

A comparação das concentrações de gás no oceano e na atmosfera mostra que a água do mar é enriquecida de O_2 e CO_2 (em detrimento do nitrogênio), que intervêm nos metabolismos biológicos. A distribuição dos gases dissolvidos na profundidade é regida pelos movimentos oceânicos e, principalmente, pela atividade biológica (pelos processos fotossintéticos, pela respiração, oxidação de matéria orgânica), que podem gerar níveis mais pobres de determinadas espécies gasosas, como a **zona de oxigênio mínimo** ou **ZOM**.

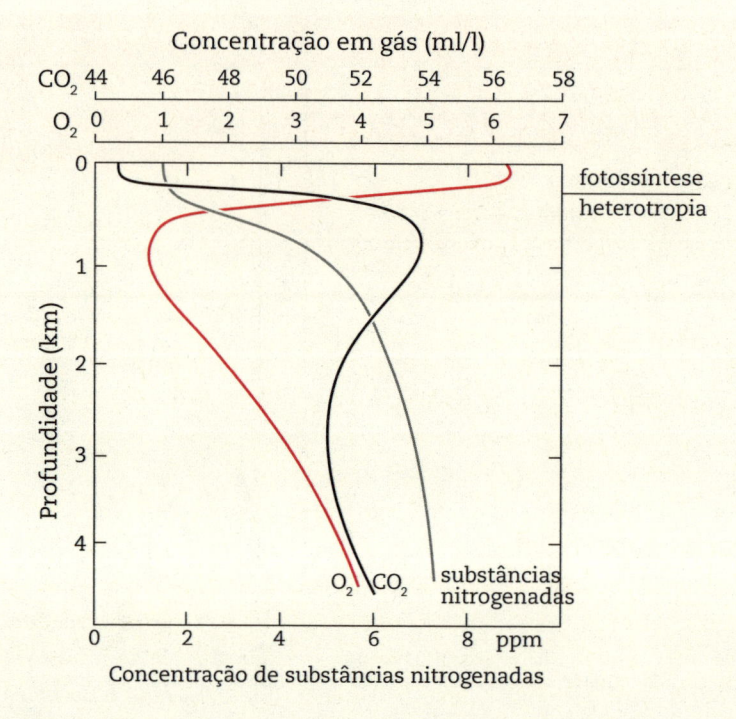

Fig. 8.3 *Relação entre os teores de O_2, CO_2 e substâncias nitrogenadas em função da profundidade*

8.4 Conclusão

As variações dos parâmetros físico-químicos do oceano (temperatura, salinidade, gases dissolvidos, nutrientes) revelam a atividade interna (expansão oceânica e hidrotermalismo submarino) e as condições externas (clima, erosão, evolução biológica, sedimentação) predominantes na superfície da Terra.

9 As circulações oceânicas

Palavras-chave
Circulação termoalina – Correntes – Densidade –
Força de Coriolis – Transporte de Ekman – Ventos

Assim como a atmosfera, o oceano é uma massa fluida em constante movimento e constitui um sistema dinâmico percorrido por correntes criadas pela **densidade** (em relação à temperatura e à salinidade das águas) e pela **ação dos ventos**. Os diferentes movimentos das águas (verticais ou horizontais) resultantes são modificados pela força de Coriolis.

9.1 A circulação superficial

As correntes superficiais dos oceanos são deslocamentos de água superficial amplos e lentos. Isso ocorre por causa dos ventos que sopram na superfície das águas oceânicas, criando uma corrente de largura semelhante à massa de ar que as inicia, mas de profundidade entre 50 e 100 metros. O Sol é a fonte de energia desses movimentos de água e, ao aquecer a Terra de forma desigual, provoca esses ventos (Ficha 6). É por isso que a circulação da superfície dos oceanos resulta da interação de diversos fenômenos:
- as radiações do Sol fornecem energia à atmosfera;
- a insolação desigual na superfície da Terra origina os ventos;
- os ventos mantêm as correntes da superfície.

a] A espiral de Ekman

As correntes superficiais não estão diretamente ligadas aos ventos, mas, geralmente, são desviadas de 20° a 45° da direção inicial do vento. Na profundidade, a água também é arrastada por atrito, mas a velocidade da corrente criada dessa forma decresce de modo exponencial.

Assim, a direção do transporte médio (transporte de Ekman) na camada do oceano submetida à ação do vento é perpendicular à direção inicial do vento. Nas regiões de baixas latitudes, os alísios que sopram do nordeste ou do sudeste estabelecem as correntes equatoriais norte e sul. Essas correntes equatoriais potentes fazem acumular água na orla ocidental dos oceanos, onde se registram dezenas de centímetros de diferença de altitude comparada à superfície do oceano (em torno de 50 cm no Pacífico ocidental).

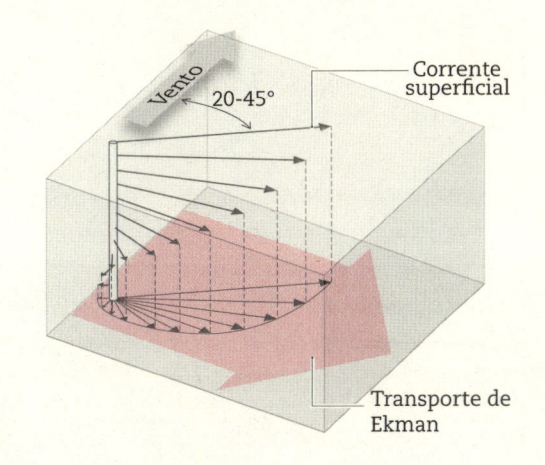

Fig. 9.1 *A espiral de Ekman*

b] As principais correntes de superfície

Cada grande corrente equatorial, sob influência da **força de Coriolis**, apresenta uma parte de suas águas que muda de direção e é arrastada em grandes **turbilhões oceânicos giratórios** de vários milhares de quilômetros de diâmetro. Em cada turbilhão giratório, é possível identificar segmentos: assim, o *Gulf Stream* é a parte ocidental do turbilhão giratório do Atlântico norte.

A geometria dos continentes na superfície da Terra modifica ligeiramente o esquema teórico da Fig. 9.1. Distinguem-se cinco grandes turbilhões giratórios: dois no oceano Pacífico, dois no oceano Atlântico e um no oceano Índico. As correntes dos turbilhões giratórios boreais (hemisfério Norte) circulam no sentido horário; as dos turbilhões giratórios austrais (hemisfério Sul), no sentido anti-horário. A partir de certa latitude, essas correntes são submetidas aos ventos do oeste e tomam a direção oeste-leste. Por exemplo, o Kuroshio transforma-se na corrente norte-Pacífico, enquanto no oceano Atlântico o *Gulf Stream* transforma-se na corrente norte-Atlântico. No hemisfério austral, as correntes australianas, em Moçambique e no Brasil, encontram a corrente circumpolar antártica que escoa de oeste a leste sem nenhum obstáculo. A força dos ventos e a potência dessa corrente circumpolar lhe vale os apelidos de "quadragésimos rugidores" e de "quinquagésimos uivantes". Na extremidade sudeste dos turbilhões giratórios austrais, sobem correntes frias ao longo das fachadas ocidentais dos continentes: corrente de Humboldt na costa ocidental da América do Sul; corrente de Bengala na costa ocidental da África do Sul; e corrente

⟶ Correntes frias		⟶ Correntes quentes			
① Oeste da Groenlândia	⑤ Falkland	⑨ Gulf Stream	⑬ Sul Equatorial	⑰ Norte Equatorial	㉑ Contra Equatorial
② Leste da Groenlândia	⑥ Peru-Humbolt	⑩ Deriva N. Atlântico	⑭ Brasil	⑱ Sul Equatorial	㉒ Norte Equatorial
③ Ilhas Canárias	⑦ Antártica	⑪ Norte Equatorial	⑮ Agulhas	⑲ Oeste australiano	㉓ Kuroshio
④ Bengala	⑧ Califórnia	⑫ Contra Equatorial	⑯ Somália	⑳ Sul Equatorial	㉔ Alasca

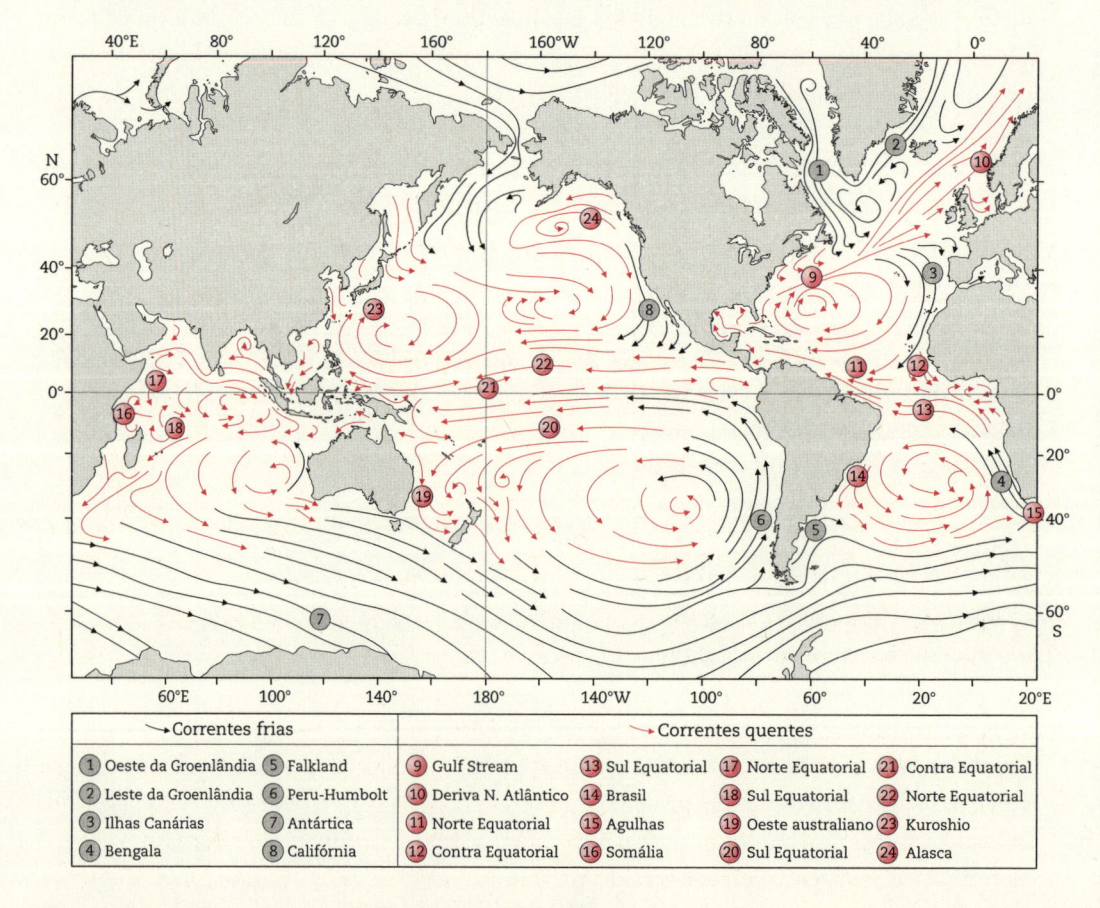

Fig. 9.2 *Mapa das principais correntes oceânicas de superfície*

do oeste australiano na costa ocidental da Austrália. Esquematicamente, as correntes quentes que nascem na zona equatorial transportam o calor em direção às altas latitudes, enquanto as corrente frias de altas latitudes escoam em direção ao sul.

9.2 Os deslocamentos verticais: *upwellings* e *downwellings*

O movimento de subsidência das águas frias do Atlântico Norte é compensado por movimentos de subida, os *upwellings*. Na zona intertropical, local de depressões permanentes ("brumaça"), prevalece uma intensa evaporação. Esses dois fenômenos mantêm os movimentos de águas verticais chamados *upwellings*.

- A evaporação, que diariamente transfere determinada quantidade de água do oceano para a atmosfera, é compensada pela subida de águas profundas.
- As zonas ciclônicas ou de depressão são um segundo motor. Na atmosfera norte, os ventos orientam-se no sentido anti-horário e induzem, pela força de Coriolis, um transporte centrífugo das massas de água. As águas de superfície divergem e são substituídas por *upwellings* (Fig. 9.3A). Diferentemente do fenômeno anterior, os *upwellings* são locais e circunscritos. Nas células anticiclônicas, observa-se uma convergência das massas de água na superfície, que provocam uma descida em direção do fundo das águas quentes, chamadas de *downwellings*.

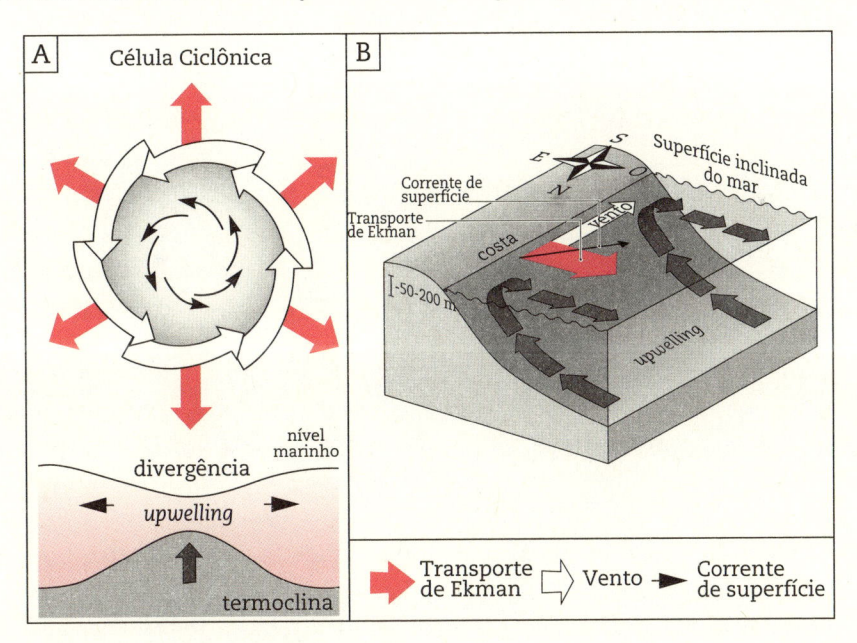

Fig. 9.3 *Relação entre a célula atmosférica, o nível marinho e a presença de* upwelling *(A) e mecanismos de acionamento de* upwellings *costeiros (B)*

As águas frias dos *upwellings* são ricas em gás dissolvido e em elementos nutritivos (nitratos, fosfatos) e favorecem a produção primária do oceano. Em uma estreita faixa de 10 graus de latitude de cada lado do equador, a produção primária é 40 vezes maior do que a 40° de latitude norte ou sul. Os *upwellings* têm papel muito importante nas trocas gasosas entre o oceano e a atmosfera. Ricos em CO_2, são o ponto de desgaseificação mais eficaz do oceano e sua intensidade constitui um dos reguladores dos ciclos climáticos.

9.3 A circulação profunda

A Fig. 9.4 ilustra um segundo tipo de circulação (exemplo da circulação oceânica atlântica) que afeta o oceano em profundidade. A imersão das águas polares de superfície, frias e muito salinas (Ficha 8), estabelece uma ligação entre a atmosfera e o oceano profundo. Ela é também responsável pela circulação global chamada **circulação termoalina** (Fig. 9.5), iniciada pelo duplo mecanismo de resfriamento e supersalificação provocado pelo congelamento da água do mar. O início dessa circulação ocorre nos mares da Noruega e da Groenlândia, onde as águas da superfície – relativamente quentes e salgadas provenientes do noroeste do oceano Atlântico – são resfriadas, tornam-se mais densas e penetram numa bacia confinada ao norte da cadeia submarina que liga a Escócia à Groenlândia. Essas águas densas e supersalificadas transbordam da bacia e escoam para as profundezas do oceano, em direção ao hemisfério Sul e alcançam a corrente circumpolar antártica que move-se em sentido horário ao redor da Antártida. Estima-se que o fluxo da circulação termoalina seja de 15 a 20 milhões de $m^3 \cdot s^{-1}$ (isto é, cem vezes a vazão do Amazonas, o mais caudaloso dos rios da superfície da Terra). O tempo de permanência dessas águas de fundo é de cerca de mil anos.

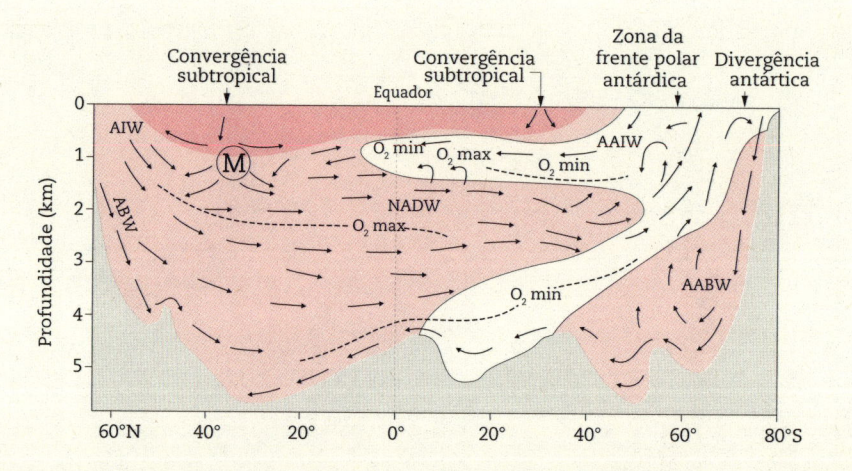

Fig. 9.4 *Corte N-S do oceano Atlântico, com destaque para as diferentes massas de água e seus movimentos*

AABW = *Antarctic Bottom Water* ou água de fundo antártico. AAIW = *Antarctic Intermediate Water* ou água intermediária antártica (de salinidade inferior a 34,9%). ABW = *Artic Bottom Water* ou água de fundo ártico. AIW = *Artic Intermediate Water* ou água intermediária ártica. NADW = *North Atlantic Deep Water* ou água norte atlântica profunda. M = zona de injeção de águas mediterrâneas salgadas.

9.4 Conclusão: a conexão das circulações

A circulação termoalina (chamada de *Great Conveyor Belt* pelos oceanógrafos anglo-saxões), associada à corrente quente de superfície do tipo Corrente do Golfo (do México), é um meio eficaz de troca de calor entre o equador e as altas latitudes.

Quando as correntes quentes de superfície transportam calor das baixas latitudes em direção às altas, a circulação termoalina retém águas frias da superfície para arrastá-las ao fundo dos

9 | As circulações oceânicas

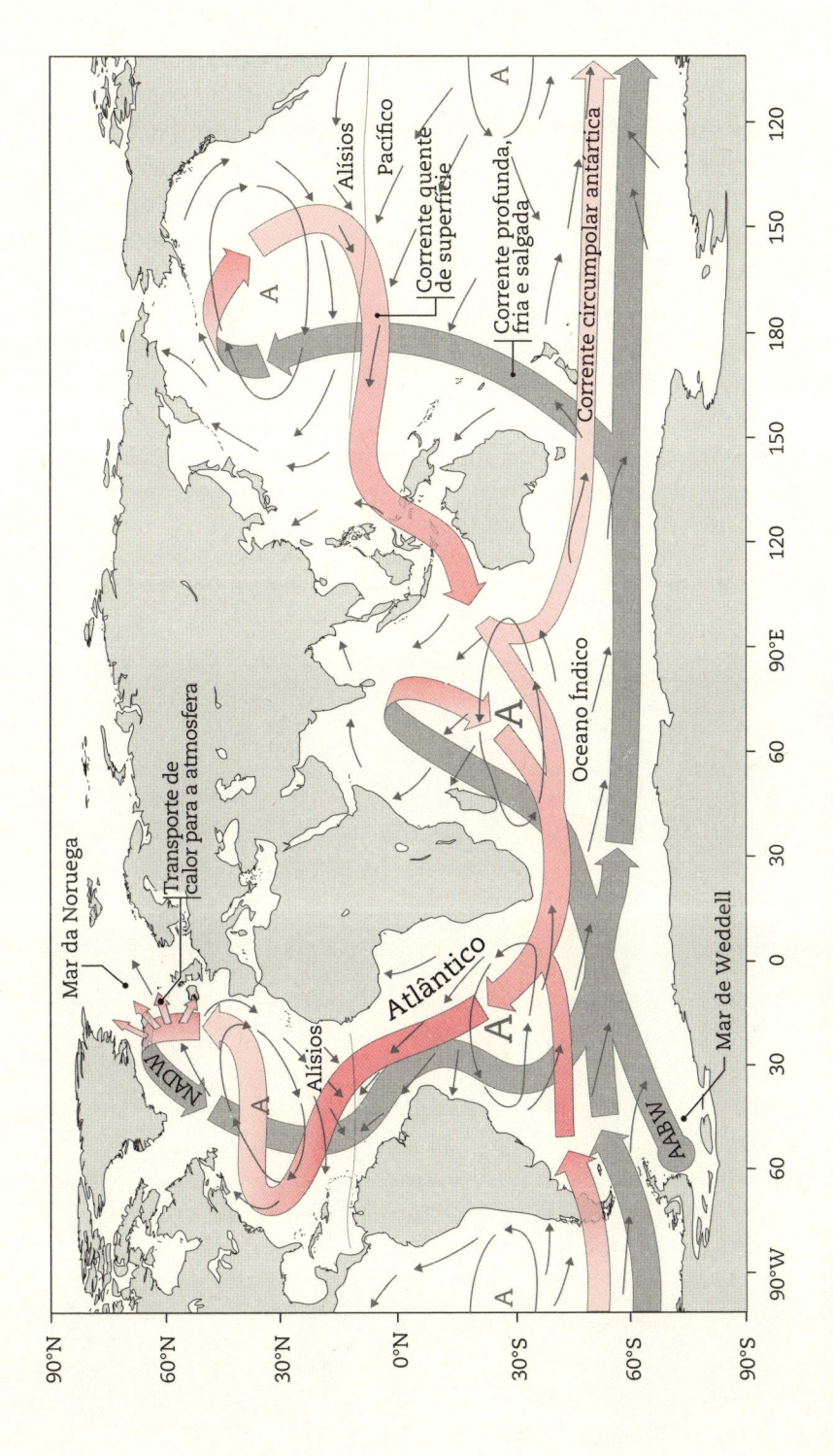

Fig. 9.5 *Esquema simplificado da circulação oceânica geral (termoalina) e a relação com as células anticiclônicas*

oceanos durante milhares de anos. A presença na superfície da Terra de água na forma gasosa, sólida e, principalmente, líquida é uma especificidade do sistema solar. Aos transportes de calor provocados pelo deslocamento das massas de ar, somam-se transferências de calor latente provocadas por evaporação e precipitação, assim como pelo deslocamento das massas de água em forma líquida de todo o oceano. Assim o ciclo de água e o oceano são os maiores determinantes do sistema climático terrestre.

A teoria astronômica do clima

Palavras-chave
Contrastes sazonais – Flutuações climáticas – Órbita terrestre – Parâmetros orbitais

O clima é controlado pela posição da Terra em relação ao Sol. Por meio dessa posição e de sua latitude (Ficha 6) é que resulta a quantidade de insolação recebida sobre a Terra. Os ventos e as correntes marítimas também intervêm como "moderadores" do clima (Fichas 7 e 9). Durante o ano, os contrastes sazonais observados estão diretamente ligados à inclinação do eixo de rotação da Terra em relação ao plano da elíptica.

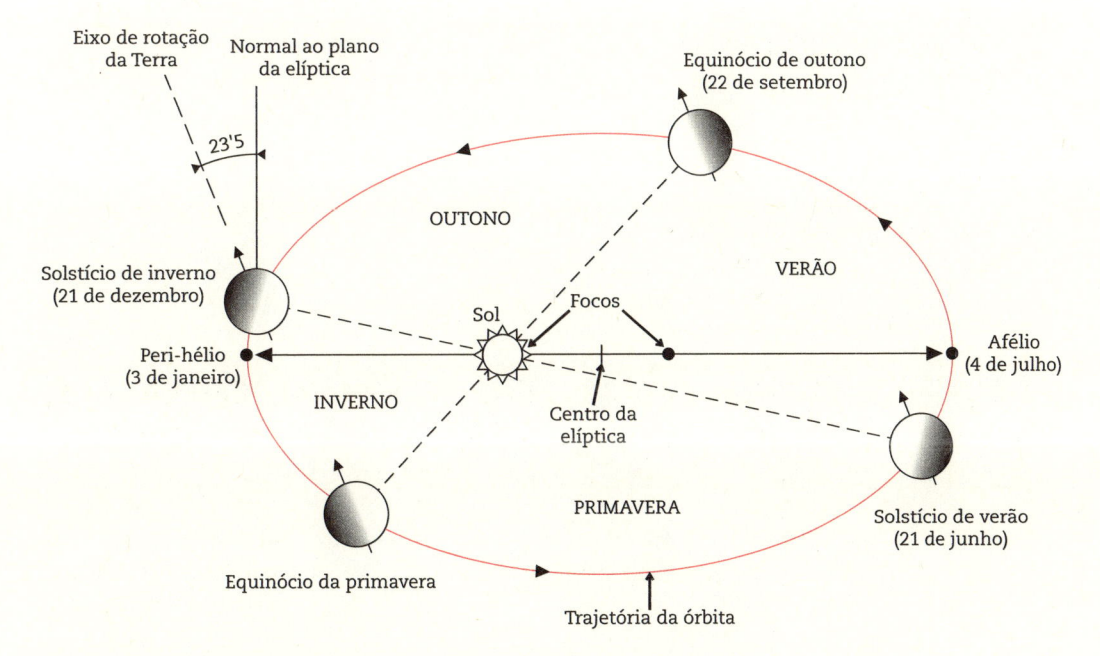

Fig. 10.1 *A posição da Terra nas diferentes estações, solstícios e equinócios*

10.1 A Teoria de Milankovitch

Adhémar (1842) e Croll (1875) são os precursores da teoria astronômica do clima, mas foi **Milankovitch** quem primeiro formalizou a teoria do clima, nos anos 1920, por meio de cálculos das variações de insolação em função do tempo. Essa teoria refere-se à origem dos períodos glaciais recentes. Assim, Milankovitch determinou que as glaciações desencadearam-se na região do peri-hélio. Nessa região, em que a Terra fica mais próxima em relação ao Sol, alternam-se estações "frias", curtas e pouco rigorosas e períodos "quentes", longos e frescos. Desse modo, em altas altitudes, a neve acumulada durante o inverno não derrete completamente durante o verão e se acumula para se transformar, progressivamente, em gelo por compactação. O efeito desse fenômeno é que o **gelo** passa a **refletir** mais a **radiação solar** (noção de albedo, Ficha 6) e, assim, a energia luminosa total recebida a cada ano **diminui**: instala-se o frio e começa a glaciação (Ficha 55). A originalidade dessa teoria reside no fato de os verões longos serem os responsáveis pelas glaciações do Quaternário.

10.2 A influência da posição dos continentes

De acordo com a teoria astronômica atribuída a Milankovitch, o **clima é controlado pela insolação recebida durante o verão em altas latitudes (60°) no hemisfério Norte**. Com efeito, é no hemisfério Norte que está presente a maioria das superfícies continentais consideradas lugares privilegiados para o acúmulo de gelo. Mas a divisão atual não é uma constante nos tempos geológicos (Ficha 44). Assim, a deriva dos continentes (essencialmente Norte-Sul ou Sul-Norte) alterou alguns parâmetros importantes da dinâmica climática da Terra, o que explica, por exemplo, por que houve uma glaciação no Saara há 450 milhões de anos.

Modificações paleogeográficas	Influência no clima
Distribuição das massas continentais	Modificação do balanço radioativo
Formação de relevos	Modificação dos movimentos atmosféricos
Evolução dos oceanos	Modificação dos movimentos oceânicos

10.3 Os parâmetros orbitais

As variações de intensidade de insolação, latitude e estação estão sob o controle de três parâmetros orbitais da Terra: a excentricidade, a obliquidade e a precessão dos equinócios.

Parâmetro	Descrição	Amplitude	Periodicidade	Efeito sobre o clima
Excentricidade	Modificação da forma da elíptica.	Varia de 0, quando a elíptica é um círculo, a 7% máx. (elipse). Atual = 1,67%	100.000 anos	Pouco impacto quando é considerada sozinha.
Obliquidade	Ângulo entre o eixo de rotação da Terra e o plano da elíptica.	Atual = 23°25' Variação de amplitude de ± 1°30'	41.000 anos	Quando o ângulo é máximo, há contraste entre as estações e o clima.
Precessão dos equinócios	Cone que descreve o eixo de rotação da Terra devido à atração dos astros.	Posição angular da elíptica em relação às estrelas.	21.700 anos	Maior sobre a duração das estações (quando a excentricidade é máxima).

10.4 Conclusão

Os parâmetros astronômicos influenciam o clima terrestre de forma cíclica, com períodos que variam no decorrer do tempo geológico. As variações climáticas existem no plano geológico por meio de variações das taxas de erosão, de transporte particular em direção às bacias e de produção primária nos oceanos.

10 | A teoria astronômica do clima

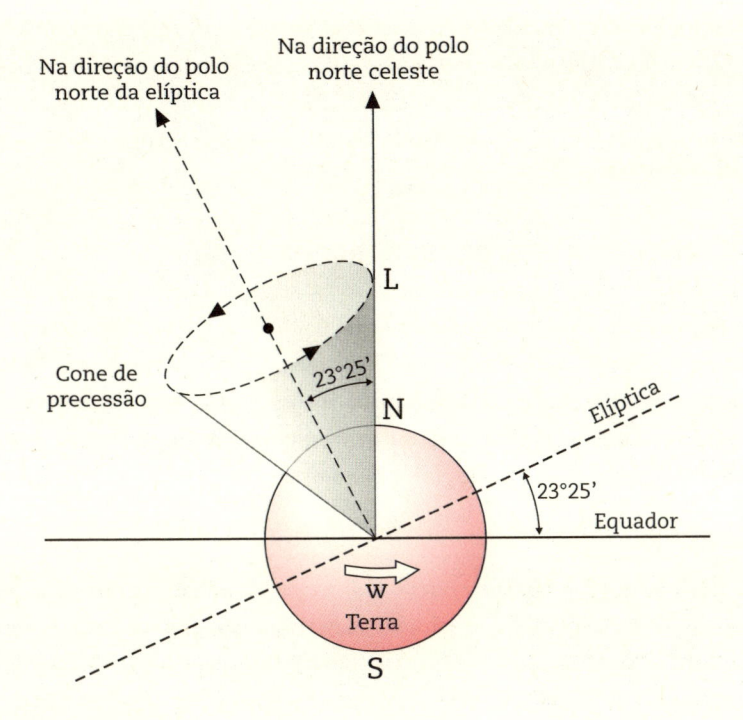

Fig. 10.2 *Obliquidade e precessão*

11 As propriedades da água

Palavras-chave
Densidade – Ligações hidrogênicas – Molécula polar – Temperatura

A água é um dos compostos essenciais à vida na Terra. Molécula de aparência simples, a água possui propriedades singulares que originam numerosos processos naturais, como a alteração (Ficha 46) ou o movimento oceânico (Ficha 9). Vamos examinar algumas de suas numerosas particularidades.

11.1 Uma molécula polar

A molécula de água (H_2O) tem a forma de um triângulo isósceles, em cujos vértices há um átomo de oxigênio (O) e dois átomos de hidrogênio (H). Esses átomos estão unidos por **ligações químicas ou ligações de covalência**. As ligações são garantidas pela partilha de elétrons em cada átomo. Como o oxigênio "capta" mais elétrons (carregados negativamente) do que o hidrogênio, ocorre um desequilíbrio de cargas. Assim, a molécula de água comporta-se como um **dipolo elétrico**: positivo do lado H e negativo do lado O.

11.2 Ligações hidrogênicas

Muitas moléculas de água podem se reagrupar, graças ao seu caráter polar. Um átomo de O liga-se a um átomo de H por uma **ligação hidrogênica ou eletrostática**. Essas ligações são **direcionais** e permitem o alinhamento dos átomos O-H...O. Elas são flexíveis, diferentemente das ligações de covalência, as quais são completamente rígidas em temperatura ambiente. Quando a temperatura é inferior a 0°C, as ligações hidrogênicas enrijecem-se e a água se transforma em gelo.

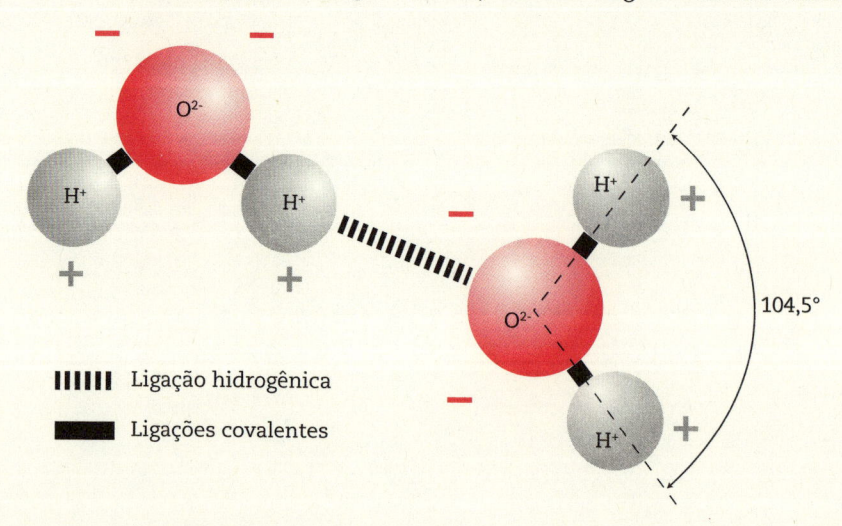

Fig. 11.1 *Molécula de água e ligação hidrogênica*

11.3 Particularidades da água

As moléculas dipolares e muitas ligações hidrogênicas dão à água certo número de propriedades surpreendentes.

- Teoricamente e em comparação com compostos de estruturas semelhantes, a água na Terra deveria congelar a –100°C e ferver a –80°C (contra 0°C e 100°C, na realidade).
- Quando o gelo derrete, as moléculas da água se "amontoam", porque as ligações hidrogênicas se torcem. Portanto, o volume ocupado pela água líquida é menor que o do gelo. Ou seja, a densidade da água líquida é superior à da água sólida. Sob pressão atmosférica, a água pura (não salgada) apresenta sua densidade máxima a uma temperatura de 4°C e é por isso que os cubos de gelo flutuam em um copo de água.
- Na água do mar (salinidade = 35‰), o máximo de densidade chega a T° = –1,91°C. Essa peculiaridade é fundamental no sistema de movimento das massas de águas oceânicas (Ficha 7), de águas polares frias e, portanto, densas em profundidade.
- A água é um excelente solvente, cujas moléculas polares ligam-se aos íons e a outras moléculas polares do ambiente, favorecendo assim seu isolamento e impedindo qualquer outra formação.
- A água tem o mais forte calor específico de todos os corpos (exceto NH_3). Isso significa que é necessária muita energia para elevar sua temperatura, pelo fato de haver ligações hidrogênicas. Essa propriedade é fundamental na regularização dos climas: durante o dia, os oceanos armazenam a energia para restituí-la à noite, sem que a temperatura se altere.

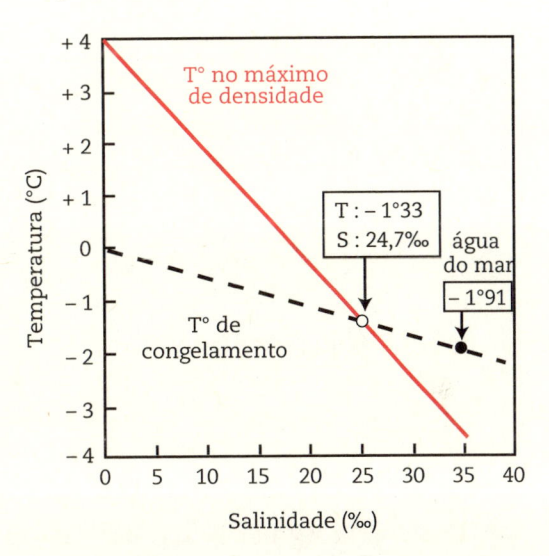

Fig. 11.2 *Temperatura de congelamento e de densidade máxima da água*

12 O ciclo da água

Palavras-chave
Água – Evaporação – Precipitação – Reciclagem – Reservatórios – Inundação – Tempo de residência

A especificidade do planeta Terra é manter a superfície da água em diferentes estados: gasoso, sólido e, principalmente, líquido, condição essencial para o surgimento e a manutenção da vida na Terra. O ciclo da água (ou ciclo hidrológico) é um dos grandes **ciclos biogeoquímicos** que intervêm no complexo e peculiar sistema que constitui esse planeta. Esse ciclo consiste em uma troca de água, por meio de grandes sistemas naturais de reciclagem, entre os diferentes reservatórios (ou invólucros) do sistema Terra: atmosfera, hidrosfera, litosfera/astenosfera e biosfera.

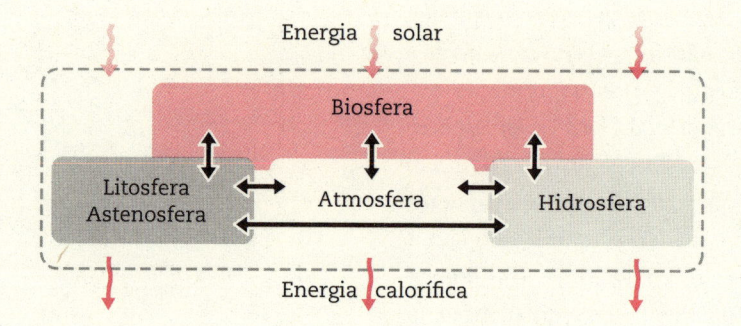

Fig. 12.1 *O sistema Terra e as interações entre seus diferentes componentes*

12.1 O ciclo da Água
a] A água sobre a Terra

A forma como a água da Terra teria sido evaporada na atmosfera divide astrônomos e geólogos: os primeiros acreditam que isso aconteceu por causa do intenso bombardeio de meteoritos e cometas extraterrestres durante a fase de acreção do planeta, há 4,5 bilhões de anos; já os segundos, devido ao desgaseificar brutal após uma intensa atividade vulcânica.

Enquanto a temperatura terrestre se manteve acima dos 100°C, o vapor de água ficou na atmosfera, criando um considerável efeito estufa. Progressivamente, a Terra foi esfriando e, quando a temperatura ficou abaixo dos 100°C, o vapor atmosférico condensou-se e caíram chuvas torrenciais durante milhões de anos para formar os oceanos (a partir de 3,8 bilhões de anos), conforme o testemunho da formação das primeiras rochas sedimentares e o surgimento dos primeiros micro-organismos vivos (bactérias, algas etc.). Uma pequena, mas suficiente, quantidade de vapor de água continuou na atmosfera para manter certo nível de efeito estufa (com o CO_2 proveniente dos vulcões), sem o qual nosso planeta seria uma "bola de gelo" (Ficha 6). Isso também explica o fato de a litosfera e a astenosfera conterem imenso volume de água.

12 | O ciclo da água

Hoje, se fosse possível provocar erosão em todos os relevos do planeta Terra, a água líquida recobriria toda a sua superfície e formaria uma camada de quase 3 km de espessura, uma situação muito diferente do que aconteceria em outros planetas do sistema solar.

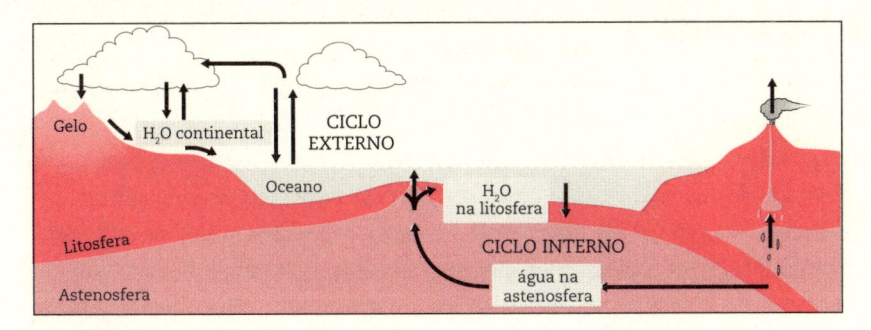

Fig. 12.2 *Ciclo completo (interno e externo) da água na escala do globo terrestre*

b] A divisão dos estoques de água

A hidrosfera compreende o conjunto de água da superfície e da parte superficial da crosta terrestre: oceanos, águas subterrâneas, solos, rios, lagos, geleiras etc.

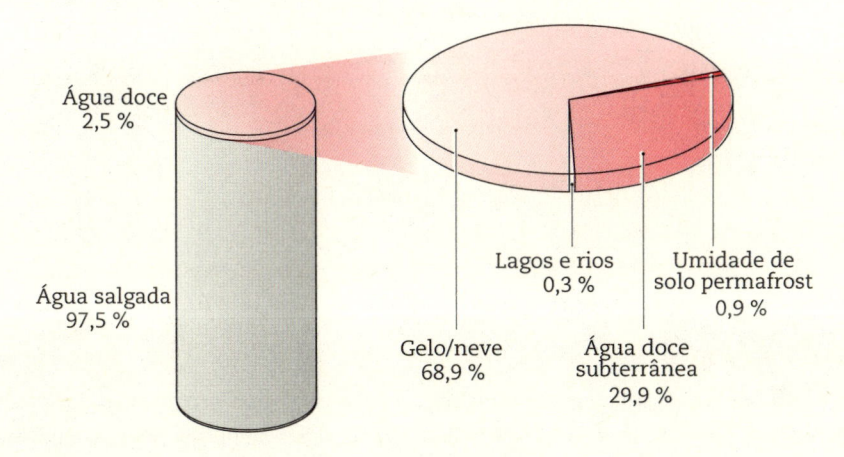

Fig. 12.3 *Os estoques de água do planeta Terra (em porcentagem)*

c] O ciclo interno

O ciclo interno diz respeito ao movimento de água entre o oceano, a litosfera e a astenosfera (Fig. 12.2). Um grande volume de água (330.10^6 km^3) infiltra-se nos poros e nas fraturas da cobertura sedimentar da litosfera oceânica. Outro grande volume de água infiltra-se nas fraturas da litosfera na altura das dorsais médio-oceânicas. A água, que reaparece na altura do exutório que constitui as fontes hidrominerais, é um agente eficaz de alteração química dos basaltos oceânicos, o que modifica suas propriedades físico-químicas e a composição da crosta oceânica, contribuindo para a composição química da água do mar (Ficha 53). A subducção das placas tectônicas na litosfera também introduz água na astenosfera (Ficha 28), além de os minerais do manto já possuírem enorme quantidade de água. Juntas, a litosfera e a astenosfera contêm um volume de água avaliado em 400.10^6 km^3.

d] O ciclo externo

O movimento anual da água é o maior deslocamento de uma substância química na superfície da Terra (Fig. 12.4).

O balanço hidrológico da superfície terrestre divide-se em duas partes ligadas entre si (atmosférica e terrestre), nas quais intervêm três processos principais:

- a **evaporação**, que ocorre, principalmente, nos oceanos (85%), onde a energia da irradiação solar transforma a água líquida em vapor;
- as **precipitações**, que ocorrem em forma de chuva sobre os continentes e os oceanos após a redistribuição do vapor de água pelos ventos e outros movimentos atmosféricos;
- o **escoamento**, superficial ou subterrâneo, da água doce captada nos continentes, em forma líquida (rios e lagos) ou sólida (gelo), que volta ao oceano.

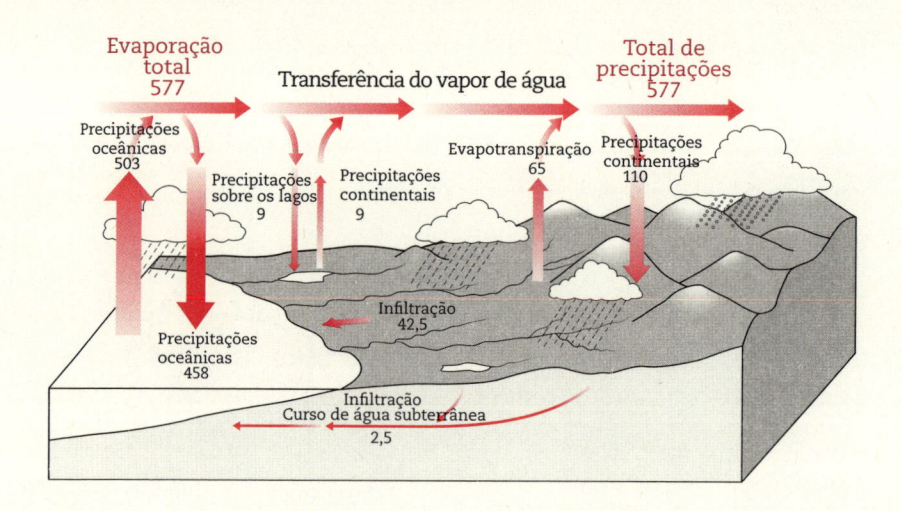

Fig. 12.4 *Ciclo externo da água e balanço dos fluxos hídricos (expressos em 10^3 km^3)*

Esses deslocamentos de água agem como regulador dos climas terrestres, pelos processos de evaporação/ precipitação e movimento oceânico, que transfere a energia solar recebida pela Terra do equador até os polos (Ficha 9). Assim, a água (líquida e sólida) é o agente essencial da alteração das rochas da crosta terrestre e contribui para a reciclagem de vários elementos (Ficha 46).

12.2 Ciclo da água, reservatórios e transferências

À primeira vista, pode-se considerar que o ciclo da água é estacionário, isto é, que toda perda de água, pelas suas partes atmosférica ou terrestre, é compensada pelo ganho de água na outra parte (Fig. 12.2). No entanto, importantes oscilações podem ser registradas no estado estacionário do ciclo da água, como, por exemplo, nos períodos de glaciação continental – desencadeando profundas variações da produção oceânica primária –, assim como pela posição e distribuição das áreas continentais (Ficha 10).

As quantidades de água possíveis de estimar estão contidas nos quatro grandes reservatórios do ciclo externo: atmosfera, hidrosfera, litosfera e biosfera. Em contraposição, não há nenhuma estimativa confiável quanto à água contida na astenosfera.

Durante o ciclo da água, ocorrem transferências incessantes, mais ou menos rápidas, de grandes massas de água entre os diferentes reservatórios de superfície (Fig. 12.3). Porém nem toda a água participa do ciclo continuamente, pois depende do tempo de residência das moléculas de água em cada reservatório considerado.

Reservatórios	Volumes ($10^6.km^3$)	Tempo de residência
Oceanos	1.350	2.500 a 4.000 anos
Águas continentais	36	
Geleiras	28	1.600 a 9.700 anos
Águas subterrâneas	8	1.400 anos
Mares interiores	0,11	250 anos
Lagos de água doce	0,10	1 a 17 anos
Umidade dos solos	0,07	1 ano
Rios	0,002	16 dias
Atmosfera	0,013	8 dias
Biosfera	0,001	De algumas horas a 8 dias
Total	1.422	

12.3 Conclusão

O ciclo biogeoquímico da água é o motor indispensável ao transporte de muitos elementos (C, N, P, S e O) à superfície da Terra e, graças a uma reciclagem permanente e equilibrada, permite o desenvolvimento da vida na Terra e contribui para o controle do clima terrestre.

13 O ciclo do carbono

Palavras-chave
Carbono – Carbonatos – CO_2 – Ciclo – Fluxo – Reservatórios

Entre todos os elementos existentes na superfície da Terra, o carbono (C) não é o mais abundante, atrás do oxigênio e do silício, mas corresponde a um dos parâmetros essenciais no surgimento e na manutenção da vida no planeta Terra. O carbono é o elemento principal de dois gases carbônicos do efeito estufa (CO_2 e CH_4), que controlam o funcionamento do sistema climático terrestre por meio de um sistema de reciclagem natural entre os quatro grandes reservatórios de carbono: a atmosfera, a hidrosfera (principalmente oceânica), a litosfera e a biosfera (Ficha 6). O ciclo do carbono implica processos geológicos que agem em meio terrestre e oceânico, no qual intervêm reações bioquímicas e químicas inorgânicas.

Existem duas formas de carbono na natureza:

- o carbono orgânico (C_{org}), produzido por organismos vivos, apresenta ligações com outros carbonos ou outros elementos, como o hidrogênio (H), o nitrogênio (N) ou o fósforo (P), no caso das moléculas orgânicas;
- o carbono inorgânico (C_{inorg}), associado a compostos inorgânicos, não apresenta ligações C-C ou C-H e apresenta-se em diferentes estados: gasoso, como no caso do CO_2 atmosférico; sólido, como nos carbonatos $CaCO_3$; ou sob forma iônica dissolvida (HCO_3^-) nos oceanos.

13.1 O ciclo do carbono

a] O ciclo global do carbono

O ciclo natural do carbono na Terra pode ser avaliado pela análise da dimensão de seus reservatórios (expressos em Gt_c = gigaton de carbono, que equivale a 10^{12} kg), pelos fluxos de troca, assim como pelo tempo de residência de um átomo de carbono nos diferentes reservatórios (Fig. 13.1). Por ordem decrescente de tamanho, distingue-se:

- um imenso reservatório (> $50 \cdot 10^6$ Gt_c) que corresponde aos sedimentos e às rochas sedimentares da litosfera oceânica;
- um reservatório de tamanho médio (39.000 Gt_c) constituído pelas massas de águas oceânicas superficiais (1.000 Gt_c) e profundas (38.000 Gt_c);
- reservatórios pequenos (< 2.000 Gt_c) que compreendem a atmosfera e as biosferas continental e marinha, por meio do desenvolvimento dos animais, das plantas e dos solos.

	Litosfera	Hidrosfera	Biosfera	Atmosfera
Tempo de residência = Tamanho do reservatório/ Fluxo de troca	>1 Ma, até 200 Ma	Em torno de 380 anos nas águas superficiais, e mais de 100 Ka no oceano profundo	Entre 5 e 50 anos para a biosfera continental, e entre 1 mês e 1 ano para a biosfera marinha	3 a 5 anos

13 | O ciclo do carbono

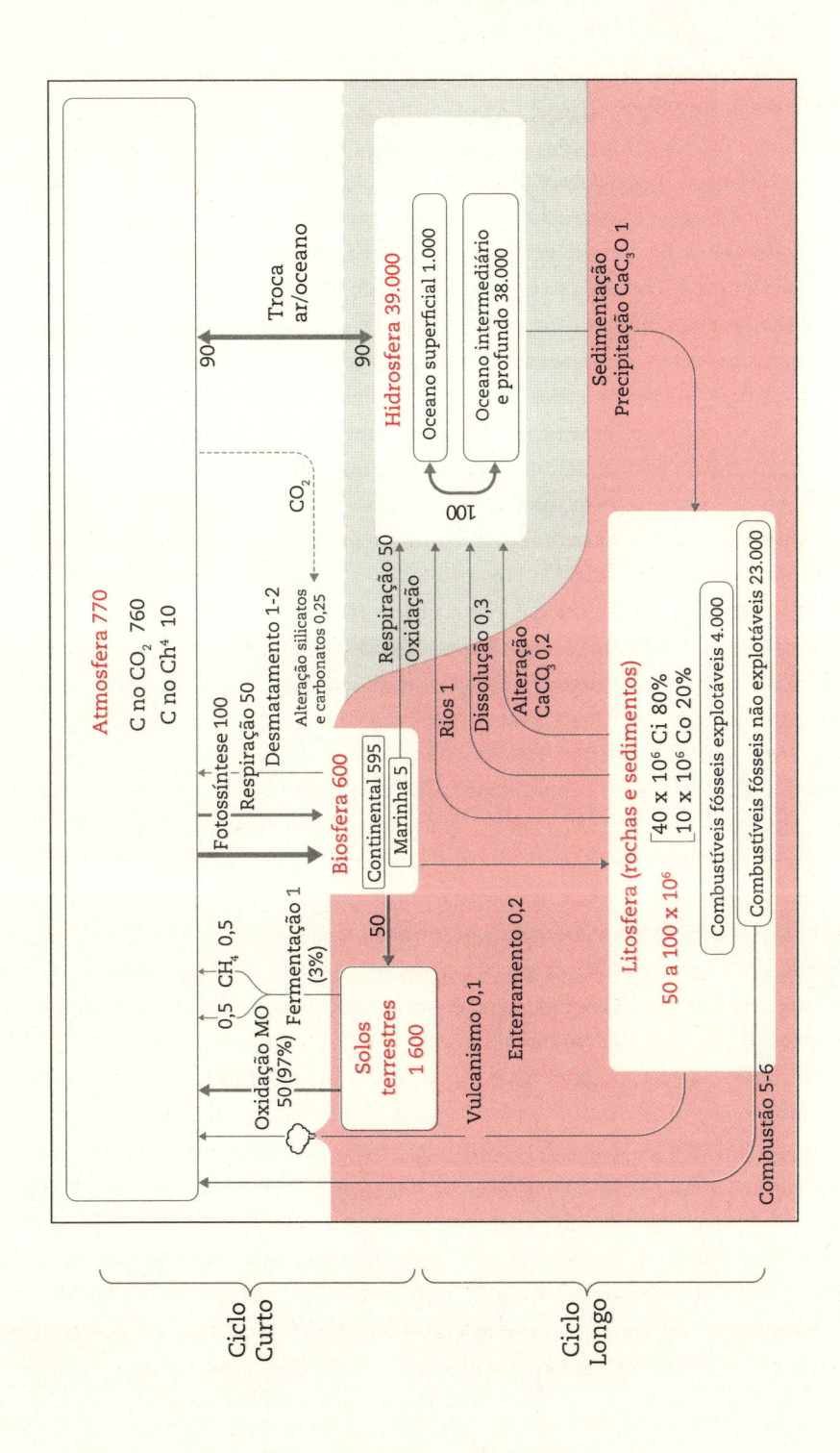

Fig. 13.1 *O ciclo global do carbono*

O tamanho dos reservatórios (em vermelho) e os fluxos são expressos em gigatons (10^{12} kg) de carbono (Gt_c).

O ciclo global do carbono é um sistema de reciclagem complexo, no qual os processos físicos, químicos e biológicos estão intimamente ligados e torna-se difícil examinar separadamente a reciclagem das duas formas de carbono (C_{org} e C_{inorg}).

b] O ciclo do carbono orgânico

O ciclo curto corresponde à reciclagem do carbono com duração inferior a um século. O processo biogeoquímico que é base dessa reciclagem de curto prazo corresponde ao par **fotossíntese** (que permite transformar C_{inorg} do CO_2 em C_{org} por meio da energia solar que sintetiza a matéria orgânica e fixa átomos de carbono em moléculas mais ou menos complexas de hidrato de carbono) e **respiração** (que permite a conversão do C_{org} em C_{inorg} por oxidação ou decomposição da matéria orgânica por meio de micro-organismos que utilizam o oxigênio livre O_2 – processo aeróbio – ou o oxigênio das moléculas da matéria orgânica, mesmo na ausência do oxigênio – processo anaeróbio). A **fermentação** é o processo que produz CO_2 e CH_4 quando a decomposição da matéria orgânica por organismos anaeróbios em meios anóxicos.

O ciclo longo caracteriza-se pela reciclagem do carbono por processos de natureza geológica em escalas de tempo que variam entre milhares e milhões de anos. Esses processos correspondem ao soterramento de matérias orgânicas em sedimentos e rochas sedimentares, ou seja, à transformação dessas matérias orgânicas em combustíveis fósseis e sua alteração (por oxigenação) em querógenos, hidrocarburetos e carvões. Os fluxos do carbono ligados a esses processos são fracos (em torno de 0,1 Gt/ano), mas os reservatórios são imensos e, consequentemente, o tempo implicado é muito longo.

c] O ciclo do carbono inorgânico

Outros processos de reciclagem implicam o carbono inorgânico (C_{inorg}) e aquele contido no CO_2 atmosférico e nas rochas carbonatadas (sob forma de calcários, $CaCO_3$ e de dolomitas, $MgCa(CO_3)_2$. Os grandes reservatórios de C_{inorg} estão em ordem crescente: atmosfera, área oceânica (que compreende dois sub-reservatórios compostos por águas de superfície, intermediárias e profundas) e os sedimentos e rochas sedimentares.

A distribuição do CO_2 na hidrosfera envolve a compreensão da química do C_{inorg} nas águas marinhas e continentais. Por causa de sua grande solubilidade na água, o CO_2 transforma-se quase integralmente (99%) em íons hidrogenocarbonatos (HCO_3^-) e depois em íons carbonatos (CO_3^{2-}) no oceano. O dióxido de carbono provém de trocas diretas (em equilíbrio) com a atmosfera ou da alteração química das rochas continentais por águas meteóricas, e seu transporte até o oceano ocorre pelas águas sob forma iônica. Esse ciclo repete-se com a utilização das formas dissociadas de CO_2 pelos organismos marinhos que os combinam com Ca^{2+} para fabricar seu arcabouço ou sua concha de $CaCO_3$ (aragonita ou calcita). Uma parte da $CaCO_3$ dissolve-se na coluna de água (Ficha 49); a outra parte acumula-se sobre placas oceânicas para formar as **rochas sedimentares carbonatadas** depois do enterramento. Após dezenas de milhões de anos, esses carbonatos podem ser trazidos à superfície pelos movimentos tectônicos ou serem parcialmente reciclados nas zonas de subducção e devolvidos à atmosfera sob a forma de CO_2 emitido pelos vulcões.

13 | O ciclo do carbono

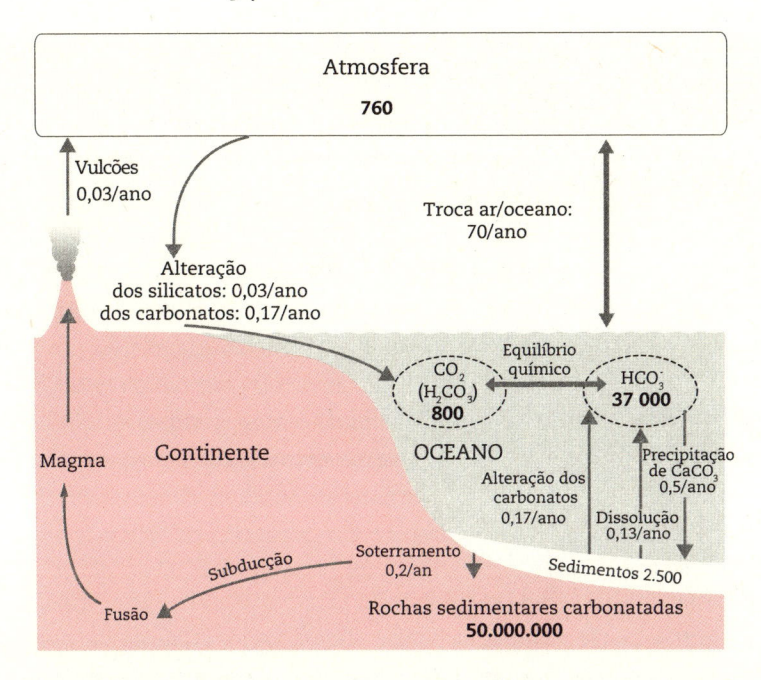

Fig. 13.2 O ciclo do carbono inorgânico (C_{inorg}). Valores e fluxos expressos em gigatons (10^{12} kg)

13.2 Ciclo do carbono: fontes, transferências e poços de CO_2

A principal forma de sequestro do carbono, em longo prazo, é o soterramento nos sedimentos marinhos profundos. O deslocamento anual de uma pequena parte (0,1%) da produção primária é responsável pela presença de oxigênio na atmosfera terrestre. A preservação do carvão orgânico, fixado por fotossíntese pelo processo de oxidação (respiração), permitiu acumular oxigênio na atmosfera e no oceano no decorrer das eras geológicas. O ciclo do carbono é completado pela lavagem dos sedimentos marinhos sob erosão ou pela combustão de combustíveis fósseis.

13.3 Conclusão: a importância do ciclo do carbono e dessas retroações

Se o ciclo do carbono parece equilibrado nas escalas das eras geológicas, as quantidades e os fluxos de carbono variam entre os diferentes reservatórios, consequentemente com implicações climáticas maiores.

14   O ciclo do nitrogênio

Palavras-chave
Nitrogênio – Bactérias – Desnitrificação – Fixação biológica – Nitrificação – Fotossíntese

O ciclo do nitrogênio é um dos mais complexos ciclos biogeoquímicos, já que descreve a sucessão de transformações ocorridas pelas diferentes formas de nitrogênio, composto essencial de muitos processos biológicos e indispensável à presença de vida na Terra.

14.1 O ciclo do nitrogênio

O nitrogênio (sob a forma diatômica de dinitrogênio – N_2) é o principal elemento da atmosfera terrestre, ocupando quase 80% do volume da Terra, e representa a mais importante reserva da biosfera. Esse elemento não pode ser usado diretamente pelos organismos, porque seus átomos estão unidos em uma tripla ligação. Para ser assimilado pelos organismos, são necessários processos de combinação do nitrogênio atmosférico com outros átomos (hidrogênio ou oxigênio), para se apresentar sob as formas reduzida – amoníaco (NH_4^+) – ou oxidada – nitrato (NO_3^-).

A reciclagem do nitrogênio atmosférico molecular ocorre em domínio terrestre e marinho por meio da interação de três processos maiores: a **fixação biológica** do nitrogênio atmosférico; a **nitrificação**, que transforma os produtos da fixação biológica; e a **desnitrificação**.

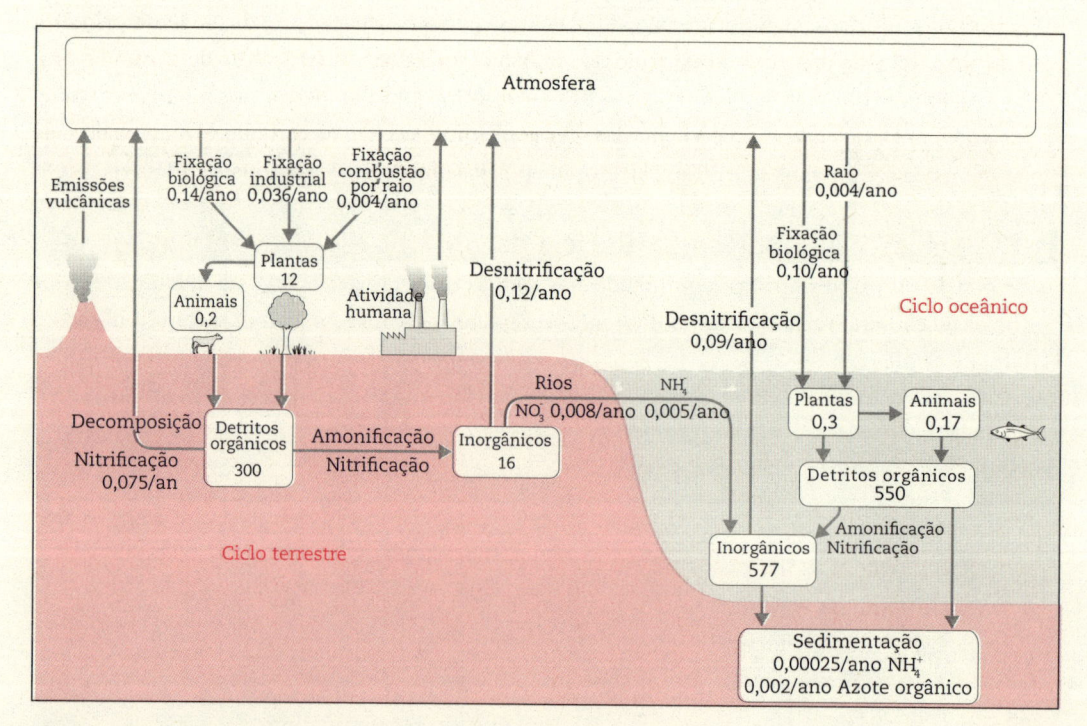

Fig. 14.1 *O ciclo do nitrogênio. Valores expressos em gigatons*

14 | O ciclo do nitrogênio

a] A fixação biológica

A **fixação do nitrogênio** corresponde à conversão do nitrogênio atmosférico (N_2) em nitrogênio que possa ser utilizável pelos organismos vegetais ou animais (NH_4^+, amônio). Essa fixação é realizada por certas bactérias que vivem nos solos ou na água (em particular cianobactérias e outras bactérias que vivem em simbiose com plantas, como as leguminosas) e que conseguem assimilar o nitrogênio diatômico. A reação química é:

$$2N_2(g) + 3\{CH_2O\} + 3H_2O > 4\ NH_4^+ + 3\ CO_2$$

Essa reação necessita de um fluxo de energia da **fotossíntese** (cianobactérias e simbiotes de leguminosas). Essa fixação tende a produzir compostos amoníacos como o amônio NH_4^+ e seu ácido conjugado ao amoníaco NH_3 (principalmente em solos com pH alto). Trata-se de uma reação de redução que ocorre por intermédio de substâncias orgânicas.

b] A nitrificação

A **nitrificação** transforma os produtos iniciais da fixação (NH_4^+, NH_3) em nitritos e nitratos (respectivamente, NO_2^- e NO_3^-) por uma reação de oxidação que ocorre por catálise enzimática ligada às bactérias dos solos ou da água. A reação em cadeia é:

$$2N_4^+ + 3O_2 > 2\ NO_2^-\ (\text{Nitrito}) + 2H_2O + 4H^+\ \text{e}\ 2\ NO_2^- + 2\ NO_3^-\ (\text{Nitrato})$$

c] A desnitrificação

A **desnitrificação** corresponde a uma volta à atmosfera do nitrogênio sob a forma molecular N_2, como produtos secundários do CO_2 e do óxido de nitrogênio N_2O (gases de efeito estufa, que contribuem para destruir a camada de ozônio da estratosfera). Esse processo é acionado por uma reação de redução de NO_3^-, por intermédio das bactérias que transformam a matéria orgânica, conforme a reação:

$$2NO_3^- + 5\{CH_2O\} + 4H^+ > 2NH_2(g) + 5\ CO_2 + 7\ H_2O$$

14.2 Ciclo do nitrogênio: tamanho dos reservatórios e tempo de residência

Reservatórios	Tamanho (em gigatons = 10^{12} kg) N_2	N_2O	Tempo de residência
ATMOSFERA	3.800.000	1,4	100 anos (N_2O) a 10 Ma (N_2)
OCEANOS	22.000	20	1.000 anos (para N_2)
LITOSFERA			
Manto	170.000.000		
Crosta	10.000.000		
Sedimentos	400.000		>>1Ma
Solos	100		2.000 anos
BIOSFERA			
Biomassa continental	350		50 anos
Biomassa marinha	0,5		< 1 ano

14.3 Conclusão: a importância do ciclo do nitrogênio

A atividade humana contribui para o aumento da desnitrificação, por causa da utilização de fertilizantes que acrescentam compostos amoníacos (NH_4^+, NH_3) e nitratos (NO_3^-) aos solos. O uso de combustíveis fósseis em motores ou em centrais térmicas transforma o nitrogênio em óxido NO_2^-. Com N_2 e CO_2, a desnitrificação emite uma pequena quantidade de N_2O para a atmosfera. A concentração desse gás é pequena (300 ppb), mas uma molécula de N_2O é 200 vezes mais eficaz do que uma molécula de CO_2 para criar o efeito estufa (Ficha 6). O nitrogênio é um componente essencial das enzimas que regulam o ciclo do carbono.

A estrutura interna da Terra

15

Palavras-chave
Descontinuidades – Invólucros – Ondas sísmicas – Pressão – Temperatura

O globo terrestre corresponde a uma **elipsoide** de revolução, cujo raio médio é de aproximadamente **6.370 km**, e seu plano equatorial é quase um círculo. A diferença entre o raio polar e o raio equatorial é de cerca de 20 km, o que se traduz num achatamento ao longo da linha dos polos de 1/300. À primeira vista, é composto por uma sucessão de invólucros esféricos, cujos limites correspondem a mudanças de propriedades físico-químicas.

15.1 Os dados da sísmica

As ondas sísmicas podem ser de três tipos: ondas de pressão (P), ondas de cisalhamento (S) e ondas de superfície (L). A análise do trajeto das ondas sísmicas P e S, no interior do globo, evidenciou a estrutura da Terra em invólucros. Se o globo terrestre fosse isótropo (com propriedades físicas idênticas em qualquer ponto), todas as ondas seguiriam o mesmo caminho, numa velocidade constante. Ao registrar a chegada de ondas em diferentes pontos do globo (na superfície), verifica-se que o tempo de chegada das ondas P é diferente: a velocidade é mais lenta e os trajetos são diferentes.

a] As descontinuidades da Terra

A Terra é **anisótropa** e os diferentes percursos mostram o fenômeno de refração nas **descontinuidades** (quando uma onda passa de um meio 1 para um meio 2). É assim que se caracteriza a **descontinuidade de Lehman** (5.150 km), entre o núcleo interno (ou semente) e o núcleo externo; a **descontinuidade de Gutenberg** (2.900 km), entre o núcleo e o manto; e a **descontinuidade de Mohorovicic** (ou Moho) entre o manto superior e a crosta. A profundidade de Moho varia em função da natureza da crosta subjacente: de 10 km sob um oceano, a 50 km sob uma cadeia de montanhas (Ficha 28),

b] A zona de baixa velocidade (*low velocity zone*, LVZ)

O estudo da propagação das ondas sísmicas também evidencia uma zona denominada baixa velocidade de propagação (**LVZ**), que se encontra entre 125 e 235 km de profundidade. Essa zona corresponde a uma parte do manto (a **astenosfera**), da qual uma pequena parte (~1%) está em fusão e separa dois invólucros mais rígidos: a **litosfera** (crosta mais parte do manto superior) e a **mesosfera** (manto "profundo").

15.2 A estrutura térmica e mineralógica da Terra

O gradiente geotérmico "clássico" de 2°C a 3°C/100m de profundidade só é válido na crosta. Fora dela, o calor (sempre crescente com a profundidade) deve-se essencialmente ao calor residual armazenado durante a formação da Terra (Fichas 1 e 6). No manto, uma zona de 100 km de espessura, próxima da descontinuidade de Gutenberg, caracteriza-se por um alto gradiente: é a **camada D"**.

a] Natureza mineralógica da crosta

O invólucro sólido mais superficial ou **crosta** (conhecido a partir de dados diretos, como os afloramentos, as sondagens ou o vulcanismo) é composto de granito (crosta continental) ou de basalto (crosta oceânica). Além disso, somente os dados do sismo experimental permitem estimar, comparativamente, as composições mineralógicas dos invólucros.

b] Natureza mineralógica do manto

A parte superior do manto (de até 400 km de profundidade) tem natureza peridotítica do tipo **olivina**. Entre 400 e 2.900 km, a pressão aumenta e os minerais ganham uma estrutura cristalina cada vez mais densa (sem alterar a composição química), primeiramente em forma de **espinélio** (até 650-700 km, limite manto inferior/superior), e depois de **perovskita**, na base do manto. O intervalo de 400 km – limite do manto inferior/superior – corresponde ao primeiro gradiente positivo das velocidades das ondas sísmicas: é a **zona de transição**.

c] Natureza mineralógica do núcleo

De acordo com a relação velocidade sísmica/densidade e a natureza mineralógica de determinados meteoritos (os sideritos), o núcleo é constituído de **ferro** e de **níquel** na parte externa líquida. A passagem ao núcleo interno é acompanhada da cristalização do ferro e do níquel, expulsando os elementos leves para o núcleo externo.

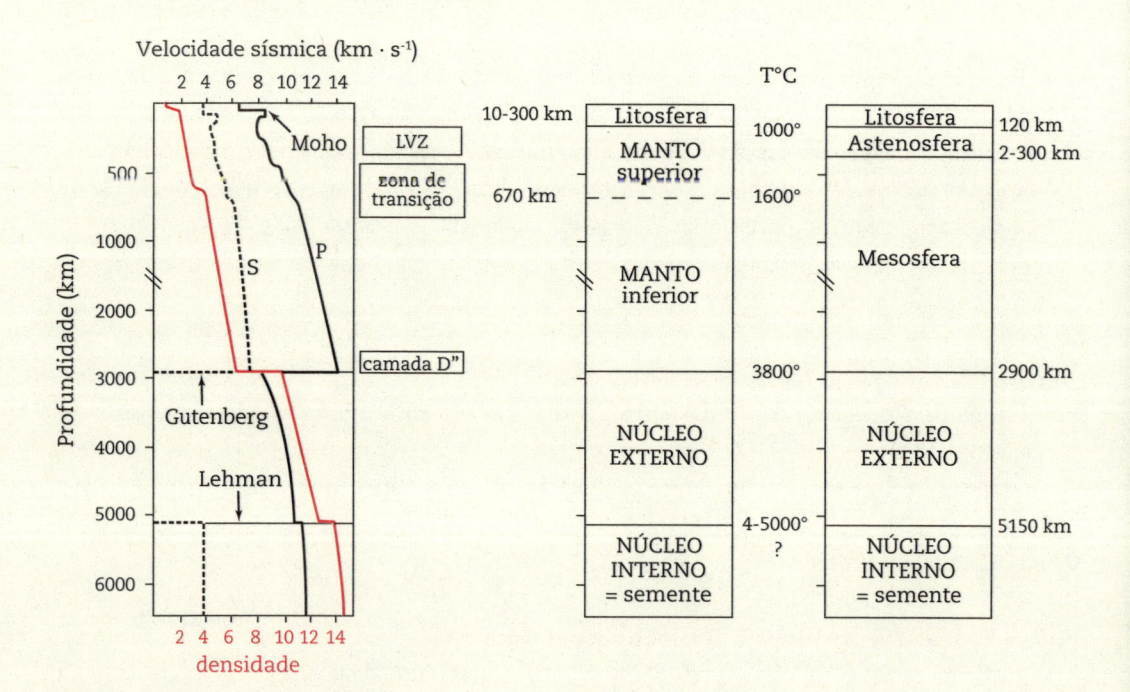

Fig. 15.1 *A estrutura interna da Terra*

15.3 Conclusão

A caracterização dos diferentes invólucros da Terra é feita pela combinação de dados que representam variações das propriedades físicas e químicas da matéria. As variações contínuas de certos parâmetros (pressão e temperatura) podem corresponder a variações descontínuas do estado da matéria (sólido ou líquido). Além disso, as descontinuidades sísmicas nem sempre têm o mesmo significado (Moho = mudança da composição química; LVZ = fusão parcial do material; Lehman = passagem de um núcleo sólido a um núcleo líquido).

O geoide 16

Palavras-chave
Anomalias gravimétricas – Equipotencial – Força da gravidade – Superfície de referência

O geoide é uma representação da superfície da Terra, determinada pelas variações de uma grandeza física: a **força da gravidade** (notação clássica: *g*). Essa **superfície** serve de referência e não corresponde à superfície real da Terra.

16.1 O elipsoide de referência

A Terra não é nem homogênea (Ficha 15) nem imóvel (Ficha 1), e sua superfície não pode ser reduzida a um invólucro esférico perfeito. Numa primeira abordagem, a forma do globo é um elipsoide de revolução achatada nos polos. Ao se abstrair das irregularidades da superfície do globo, deduz-se uma superfície "simplificada" e teórica do planeta: o elipsoide de referência. De forma simples, define-se esse elipsoide pelo grande semi-eixo *a* (ou o raio equatorial = 6.378.136 m) e pelo achatamento *f*. Isso é expresso por:

$$f = (a - b)/a, \text{ em que } b \text{ é o raio polar } (f = 1/298,257).$$

Além disso, como o raio polar é inferior ao raio equatorial, a força de gravitação é superior nos polos, com a velocidade axífuga (que tende a sair do eixo) máxima no equador. Assim, a força da gravidade varia em função da latitude (α), e uma relação simples une o achatamento à força da gravidade:

$$g = 978,0318 \, (1 + 0,0053024 \sin^2 \alpha - 0,0000058 \sin^2 \alpha)$$

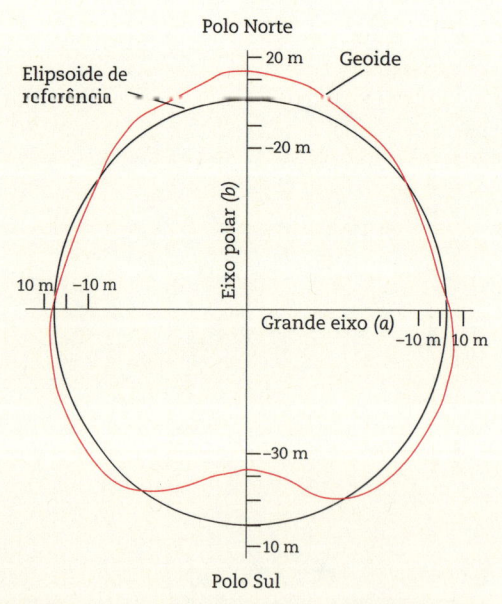

Fig. 16.1 *Comparação do geoide (em vermelho) e do elipsoide de referência (em preto) num corte meridiano*

16.2 O geoide

Trata-se de uma superfície convencionada a partir do estudo da força da gravidade em cada ponto do globo terrestre. Define-se a vertical desses pontos pela direção local da força da gravidade (graças, por exemplo, a um fio de chumbo). Essas verticais não são todas paralelas, por causa dos relevos que "atraem" (ou desviam) a componente vertical da força de gravidade. Para cada vertical, é possível definir uma direção perpendicular: a horizontal. Assim, aos poucos, pode-se seguir uma linha composta de sucessivas horizontais: é a **superfície equipotencial da força da gravidade**. Por definição, existe uma infinidade de superfícies desse tipo, em função da distância ao centro da Terra. Num determinado momento, **o geoide corresponde à**

16 | O geoide

superfície equipotencial da força da gravidade mais próxima da superfície média dos oceanos. Trata-se da forma gravimétrica da Terra.

Como o globo é heterogêneo, a superfície do geoide não corresponde necessariamente à superfície da elipsoide de referência. As diferenças, positivas ou negativas, entre essas duas superfícies podem ser representadas num mapa e são chamadas de **ondulações do geoide**. Elas refletem as diferenças de massa no interior do globo. Quanto maior a profundidade onde se localizam essas diferenças, maior é o comprimento de onda da ondulação.

Comprimento de onda da ondulação	Amplitude	Causa
10.000 km	Pluridecamétrica	As convecções ativas no manto inferior.
Em torno de 1.000 km	Plurimétrica	A convecção do manto superior (100 a 200 km de profundidade) permite os deslocamentos litosféricos.
Ordem do quilômetro	Métrica	O relevo dos fundos submarinos. Relevo positivo (ex.: cadeia) = convexidade do geoide.

16.3 Os métodos de determinação do geoide

Os métodos por satélites, acoplados às redes de balizas terrestres, são classicamente usados para determinar o geoide. Utiliza-se, por exemplo, a modificação das órbitas dos satélites. As forças que agem sobre um satélite, como o campo de gravidade, deformam a trajetória em torno da Terra. A altimetria espacial (Ficha 70) também permite definir o geoide marinho pela comparação da altitude do satélite (definida em relação ao elipsoide de referência) com a do nível médio dos oceanos.

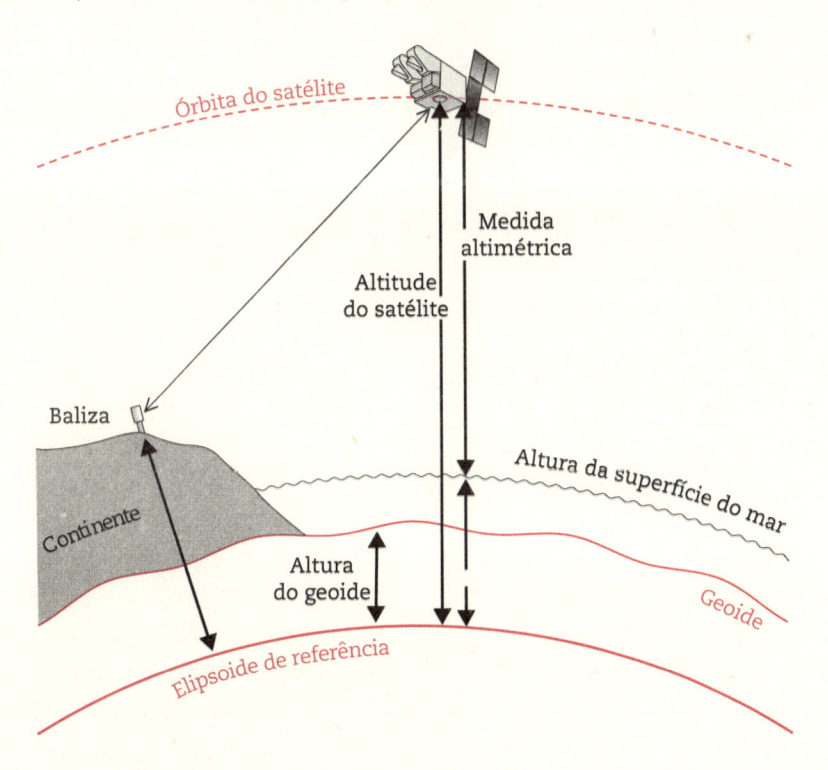

Fig. 16.2 *Geoide, elipsoide de referência e medida de satélite*

17 As anomalias gravimétricas

Palavras-chave
Altitude – Correção e anomalia de Bouguer – Geoide – Força da gravidade

Na superfície, é difícil interpretar as medições da força da gravidade porque dependem do local da medição (altitude, topografia etc.). Em contraposição, é possível calcular a força da gravidade em termos do geoide ou, com mais facilidade, em termos da elipsoide de referência (*g* **teórico**, expresso por g_{Th}). A noção de **anomalia gravimétrica** consiste na **comparação** do valor teórico (ao qual se aplicam correções) ao valor medido (expresso por g_M) na superfície da Terra.

17.1 Força da gravidade medida e Força da gravidade teórica

Em qualquer ponto da superfície do globo, a força da gravidade pode ser medida (g_M) com a ajuda do gravímetro. É um aparelho do tipo pêndulo, baseado no princípio da balança de mola. O valor médio de gM na superfície do globo é de 981 gals.

O valor teórico da força da gravidade (g_M) pode ser calculado em termos do elipsoide de referência na latitude α, segundo a fórmula (Ficha 16):

$$g_{Th} = 978{,}0318\,(1 + 0{,}0053024\,\sin^2\alpha - 0{,}0000058\,\sin^2 2\alpha)\ \text{em gals}$$

17.2 As correções de Bouguer

Para estimar uma anomalia gravimétrica, é preciso fornecer certo número de correções (expressas por δg) à força da gravidade teórica.

a] A correção da altitude dita "ao ar livre"

Ela permite estimar a variação vertical da força da gravidade entre o ponto de medição da superfície e a elipsoide de referência, supondo que a Terra é esférica.

$$g\,(\text{altitude}) = 2\,(K.Mr^2)\cdot(h/r)$$

Em que:
K = constante de gravitação universal;
M = massa da Terra;
r = raio médio terrestre;
h = variação da altura entre a superfície e a elipsoide.

Muitas vezes fracas, as correções são da ordem de 50 mGals, positivos ou negativos.

b] A correção de planalto

Essa correção considera a densidade dos materiais encontrados entre a elipsoide de referência e o ponto de medição da superfície (ignorada na correção da altitude). Em contraposição, a superfície terrestre é considerada horizontal, quando os vazios são "preenchidos" por um material homogêneo de densidade ρ.

$$g\,(\text{planalto}) = 2\,p\,k\,\rho\,h$$

Para uma densidade ρ = 2,67 (uso clássico), a correção acarreta um aumento de +11,18 mGals para uma elevação de 100 m.

c] A correção da topografia

Ela corrige as irregularidades de topografia da superfície (montanhas ou vales) que trabalham sobre a força da gravidade em relação ao planalto. Ela é estimada por meio de ábacos, e torna-se mais forte quando os relevos locais são contrastantes. É expressa por δg **(topo)**.

Então, a correção de Bouguer é expressa por:

$$\delta g \text{ (Bouguer)} = \delta g \text{ (altitude)} + \delta g \text{ (planalto)} + \delta g \text{ (topo)}$$

17.3 As anomalias gravimétricas

Elas correspondem à diferença entre as medições da força da gravidade e os valores calculados, às quais se aplicam as correções de Bouguer. Em determinado ponto, uma anomalia de gravidade (Δ), ou **anomalia de Bouguer**, é expressa por:

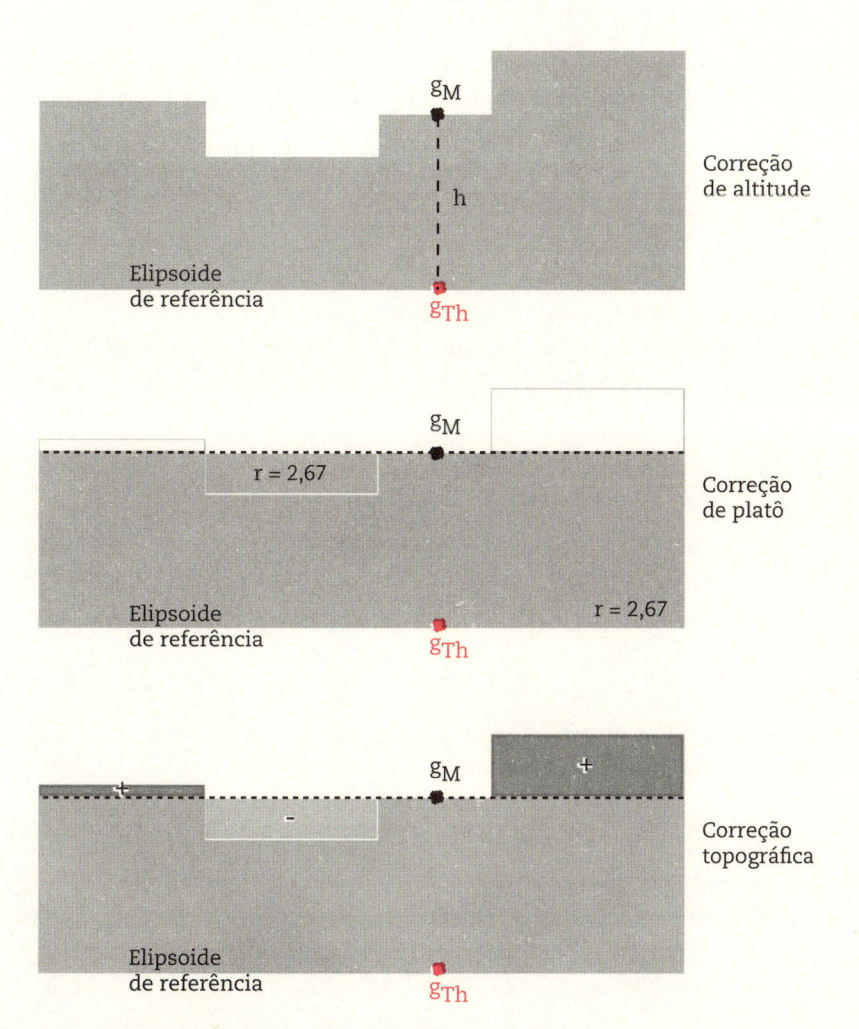

$$\Delta \text{ (Bouguer)} = g_M - g_{Th} - \delta g \text{ (Bouguer)}$$

Fig. 17.1 *Correções gravimétricas*

Para simplificar, as anomalias de Bouguer são:
- fracas nas planícies;
- positivas no nível dos oceanos;
- negativas nas cadeias de montanhas.

A existência de anomalias não nulas (Δ (Bouguer) diferente de 0) significa que as correções são inúteis. Realmente, tudo indica que g_M foi "corrigida", ou como se, na profundidade, um excesso (ou um déficit) de materiais compensasse a presença de um relevo (ou de uma depressão) na superfície.

A isostasia 18

Palavras-chave
Anomalias gravimétricas – Compensação – Crosta – Densidade – Litosfera

A característica "inútil" das correções gravimétricas (Ficha 17) significa que, de alguma forma, elas ocorrem naturalmente. Tudo acontece como se as rochas estivessem menos densas sob uma montanha (para compensar o excesso de material, devido ao relevo) e mais densas sob um oceano (para compensar a depressão): é a noção de **compensação** na escala da **crosta**, ou **teoria da isostasia**.

18.1 O modelo de Pratt

Em 1854, Pratt propôs um modelo de compensação, no qual:
- definiu um nível de profundidade em que a pressão litostática é idêntica em qualquer ponto posteriormente chamado de **superfície de compensação**;
- supôs que, acima desse nível, a parte superficial da litosfera pode ser recortada em "colunas" de **massas equivalentes**;
- a presença de relevos ou de depressões implica que essas "colunas" têm **volumes diferentes**.

Em determinado ponto da crosta, a pressão litostática é expressa por:

$$P = \rho \cdot g \cdot h$$

Em que ρ é a densidade das rochas; g é a força da gravidade e h é a altura da coluna considerada.

Se as colunas apresentarem massas iguais, mas volumes diferentes, a pressão será constante na profundidade, quando a **densidade de cada coluna for diferente**.

18.2 O modelo de Airy

Em 1855, Airy propôs outro modelo, mais de acordo com os dados geológicos (alteração do relevo, por exemplo), para explicar a noção de compensação. Com base no princípio de Arquimedes, ele sugeriu que o conjunto da crosta "flutua" sobre um material mais denso. Como no modelo de Pratt, Airy introduziu uma superfície de compensação em profundidade, a partir da qual os efeitos do relevo não são mais sentidos. Nesse modelo:
- a crosta é leve e tem uma **densidade homogênea** (d = 2,67);

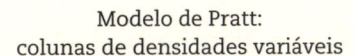

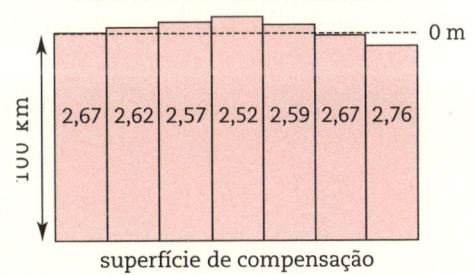

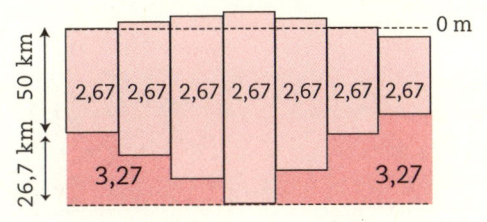

Fig. 18.1 *Os modelos de compensação isostática*

- a crosta flutua sobre material mais denso (d = 3,27): o manto litosférico.

O equilíbrio isostático é obtido pela **superposição de espessuras variáveis** de **crosta** (pouco densa) e de **manto superior** (mais denso). Verifica-se, por exemplo, a presença de uma base de material pouco denso sob as cadeias de montanha ou a subida de material denso sob os oceanos.

18.3 As anomalias e os reajustes isostáticos

A **anomalia isostática** corresponde à diferença entre o valor medido da força da gravidade (g_M) e o valor teórico (g_{Th}) corrigido pela compensação do efeito isostático. Geralmente, é muito fraca, o que mostra o **equilíbrio isostático**.

Quando a anomalia isostática não é desprezível, significa que não se atingiu o equilíbrio. Ela é **positiva** no caso de um excesso de matéria de **alta densidade** em profundidade, e negativa no caso de um excesso de matéria de **baixa densidade**. Nesses casos, as regiões são afetadas por movimentos verticais, a fim de reencontrar o equilíbrio isostático: é a noção de **reajuste isostático**.

Anomalia	Movimento vertical	Exemplo
Positiva	Depressão	Antártica sob o peso do inlândsis. Profundidade da plataforma continental atualmente em −500 m, contra −200 m observados na orla continental.
Negativa	Levantamento	Escandinávia (+9 mm/ano). Durante a última glaciação, ela foi coberta por uma calota de gelo, cujo peso provocou seu afundamento (como na Antártida). Depois, com o recuo da calota, a Escandinávia subiu até encontrar seu equilíbrio isostático.

18.4 Conclusão

Todos os movimentos verticais observáveis na superfície do globo não se devem à isostasia. Outros fenômenos geológicos podem provocar tais movimentos: a subsidência tectônica ou térmica e a colisão durante movimentos de convergência (Ficha 34).

Os minerais: generalizações 19

Palavras-chave
Química – Retículo cristalino – Redes e sistemas cristalinos – Simetria

Constituintes elementares das rochas, os minerais são definidos por uma composição química e por uma dada estrutura (ou geometria). Os átomos que os compõem estão numa ordem bem definida, a fim de formar um sólido homogêneo, limitado por planos orientados.

19.1 A noção de retículo cristalino

É a unidade de base de um cristal ou a menor estrutura cristalizada que conserva todas as propriedades (geométricas, físicas, químicas) do cristal. O conteúdo atômico da malha é chamado de cela unitária e seus picos, de nós. Sua geometria é definida por três vetores (a, b e c) do mesmo nó, de orientação Ox-Oy-Oz, e por três ângulos (α, β e γ). Define-se também o alinhamento reto que passa por dois nós quaisquer. Os planos reticulares correspondem a superfícies limitadas por três nós situados sobre mais de um alinhamento. Um cristal contém uma infinidade desses planos. Eles são identificados com os índices de Miller (h, k, l inteiros positivos, negativos ou nulos, primos entre si). Quando um plano é paralelo a um eixo, o índice correspondente é nulo. Todos os planos paralelos e equidistantes formam uma família de planos reticulares e a equidistância é chamada de distância inter-reticular (expressa por $d_{\eta\kappa\lambda}$).

19.2 Simetria e sistemas cristalinos

Os cristais são poliedros caracterizados por diferentes níveis (ou classes) de simetria. Define-se simetria como a presença de **eixos** (E), **centros** (C) ou **planos** de simetria (M) em um objeto em 3D. Esses elementos de simetria (ou operadores) podem existir sozinhos ou combinados, a fim de determinar a simetria de determinado objeto. Há trinta e duas classes de simetria (ou "combinações") agrupadas em sete sistemas cristalinos:

Sistemas cristalinos	Exemplo
Cúbico	Halita (NaCl)
Quadrático	Zircão ($ZrSiO_4$)
Hexagonal	Quartzo (SiO_2)
Romboédrico	Calcita ($CaCO_3$)
Ortorrômbico	Olivinas ($(Mg, Fe)_2 SiO_4$)
Monoclínico	Gipso ($CaSO_4, 2H_2O$)
Triclínico	Albita ($NaAlSi_3O_8$)

19.3 Outras características

Há outras particularidades que distinguem os cristais (Ficha 21) além dos sistemas cristalinos:
- as **maclas** são associações de dois ou mais cristais da mesma espécie, orientados por leis crista-

gráficas rigorosas. As maclas são simples quando dois indivíduos cristalinos compõem o grupo (ex.: ortoclásio, gipsita), e múltiplas se o conjunto comportar mais de dois indivíduos (ex.: aragonita, albita);

- os **planos de clivagem** são paralelos aos planos reticulares e correspondem a zonas de fragilidade (fraturas) do mineral (ex.: plano (001) das micas sodiopotássicas);
- a **densidade** depende da composição química e da estrutura e, em média, varia entre 2 e 3,5, quando a escala de todos os minerais estende-se de 1 a 22;
- a **dureza** de um mineral reflete a resistência a riscos, expressa pela escala não linear de Mohs, que varia de 1 (talco, pouco resistente) a 10 (diamante, muito resistente).

Os minerais também podem apresentar brilho metálico, com grande poder refletor, por oposição ao brilho não metálico. Apesar de potencialmente extraordinária, a cor não é um critério confiável de reconhecimento, porque depende da composição química e da estrutura, assim como da presença de impurezas ou de inclusões (Ficha 20).

Outros critérios característicos dos minerais podem servir a sua identificação, mas é necessário utilizar material de laboratório para a sua evidência: a luminescência (foto, termo ou cátodo luminescência), as propriedades ópticas, a piezoeletricidade, o magnetismo etc.

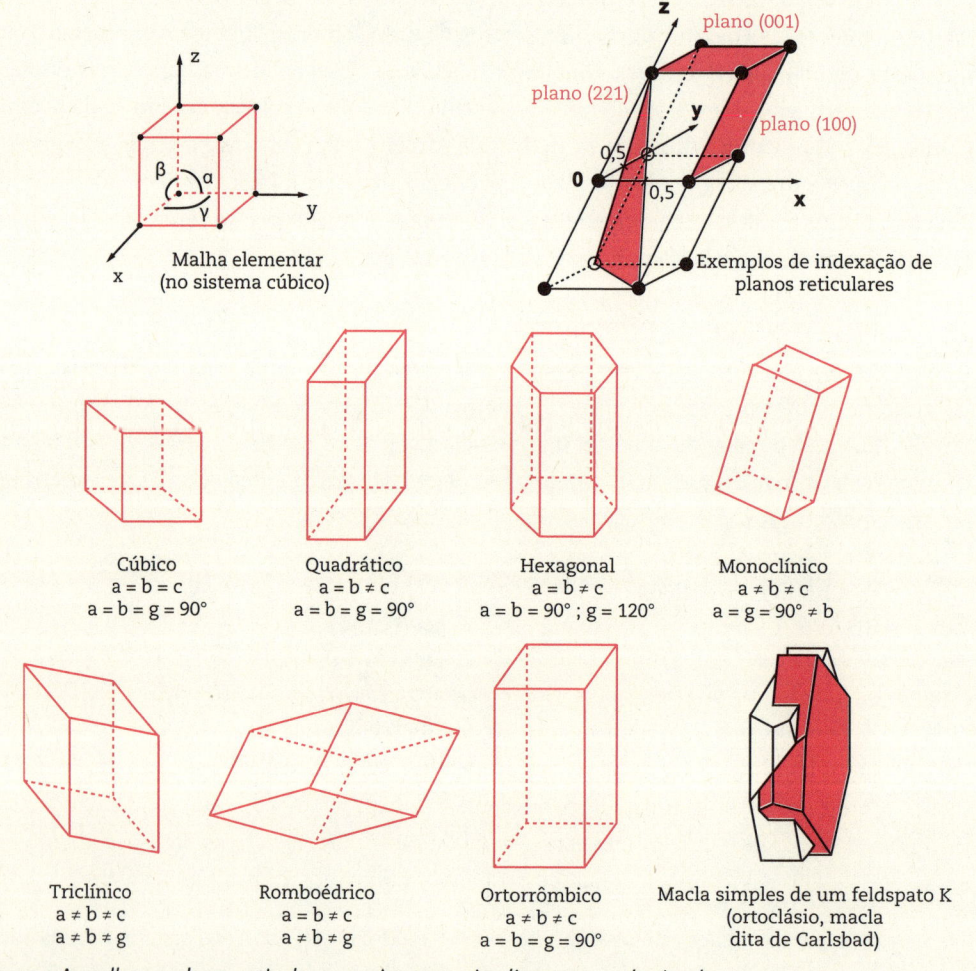

Fig. 19.1 *A malha, os planos reticulares, os sistemas cristalinos e a macla simples*

20 Os critérios de reconhecimento dos minerais

Palavras-chave
Catodoluminiscência – Clivagens – Densidade – Difração de raios X – Dureza – Brilho – Escala de Mohs – Microscópio – Microssonda

A primeira etapa do reconhecimento dos minerais é feita no local, a olho nu, ou com lupa, e por meio de critérios simples. Depois, no laboratório, ela é confirmada e completada com técnicas mais caras e frequentemente destrutivas.

20.1 As técnicas expeditas

a] Dureza

Os minerais classificam-se em função de uma escala de dureza, ou escala de Mohs, que varia de 1 (talco) a 10 (diamante). No local, utiliza-se uma placa de vidro (o quartzo risca o vidro) ou um martelo (de aço) e a unha (a unha risca gesso). Não se deve confundir a dureza e a resistência aos choques: o diamante (dureza 10) é muito frágil ao choque.

1	2	3	4	5	6	7	8	9	10
Talco	Gesso	Calcita	Fluorita	Apatita	Ortoclásio	Quartzo	Topázio	Corindon	Diamante
	Unha 2.2				Vidro	Aço			

b] Densidade

Cada mineral tem uma densidade própria. Muito denso, o ouro (19,3) é separado dos outros minerais, "lavando" as rochas (separação por gravitação). Separam-se os minerais por um sistema de líquidos de alta densidade, como o bromofórmio, nos quais os minerais flutuam mais ou menos, conforme sua densidade. Essas separações devem ser conduzidas em laboratório, por causa da alta toxicidade dos licores utilizados.

c] Cor, traço e fluorescência

Alguns minerais têm cores vivas características (carbonatos de cobre verde ou azul; rodocrosita rosa), mas é preciso ser prudente, pois, em geral, a coloração origina-se de impurezas (Ficha 6) e muda com algumas alterações. Assim, a baritina $BaSO_4$ é um mineral branco, que pode ganhar tons azulados, amarelados ou rosados, conforme o teor de Sr ou de Fe. A cor do traço (pó) sobre uma placa de porcelana é utilizada para identificar a pirita (traço preto) ou hematita (traço vermelho). O fenômeno de fluorescência natural ou provocada (reemissão de uma radiação pela excitação dos átomos) é característica dos minerais radioativos e de alguns minerais como a fluorita (CaF_2) ou a xelita ($CaWO_4$). Essa propriedade é usada na prospecção de superfície.

d] Reativos de local

Testes muito simples permitem burilar o reconhecimento de um mineral: a efervescência com ácido diluído a frio é característica da calcita, enquanto a dolomia [$CaMg(CO_3)_2$] não reage a ele. A alizarina é um colorante das dolomias.

e] Propriedades organolépticas

É preferível não tentar experimentar minerais desconhecidos, já que certos arseniatos ou minerais de chumbo, por exemplo, pois podem ser muito tóxicos. No entanto, as propriedades organolépticas desempenham papel importante no reconhecimento: o arsênico, por exemplo, tem um cheiro aliado à superfície da fratura, enquanto as rochas siliciosas têm um cheiro de pedra de pederneira; as argilas grudam na língua, e os cloretos (NaCl, HCl) têm um gosto salgado ou amargo muito pronunciado.

f] Outros critérios de reconhecimento

O geólogo pode utilizar muitas outras características, como o tipo da superfície da fratura (simples, limpo, conchoidal, com ranhuras), que revela as clivagens do mineral, o brilho (metálico, engordurado, resinoso, adamantino ou sedoso), a birrefringência (calcita) ou ainda a cor da chama.

20.2 Técnicas de laboratório

O mineral é submetido a tratamentos muitas vezes destrutivos para ser analisado e identificado: microscópios de transmissão ou reflexão (Ficha 21), análises químicas ou por difração de raios X, microssonda iônica ou microscópio eletrônico.

	Aparelhamento	Tratamento do mineral/ rocha	Resultado esperado
Microscópio	Polarizante	Lâmina delgada	Identificação (tom de polarização, clivagens, extinção).
	Metalográfico	Lâmina polida	Identificação (refletância, polarização, maclas).
	Catodoluminescência	Lâmina delgada polida	Cores de catodoluminescência.
	Eletrônico	Amostra ou pedaço metalizado	Morfologia, alteração, zonagem.
Microssonda iônica		Lâmina polida	Composição química.
Difração X		Pó	Fases mineralógicas.
Espectrometria	Fonte de plasma	Pó	Composição química.

O microscópio polarizante 21

Palavras-chave
Anisotropia – Birrefringência – Cristal – Luz natural (LPNA) – Luz polarizada (LPA) – Microscópio

Nas ciências da Terra, uma das primeiras abordagens (fora a observação macroscópica) para determinar e caracterizar as espécies minerais que constituem as rochas plutônicas, vulcânicas (Ficha 23) ou sedimentares (Ficha 5) é o exame de uma lâmina delgada com a ajuda de um microscópio polarizante.

21.1 O que é a luz?

a] Características da luz

A luz é um fenômeno ondulatório, com um plano de vibração normal à direção da propagação. A luz apresenta propriedades de um movimento ondulatório e corpuscular, já que é constituída de fótons. A velocidade da luz é proporcional ao comprimento de sua onda, e sua intensidade está relacionada à amplitude da vibração.

b] Propagação da luz nos cristais

A luz que se propaga no vazio, no ar, num corpo amorfo ou num cristal isótropo (cúbico) vibra simultaneamente numa infinidade de direções normais à direção da propagação. Esses meios são considerados monorrefringentes.

Quando a luz atravessa um cristal de um sistema diferente do cúbico, ela vibra em duas direções perpendiculares entre si e na direção da propagação. O raio luminoso incidente fornece dois raios refratados e o cristal é chamado de birrefringente. Os dois feixes são polarizados retilineamente

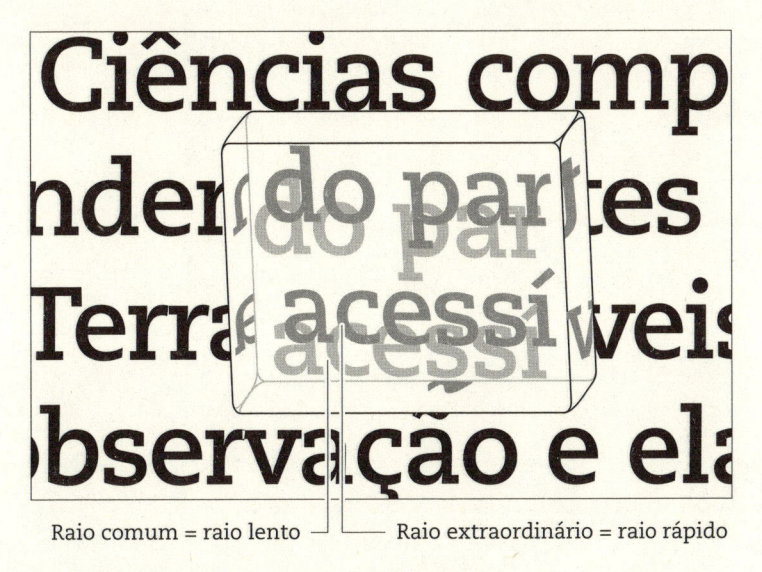

Raio comum = raio lento — Raio extraordinário = raio rápido

Fig. 21.1 *Destaque do trajeto da luz através de um cristal de calcita*

e têm a mesma intensidade luminosa. Essa característica fundamental permite identificar os minerais no microscópio óptico.

21.2 Estrutura do microscópio polarizante

O microscópio polarizante é uma ferramenta indispensável para determinar de que minerais são constituídas as rochas, pois permite a observação de critérios microscópicos em uma lâmina delgada, cuja espessura é de aproximadamente 30 µm. Esse tipo de microscópio difere do microscópio biológico por ter duplo sistema de polarização, o que permite observar os preparativos à **luz "natural"** (**LPNA** – luz polarizada não analisada) e à **luz "polarizada"** (**LPA** – luz polarizada e analisada) e tem uma platina giratória e graduada para a amostra, para medir determinados ângulos característicos. Esquematicamente, um microscópio polarizante é composto dos seguintes elementos:

- a **fonte luminosa**, geralmente na base do microscópio e controlada por um reostato;
- um **polarizador** fixo debaixo da platina da amostra, que só transmite uma vibração polarizada (orientação Norte-Sul) da luz (LPNA ou luz natural), que não modifica a qualidade da observação;
- na maioria das vezes, a **lâmina delgada** é constituída por uma associação de cristais birrefringentes. Graças a essa propriedade, cada mineral duplica o feixe luminoso que o atravessa, para fornecer dois raios que se propagam na mesma direção, mas com velocidades diferentes, porque os cristais são anisotrópicos;
- o **analisador** é um polarizador (idêntico ao sistema anterior), que serve para analisar as vibrações que saem dos minerais da lâmina delgada. Quando esse sistema é acionado (com uma orientação Leste-Oeste, portanto, na perpendicular do polarizador), a observação é feita em LPA.

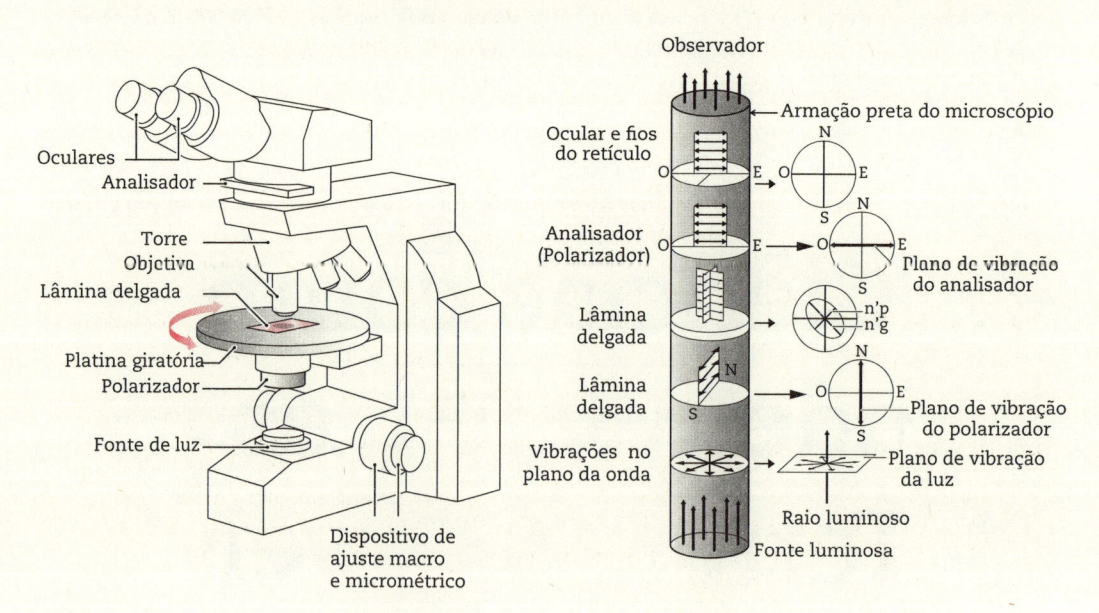

Fig. 21.2 *Estrutura e princípio do funcionamento do microscópio polarizante*

21.3 Os critérios microscópicos de determinação

No quadro a seguir, relaciona-se o conjunto das observações em LPNA e LPA que permitem determinar a natureza, as condições de gênese e a história dos minerais e das rochas.

21 | O microscópio polarizante

Luz natural (LPNA)

A forma
Depende do sistema cristalino e do contexto em que os minerais se cristalizam. Distinguem-se três categorias:
- os cristais **idiomórficos**, caracterizados por limites retilíneos que determinam formas geométricas regulares;
- os cristais **subidiomórficos**, que derivam dos anteriores, por desaparecimento (dissolução) mais ou menos completo de certas faces do cristal inicial;
- os cristais **xenomorfos**, que apresentam uma forma qualquer, irregular.

O tamanho
Os cristais de uma mesma espécie mineral (ou não), que se formam em tamanhos diferentes, permitem estabelecer uma cronologia da ordem de aparição (rochas magmáticas) ou compreender seu modo de sedimentação (rochas sedimentares).

A cor e o pleocroísmo
Na lâmina delgada, os minerais transparentes são incolores ou coloridos. Entre esses últimos, alguns apresentam a particularidade de mudar de cor (por causa da anisotropia de absorção variável, em função da orientação do mineral quanto aos planos de vibração do polarizador e do analisador), que varia de intensidade enquanto a platina gira. Salvo o sistema cúbico (isótropo), os minerais que se cristalizam em diferentes sistemas cristalinos apresentam um pleocroísmo que varia em função da composição química ou da alteração do mineral primário.

O relevo (refringência)
Quando a luz passa do ar para um meio mais refringente (cristal), sua velocidade diminui ao mudar de direção, o que determina um índice de refração do mineral. A consequência dessa diferença de índices entre o ar e os minerais, ou entre os próprios minerais, é que eles têm o índice mais elevado, resultando num relevo maior.

As clivagens e as inclusões
Em um cristal, a orientação particular dos planos atômicos da rede cristalina pode conduzir a anisotropias mecânicas, que permitem fraturas nos chamados planos de clivagens, típicas de certos materiais. Podem facilitar a identificação de determinadas espécies minerais.
Qualquer corpo estranho que penetra num cristal durante sua formação é chamado de inclusão. Podem ocorrer inclusões de outros minerais, de líquidos ou de gases.

Luz polarizada (LPA)

A birrefringência ou cor de polarização
Os minerais não reagem de forma idêntica à luz polarizada e uma mesma espécie mineral pode apresentar cores de polarização diferentes, em função da orientação do plano de secção. As cores de polarização resultam da modificação do espectro do comprimento de ondas variáveis da luz branca ao atravessar determinado cristal.

A extinção
Salvo os minerais do sistema cúbico, que são isótropos e, portanto, sempre sujeitos à extinção, em qualquer seção considerada, os outros minerais se extinguem e reaparecem quatro vezes alternadas, a cada giro da platina e, quando se extinguem, comportam-se como se fossem isótropos. A extinção de um mineral deve ser marcada em relação a um critério cristalográfico aparente (face cristalina, clivagem ou plano de macla). Se o mineral se apagar em posição N-S (e L-O), a extinção é chamada direita. Quando na posição N-S, o mineral é birrefringente, então a extinção é oblíqua, com um ângulo que pode ser medido e permite determinar o sistema cristalino.

As maclas e o zoneamento
Uma macla corresponde a uma associação de cristais da mesma espécie, conforme leis geométricas precisas, ligadas aos elementos de simetria da espécie considerada. Ela pode ser simples ou múltipla (maclas polissintéticas). Ela pode ser inicial e realiza-se por união, ao longo de uma face ou por interpenetração de cristas (macla de Carlsbad de ortoclásio), ou por via mecânica. Ela se deve, então, a deformações posteriores à formação do cristal.
O zoneamento de um mineral corresponde à formação, quando de seu crescimento cristalino, de zonas de variação da composição química ou por recristalização.

Características de alguns minerais ao microscópio polarizante

	Quartzo	Ortoclásio/ microclina	Plagioclásios	Biotita	Muscovita
Secção basal – clivagens	± hexagonal – Nenhuma	± retangular – Duas clivagens a 90° pouco visíveis	Duas clivagens a 90° pouco visíveis	± hexagonal – Nenhuma	Nenhuma clivagem
Secção alongada – clivagens			Em bastonetes – Clivagens // alongamento	Em lamelas – Clivagens // alongamento	Em lamelas – Clivagens // alongamento
Cores (LPNA)	Incolor e límpido	Incolor	Incolor	Pleocroico: castanho-avermelhado a castanho-amarelado	Incolor ou amarelo-esverdeado pálido e límpido
Tons de polarização – birrefringência (LPA)	Cinza-claro a branco – Fraco	Cinza-claro – Fraco	Branco, cinza-claro, amarelo pálido – Fraco	Tons vivos atenuados pela cor do mineral – Forte	Tons vivos de 2ª ordem – Forte
Extinção (LPA)	Geralmente ondulada	Reta nos planos da macla (ortoclásio)	Oblíqua nos planos da macla	Reta no plano de clivagem	Quase reta no plano de clivagem
Maclas (LPA)	Nenhuma	De Carlsbad (ortoclásio) – Quadriculado (microclina)	Polissintética	Nenhuma	Nenhuma

As principais famílias de minerais 22

Palavras-chave
Carbonatos – Óxidos – Fosfatos – Sulfatos – Sulfetos

Sedimentares, ou provenientes da cristalização de um magma, os minerais são agrupados em "classes", cuja denominação decorre de sua principal característica química: elemento ou grupo químico. Para simplificar, são separados em dois grandes grupos, em função da presença ou ausência de silício (Si) na fórmula química dos minerais.

22.1 Os Minerais que Contêm Silício: Sílica e Silicatos

Eles representam perto de 95% de todos os minerais que compõem a crosta da Terra.

a] A família da sílica: SiO_2

Essencialmente sob a forma de **quartzo**, quando a temperatura de formação aumenta, distinguem-se, sucessivamente, a **tridimita** (870°C a 1.470°C) e a **cristobalita**. A partir de 1.710°C, em qualquer forma, a sílica se funde. A uma pressão muito alta (superior a 20 ou 30 quilobares), encontra-se a , depois a **stishovita**. Quando ela é de origem biológica, a sílica é hidratada e amorfa: é a **opala-A**.

b] A família dos silicatos $(SiO_4)^{4-}$

Seu ponto em comum é a composição de tetraedros $(SiO_4)^{4-}$ e são classificados em função do modo de junção desses tetraedros.

- Os **neossilicatos** são compostos de tetraedros isolados, reunidos por intermédio de cátions como ferro, magnésio ou zircônio.
- Nos **sorossilicatos**, os tetraedros são agrupados aos pares, e há em comum um átomo de oxigênio.
- Nos **ciclossilicatos**, os tetraedros (em número de 3, 4 ou 6) agrupam-se sempre pelos átomos de oxigênio, formando um arco.
- Os **inossilicatos** são silicatos em cadeias simples ou duplas. Os tetraedros formam cadeias, tendo dois picos (portanto, dois oxigênios) em comum.
- Os **filossilicatos**, ou silicatos em camadas folheadas, são formados pela superposição de camadas de tetraedros reunidos por três de seus átomos de oxigênio.

22.2 Os minerais que não contêm silício

Alguns minerais (**elementos nativos**) não são formados por um único elemento químico, como os metais, ou são formados exclusivamente por carbono ou enxofre (cobre, ouro, prata, diamante etc.). Esses são mais complexos.

- Os **óxidos** são formados por grande quantidade de oxigênio associada a elementos químicos como alumínio, ferro, titânio, magnésio etc.
- Os **sulfetos** compostos de enxofre (S), os fluoretos compostos de flúor (F) e os cloretos compos-

tos de cloro (Cl) têm a particularidade de nunca ter oxigênio na sua fórmula. Cloretos e fluoretos são agrupados na classe dos **halogenetos**.
- Os **sulfatos** (grupo $(SO_4)^{2-}$), os **carbonatos** (grupo $(CO_3)^{2-}$) e os **fosfatos** (grupo $(PO_4)^{3-}$) são muito frequentes nos sistemas sedimentares e podem ser sintetizados por organismos vivos, como as acantárias, os moluscos e os mamíferos.

Famílias	Exemplos	Fórmulas químicas
Neossilicatos	Olivina	$(Mg, Fe)SiO_4$
	Granada	$(Ca, Mg, Fe, Mn)_3(Al, Fe, Ti, Cr)_2Si_3O_{12}$
	Zircão	$ZrSiO_4$
Sorossilicatos	Epídoto	$(Ca, Ce, Mg, Mn, La)(Fe, Al, Mn)(SiO_4)_3OH$
Ciclossilicatos	Turmalina	$(Al, Mg, Cr, Mn, Fe)(BO_3)_3(SiO_{18})(OH)_4$
	Berilo	$Be_3Al_2(Si_6O_{18})$
Inossilicatos de cadeia simples	Ortopiroxênios	Enstatite: $Mg_2Si_2O_6$ Ferrossilita: $Fe_2Si_2O_6$
	Clinopiroxênios	Diópside: $CaMgSi_2O_6$ Hedenbergita: $CaFeSi_2O_6$
Inossilicatos de cadeia dupla	Anfibólios: hornblenda	$NaCa_2(Mg, Fe, Al)_5[(Si, Al)8O_{22}](OH)_2$
Filossilicatos	Micas	Biotita: $K(Mg, Fe)_3(Al_3Si_3O_{10})(OH)_2$ Muscovita: $KAl_2(AlSi_3O_{10})(OH, F)_2$
	Minerais argilosos	Caulinita: $Al_2Si_2O_5(OH)_4$ Esmectita: $(Al, Mg)Si_4O_{10}(OH)_2$ Ilita: $(K, Al_2)(Si_3, AlO_{10}(OH)_2$
	Feldspatos calcossódicos (plagioclásios)	Albita: $Na(AlSi_3O_8)$ Anortita: $Ca(Al_2Si_2O_8)$
	Feldspatos potássicos	Ortósio: $K(AlSi_3O_8)$
Óxidos	Megnetita Hematita Rutilo	Fe_3O_4 Fe_2O_3 TiO_2
Sulfatos	Gipso	$CaSO_4, 2H_2O$
Sulfetos	Pirita	FeS_2
Carbonatos	Calcita, aragonita Dolomita	$CaCO_3$ $CaMg(CO_3)_2$
Halogenetos	Cloretos (halita) Fluorita	$NaCl$ CaF_2
Fosfatos	Apatita Bioapatita (osso, dente)	$Ca(PO_4)_3(OH, F, Cl)$ $Ca_{10}(PO_4)_{6-x}(CO_3)_x(OH)_2$

22.3 Conclusão

Os minerais (sozinhos ou em associação) são os constituintes das rochas, sejam elas endógenas ou exógenas. Eles resultam da cristalização a partir de uma solução (ou um magma) ou se formam pela intervenção de um organismo vivo em processo da biomineralização que fabrica (esqueletos, dentes etc.). Sua identificação é feita de várias maneiras: análise macroscópica (Ficha 20), estudo de lâminas delgadas no microscópio polarizante (Ficha 21), difração de raios-X, análises químicas etc.

23 As rochas vulcânicas e plutônicas

Palavras-chave
Análise modal – Magma – Norma – Plutônio – Estrutura – Diagrama triangular

As rochas magmáticas são formadas pela cristalização de um magma: conforme a velocidade de resfriamento, a rocha cristaliza-se totalmente ou comporta uma fração vítrea metaestável com uma parte variável de fenocristais e de micrólitos.

23.1 Os jazimentos de rochas magmáticas

Em profundidade, o magma cristaliza para formar plutônios de rochas granulosas, enquanto na superfície, os magmas empurrados pelos gases resultam em rochas vulcânicas ou rochas intermediárias hipovulcânicas (filões, diques, soleiras).

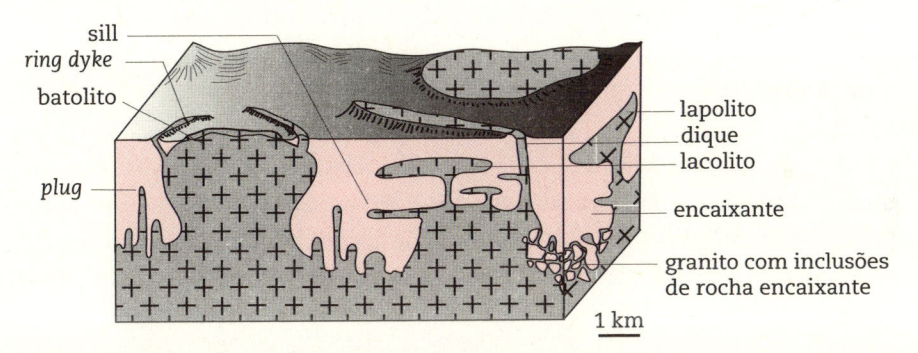

Fig. 23.1 *Bloco diagrama dos jazimentos de rochas magmáticas*

23.2 Caracterização das rochas magmáticas

a] Textura das rochas

As rochas vulcânicas e plutônicas caracterizam-se pelo grau de cristalização: são rochas de **textura granular**, **microgranular**, **microlítica** ou **vítrea**. As rochas microlíticas mostram uma fração de micrólitos em uma **matriz vítrea**. A textura vítrea é instável e recristaliza mais ou menos rapidamente: a textura torna-se perlítica, com o desenvolvimento de esferolitas fibrorradiadas.

As rochas granular e microgranular têm grãos mais ou menos grossos: são pegmatites nos filões de rochas de cristais bem grandes, e de aplitos nas rochas filonianas, de grão muito fino. Em uma rocha granular, os cristais podem ser automórficos e, assim, reconhecíveis pela forma, ou xenomórficos, sem forma definida.

b] Noção de acidez das rochas

A "acidez" de uma rocha magmática depende de sua riqueza em sílica e da fração de oxigênio fixado pelo Si^{4+} em relação à fração fixada pelos outros cátions.

Porcentagem SiO$_2$	Nomenclatura	Tipo de rocha	Mineral	Saturação
SiO$_2$ > 65%	Rocha ácida	Granitos	Quartzo	Rocha supersaturada
52% < SiO$_2$ < 65%	Rocha básica	Andesitos	Feldspato	Rocha saturada
45% < SiO$_2$ < 52%	Rocha intermediária	Basaltos		
SiO$_2$ < 45%	Rocha ultrabásica	Peridotitos	Feldspatoide	Rocha subsaturada

c] Saturação de sílica

A mineralogia das rochas é uma função da saturação de sílica: acima de 65%, o quartzo aparece em forma de mineral; abaixo de 45%, os silicatos são feldspatoides: diz-se, assim, que é uma rocha **não saturada**. Quartzo e feldspatoides não podem coexistir na mesma rocha.

d] Minerais coloridos

Outra classificação baseia-se na porcentagem de minerais coloridos ferromagnesianos (olivina, biotita, piroxênios e anfibólios), e é definido um **índice de coloração**. A rocha pode ser hololeucócrata (anortosita lunar), leucocrata (granito de Guérande), mesocrática, quando a proporção de minerais claros e escuros é equivalente, ou melanocrática (basalto), e até mesmo holomelanocrática, em rochas muito escuras.

23.3 A classificação das rochas magmáticas

As classificações mais usadas baseiam-se em duas abordagens diferentes. Com as rochas vulcânicas, levam-se em conta fenocristais, vidro e micrólitos: a composição da rocha se ela estivesse inteiramente cristalizada.

a] Classificação modal ou classificação de Streckeisen (1974)

Ela se baseia na contagem dos minerais da rocha ao microscópio. As rochas são colocadas sobre um diagrama triangular, em função das proporções relativas de quatro minerais: quartzo, plagioclásios, feldspatoides e feldspato alcalino. Esse diagrama (Fig. 23.2) é completado por um segundo diagrama triangular para as rochas ultrabásicas, nas quais os picos são representados por olivina, clinopiroxênio e ortopiroxênio. Nesse diagrama, estão representadas as rochas plutônicas. Em contraposição, essa classificação não pode ser aplicada para as rochas vulcânicas, pois esses minerais são pouco abundantes ou estão em um vidro. Nessa classificação, não se consideram as rochas filonianas de textura peculiar, como as doleritas, os espilitos ou os carbonatitos.

b] Classificação normativa

A análise química da rocha permite calcular sua composição normativa (norma CIPW) em peso de óxidos. Os resultados são representados no diagrama de Harker do tipo Na$_2$O + K$_2$O/SiO$_2$.

Essa classificação é válida para as rochas plutônicas (em vermelho, no diagrama) e vulcânicas (em preto, no diagrama) e permite verificar as evoluções magmáticas, conforme o grau de cristalização fracionada (Ficha 41) e a taxa de fusão parcial do magma-fonte (Ficha 40). Distinguem-se, principalmente, as rochas do domínio alcalino daquelas que pertencem aos domínios calcoalcalinos e toleiíticos (Ficha 38).

Essas classificações não consideram a abundância relativa das rochas na litosfera.

23 | As rochas vulcânicas e plutônicas

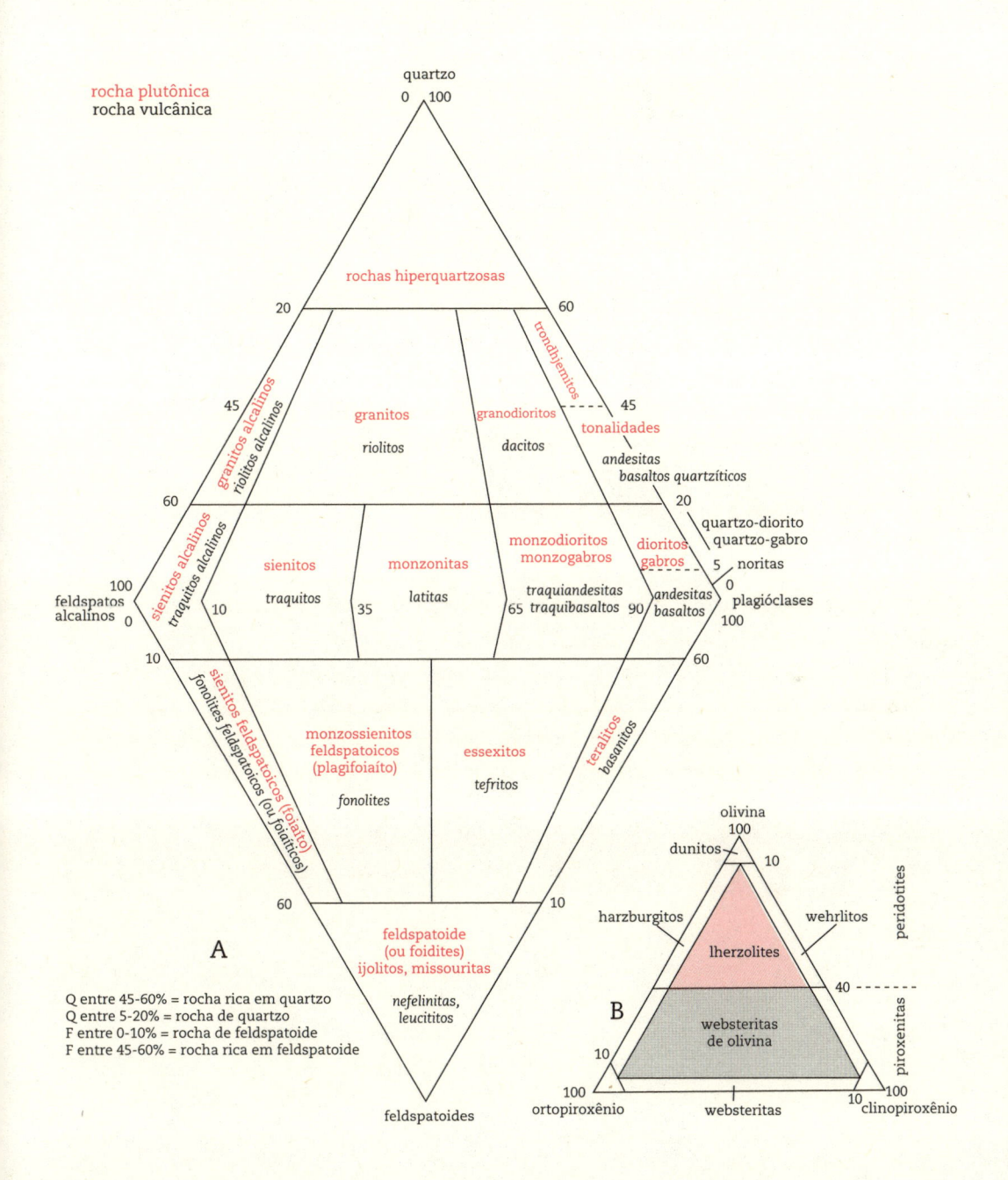

Fig. 23.2 *Classificação de Streckeisen (1974)*

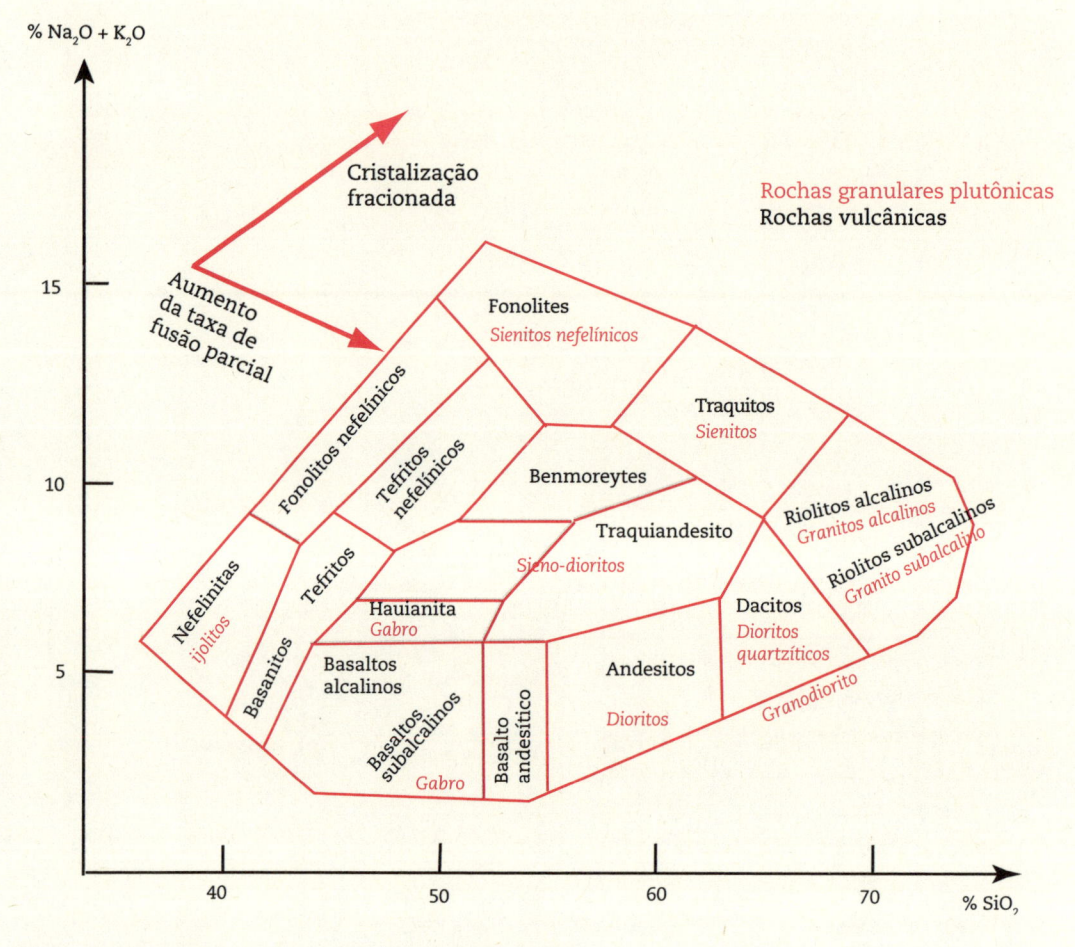

Fig. 23.3 *Diagrama de Harker – classificação de Cox (1979)*

24 Os diferentes tipos de vulcões

Palavras-chave
Matéria em fusão – Edifícios – Lavas – Magmas – Nuvens ardentes

Os vulcões são edifícios geológicos que testemunham, na superfície, a atividade litosférica onde se formam os magmas. Estes se espalham pelos continentes e oceanos, criando relevos de morfologias ligadas aos tipos de erupção e à natureza das lavas emitidas.

24.1 Os diferentes tipos de erupção e as morfologias associadas

a] De modo geral, há dois tipos principais de erupções vulcânicas:
- as **erupções efusivas**, caracterizadas pelos derrames de lavas;
- as **erupções explosivas**, dominadas pelo lançamento violento de materiais no ar.

Entre esses dois tipos de erupção, é possível definir os mecanismos intermediários (**extrusivos** ou **mistos**) sem esquecer que a dinâmica eruptiva de um edifício pode sofrer **variação no tempo**.

Durante uma erupção, os principais produtos espalhados na superfície são de três tipos: **líquidos**, **sólidos** e **gasosos**. A viscosidade das lavas lançadas e a proporção relativa dos três produtos influenciam a forma do edifício vulcânico. Assim, definem-se **quatro tipos de dinâmicas eruptivas** (e de vulcões): **havaiano**, **estromboliano**, **vulcaniano** e **peleano**.

Fig. 24.1 *Natureza dos produtos lançados e tipos de vulcanismo*

24.2 Os produtos lançados

Durante uma erupção, os magmas são lançados em forma de gás, lava e projeção. Paralelamente às emissões descritas, a atividade vulcânica pode ser acompanhada de **gêiseres** (fontes de água quente), *lahars* (emissões lamacentas de material sedimentar e vulcânico, liquefeitas pelas águas das chuvas ou pelo descongelamento de geleiras altas) e **avalanches de detritos**.

Emissões	Características
Gases	Os gases escapam pela chaminé. T° elevadas, até 900°C. CO_2, H_2O, CO, SO_2, S e CH_4. A presença dos gases dissolvidos nas lavas aumenta sua fluidez e diminui a temperatura de solidificação.
Lavas	Temperatura: 600°C < T < 1.200°C. As lavas ácidas são viscosas e menos quentes. Formam cordões irregulares. As lavas básicas são fluidas e mais quentes. Uma lava muito viscosa forma uma estrutura em domo ou protrusão.
Fragmentos	São ligadas a uma explosão vulcânica. Em função do tamanho, distinguem-se os elementos projetados: • **blocos** e bombas: elementos > 64 mm. Os blocos são extrações de todos os tipos; as bombas correspondem ao material projetado em estado "pastoso"; • **lapílis**: elementos mais ou menos porosos, < 64 mm, com uma parte importante de vidro. Os depósitos desse tipo são chamados de tufos; • **cinzas** e **poeiras**: elementos < 0,2 mm, correspondentes a fragmentos de lava vulcânica.
Nuvens ardentes	Ou matéria em fluxo piroclástico na altura do solo, que corresponde a uma emissão brutal (velocidade entre 50 e 500 km/h) de uma mistura de todos os produtos de emissões vulcânicas. T° elevadas, entre 200°C e 500°C.

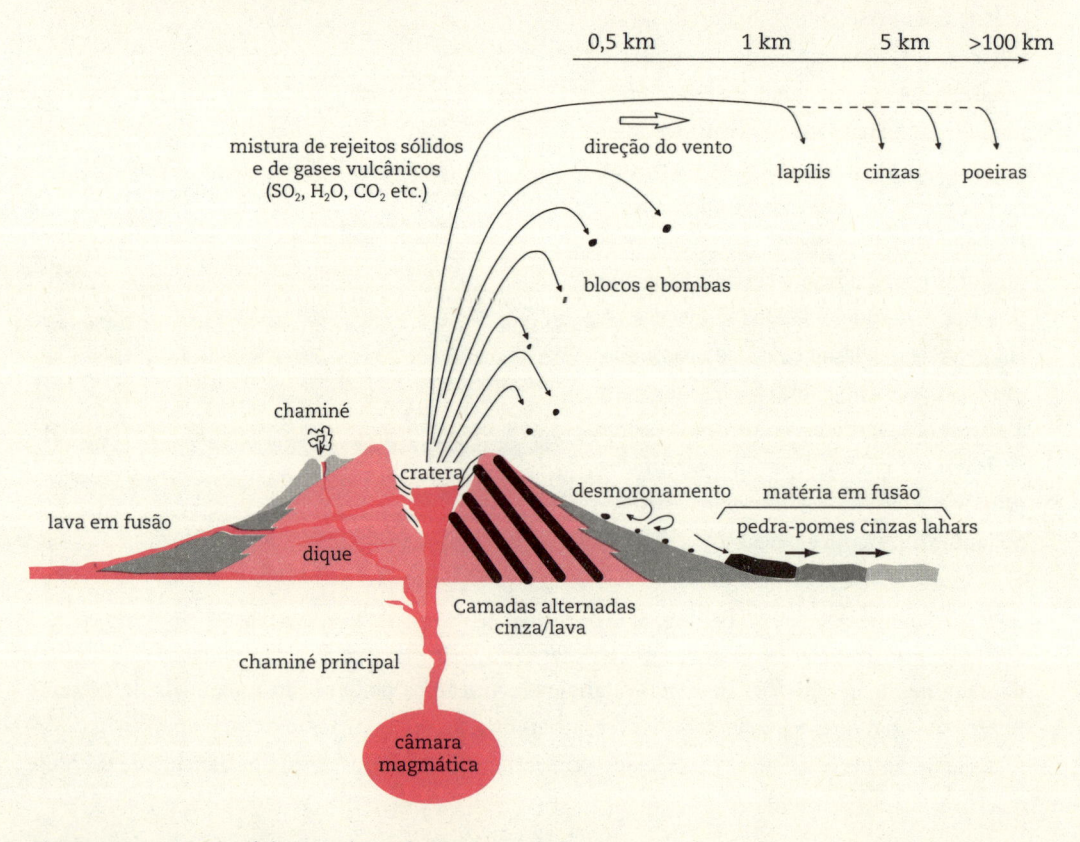

Fig. 24.2 *Esquema geral de um vulcão (do tipo estromboliano)*

As rochas sedimentares 25

Palavras-chave
Grãos – Rochas carbonadas e siliciosas – Rochas detríticas, químicas ou bioquímicas – Sedimentos

25.1 O que é uma rocha sedimentar?

As rochas sedimentares (ou exógenas) formam-se na superfície da Terra ou a alguns quilômetros de profundidade. A maioria resulta da consolidação de sedimentos, cujos componentes provêm da superfície do planeta. É um conjunto heterogêneo, que agrupa rochas que podem se diferenciar pelo aspecto, pela origem e pelo modo de formação.

Um **sedimento** corresponde ao acúmulo não consolidado de partículas de origem mineral, orgânica ou química. Antes de constituir um sedimento e depois, as rochas, as partículas sedimentares foram deslocadas até à superfície terrestre por um ou vários agentes de transporte (água ou gelo, vento, gravidade etc.).

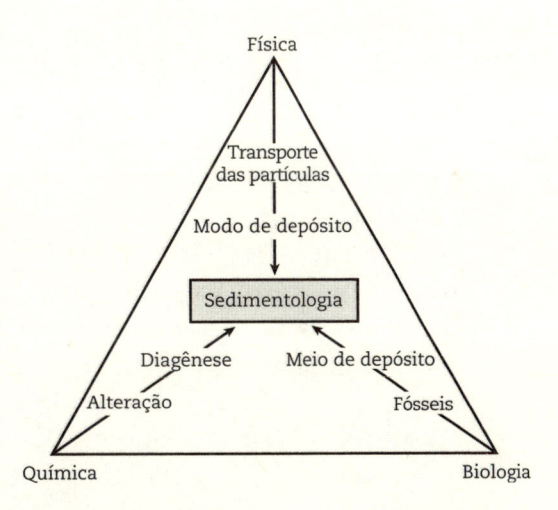

Fig. 25.1 *Componentes disciplinares associados à sedimentologia*

O estudo das partículas e dos sedimentos da origem das rochas sedimentares mostra os parâmetros físico-químicos e biológicos do meio em que se acumularam. Assim, a **sedimentologia** é a disciplina da interface de três grandes áreas: física (pelo transporte e modo de depósito das partículas), química (pela alteração das rochas e durante a transformação do sedimento na sua diagênese) e biológica (por reconstituir os meios de depósitos a partir do conteúdo em fósseis).

25.2 A estrutura de uma rocha sedimentar

As rochas sedimentares são formadas por quatro componentes:
- os **grãos** (ou elementos figurados), a maioria visível a olho nu, são partículas (de origem detrítica ou biogênica) que constituem o "esqueleto" de uma rocha sedimentar;
- a **matriz** entre os grãos, constituída por partículas mais finas;
- o **cimento** que designa os minerais que precipitam nos interstícios da rocha durante a diagênese;
- os **poros**, que são os vazios correspondentes ao volume da rocha não ocupados pelos grãos, pela matriz ou pelo cimento.

25.3 A classificação das rochas sedimentares

As rochas sedimentares são classificadas em três grandes grupos principais, de acordo com a origem de seus elementos constitutivos:
- as **detríticas** (ou silicoclásticas) resultam da consolidação de sedimentos produzidos pela alteração de rochas preexistentes, ricas em minerais silicatados;
- as **químicas**, formadas pela precipitação de substâncias dissolvidas na água, provenientes de alterações químicas;
- as **bioquímicas**, constituídas de partículas secretadas por organismos marinhos ou continentais vivos (conchas, carapaças, esqueletos).

a] As rochas detríticas

As rochas detríticas representam cerca de 70% das rochas sedimentares e são subdivididas em dois grupos, conforme a origem dos fragmentos que as constituem: as rochas terrígenas e as rochas vulcanoclásticas.
- As rochas **terrígenas** são constituídas de partículas de origem continental (compostos de minerais resistentes – quartzo, feldspatos e micas – e de fragmentos rochosos chamados litoclastos), que podem estar interligadas por uma matriz ou um cimento. Elas são classificadas em três grupos, em função de seus elementos constitutivos:
    - os **conglomerados** ou ruditos (elementos de tamanho superior a 2 mm), que agrupam os poudings (com fragmentos arredondados) e as brechas (com clastos angulosos). Eles podem ser monogênicos (quando todos os litoclastos têm a mesma composição) ou poligênicos (quando os litoclastos são de natureza diferente);
    - os **arenitos** (elementos de tamanho entre 63 μm e 2 mm);
    - os **pelitos** ou lutitos (elementos de tamanho inferior a 63 μm) compreendem os siltes e as argilitas.
- As rochas **vulcanoclásticas** são formadas por partículas de origem vulcânica e dividem-se em três grupos:
    - as rochas **piroclásticas**, formadas pelo acúmulo de material lançado por um vulcão;
    - as rochas **hialoclásticas**, que resultam da fragmentação de lavas em contato com água ou gelo;
    - as rochas **epiclásticas** são depósitos resultantes da alteração ou erosão de rochas vulcânicas ou vulcanoclásticas.

b] As rochas carbonatadas

As rochas carbonatadas são rochas sedimentares com mais de 50% de carbonatos e apresentam três formas mineralógicas diferentes (Ficha 22): aragonita e calcita ($CaCO_3$), que formam os calcários, e a dolomita ($CaMg(CO_3)_2$). As três formas constituem os dolomitos. As rochas carbonatadas representam de 20% a 25% das rochas sedimentares.
- Os **calcários** são subdivididos em três classes, em função da natureza dos elementos constitutivos e de seu modo de formação:
    - os **detríticos**, constituídos por fragmentos de calcários preeexistentes;
    - os **biogênicos**, que agrupam os calcários **bioclásticos** (provenientes do acúmulo de restos de organismos) e os calcários **construídos/edificados** por organismos em vida;
    - os **químicos** ou **bioquímicos**, resultantes da precipitação de carbonatos a partir de uma solução aquosa, com ou sem a influência da atividade de micro-organismos (bactérias).

- Os **dolomitos** são rochas que contêm mais de 50% do mineral dolomita e provêm da transformação da calcita e da argonita durante a diagênese.

Para as rochas carbonatadas, geralmente há duas classificações utilizadas: a de Folk (1959) e a de Dunham (1963), com base na identificação de duas fases maiores: as **partículas** (ou clastos) e a **fase da ligação** (matriz ou cimento), e a estimativa da proporção e do arranjo pela observação de uma lâmina delgada no microscópio óptico (Ficha 21).

c] As rochas siliciosas

As rochas siliciosas são constituídas de sílica (sob forma de quartzo, opala ou calcedônia) e podem ser de origem bioquímica (resultante do acúmulo de organismos de esqueletos siliciosos: radiolários, diatomáceas e esponjas) ou química, formada durante a diagênese (sílex).

d] As rochas carbonadas

As rochas carbonadas (ou orgânicas) são rochas biogênicas que resultam do acúmulo, do soterramento e da transformação de sedimentos ricos em matéria orgânica (> 40% de C) de origem animal (família dos petróleos) ou vegetal (família dos carvões).

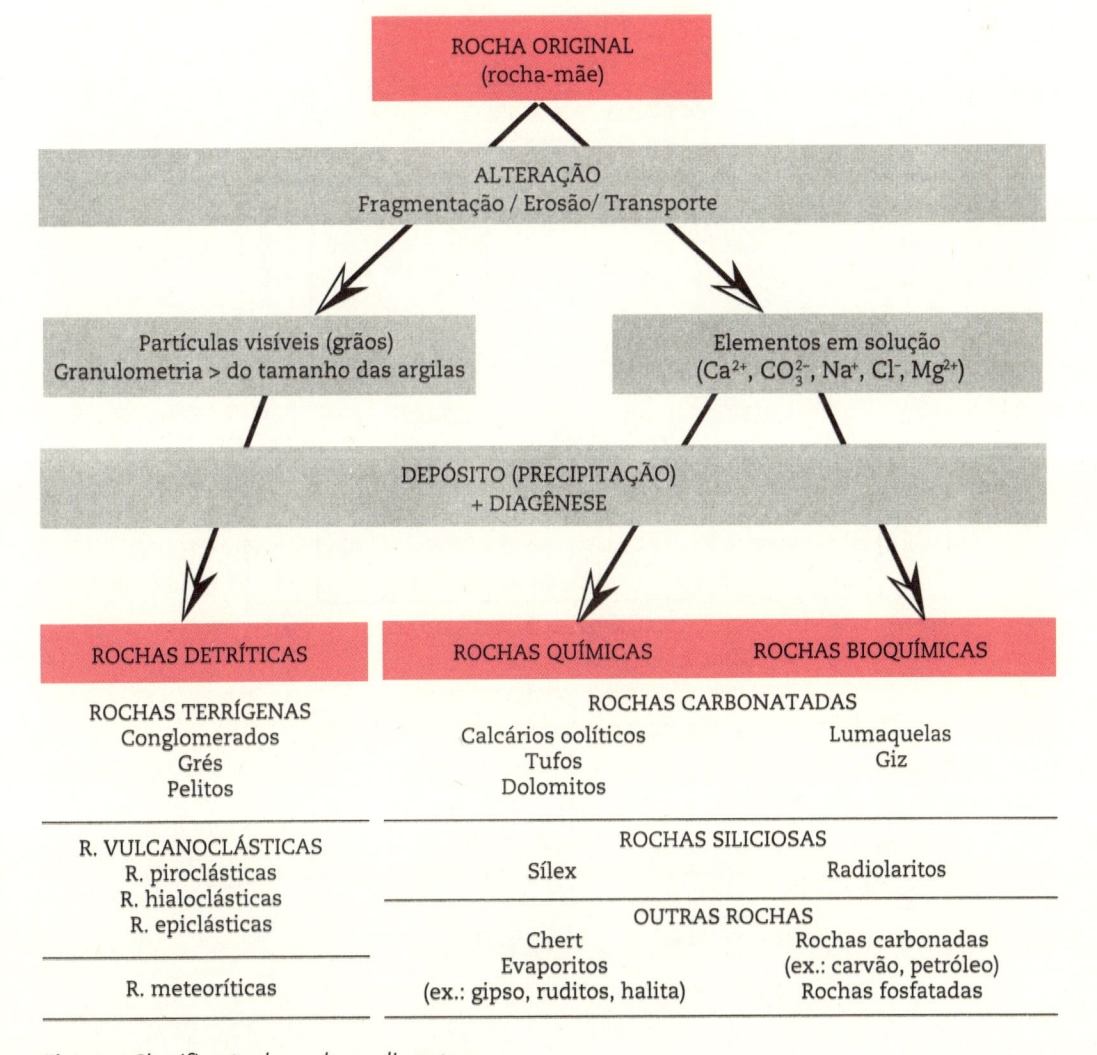

```
                    ROCHA ORIGINAL
                      (rocha-mãe)
                           |
                       ALTERAÇÃO
              Fragmentação / Erosão / Transporte
                    /              \
      Partículas visíveis (grãos)    Elementos em solução
      Granulometria > do tamanho     ($Ca^{2+}$, $CO_3^{2-}$, $Na^+$, $Cl^-$, $Mg^{2+}$)
      das argilas
                    \              /
                DEPÓSITO (PRECIPITAÇÃO)
                    + DIAGÊNESE
              /          |          \
   ROCHAS DETRÍTICAS  ROCHAS QUÍMICAS  ROCHAS BIOQUÍMICAS
```

ROCHAS DETRÍTICAS	ROCHAS CARBONATADAS	
ROCHAS TERRÍGENAS Conglomerados Grés Pelitos	Calcários oolíticos Tufos Dolomitos	Lumaquelas Giz
R. VULCANOCLÁSTICAS R. piroclásticas R. hialoclásticas R. epiclásticas	ROCHAS SILICIOSAS	
	Sílex	Radiolaritos
	OUTRAS ROCHAS	
R. meteoríticas	Chert Evaporitos (ex.: gipso, ruditos, halita)	Rochas carbonadas (ex.: carvão, petróleo) Rochas fosfatadas

Fig. 25.2 *Classificação das rochas sedimentares*

e] As rochas evaporíticas

As rochas **evaporíticas** são monominerais que se formam com a precipitação química de substâncias dissolvidas na água do mar, ou em águas continentais, durante a evaporação. A ordem em que aparecem relaciona-se à intensidade e às condições da evaporação com o gipso ($CaSO_4$, H_2O), o anidrito ($CaSO_4$), a halita ou sal-gema (NaCl) e a silvita (KCl).

f] As rochas fosfatadas

As rochas fosfatadas ou **fosforitas** podem ser de origem bioquímica (na orla dos planaltos continentais com baixas taxas de sedimentação e alta produtividade planctônica), bioclásticas (por acúmulo de fragmentos fosfatados de origem orgânica, esqueletos de vertebrados – *bone beds*) ou biológica (guano).

25.4 As séries contínuas das rochas sedimentares

Na natureza, algumas rochas sedimentares comuns são compostas, muitas vezes, por uma mistura de sedimentos de origem e natureza diferentes e parece difícil identificá-las por meio do sistema de classificação anteriormente descrito. Então, pode-se usar uma classificação em "séries contínuas" e agrupar três categorias em função da proporção dos constituintes:

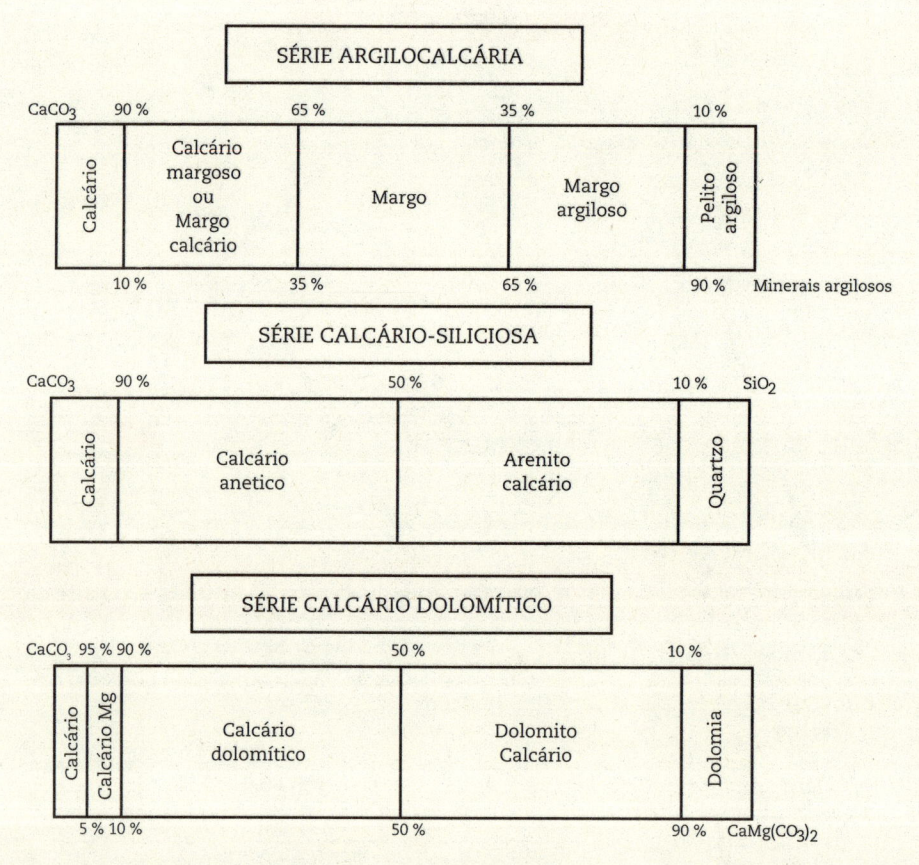

Fig. 25.3 *Séries contínuas de rochas sedimentares que contêm duas fases*

O manto e a convecção mantélica

26

Palavras-chave
Condução – Convecção – Camada D" – Tomografia sísmica

O manto é um invólucro sólido, que representa 84% do volume da terra e 69% de sua massa. Ele fica entre duas descontinuidades: o MOHO e a descontinuidade de Gutenberg, a −2.900 km de profundidade que separam o manto do núcleo (Ficha 15). Na base do manto, encontra-se a zona de transição D".

26.1 A composição do manto

A natureza mineralógica do manto é conhecida por meio dos enclaves oriundos do vulcanismo profundo e, principalmente, dos enclaves de peridotitos e de diamante de kimberlitos (−150 km). A composição química é basicamente silicatada: olivina + plagioclásio + clinopiroxênio (diopsídio) + ortopiroxênio (enstatita + bronzita) + espinélio + granadas. A fusão parcial do manto é a origem dos fenômenos magmáticos (Ficha 40). O manto contém uma parte apreciável de fluidos: calcula-se que o volume de água do manto seja igual ao volume de água contido na hidrosfera. Essa água desempenhou importante papel nas fases precoces de desgaseificação do manto e contribuiu para formar os proto-oceanos.

O conhecimento da estrutura profunda do manto provém da análise da propagação das ondas sísmicas e do experimento, principalmente com "bigornas de diamante", que permitem reproduzir as condições termobarométricas do inacessível manto inferior.

Os resultados experimentais permitem propor um corte do manto: a densidade aumenta com a profundidade, e as variações na velocidade de propagação das ondas sísmicas devem-se às mudanças de fase dos constituintes sob uma pressão crescente.

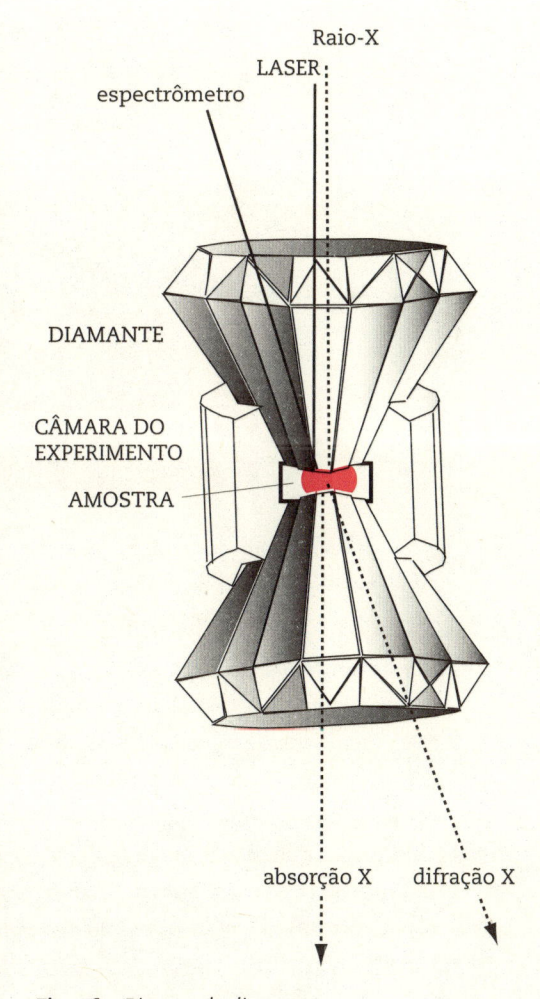

Fig. 26.1 *Bigorna de diamante*

Na profundidade, a olivina α (Mg, Fe)$_2$SiO$_4$ passa a olivina β ou wadselita, depois à forma γ ou ringwoodita.

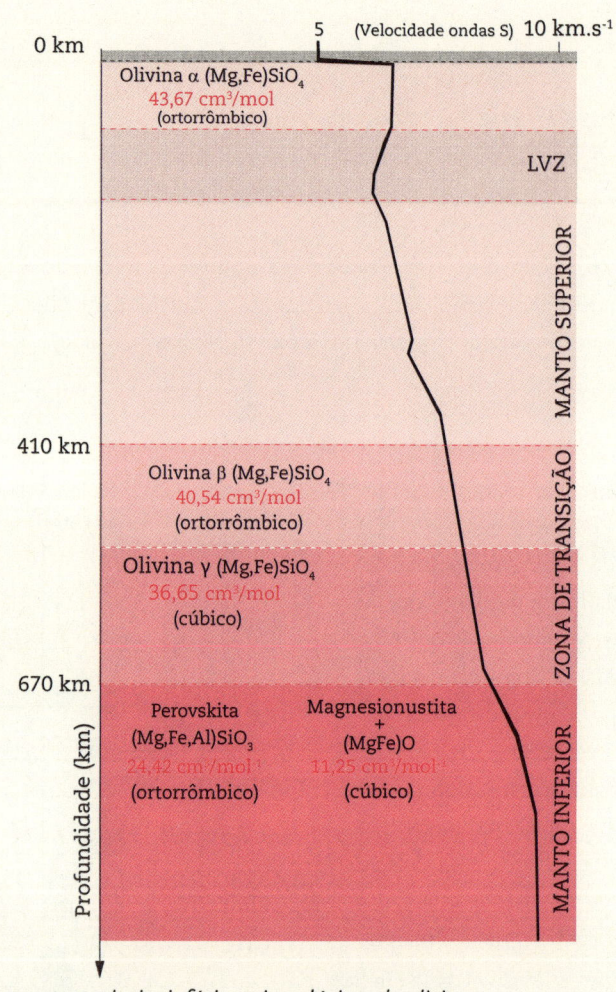

Fig. 26.2 *Corte do manto e principais fácies mineralógicas da olivina*

26.2 Heterogeneidade do manto

Os dados da **tomografia sísmica**, obtidos pela comparação da velocidade teórica das ondas em um meio homogêneo, e a velocidade real mostram que o manto é um conjunto heterogêneo, com zonas onde a velocidade é mais importante, o que corresponde a anomalias positivas e a zonas frias.

As anomalias negativas são interpretadas como tratos ascendentes de material quente, com ligação nos pontos quentes, enquanto as anomalias positivas correspondem a fragmentos de litosfera oceânica que se acumulam na zona D".

O limite entre o manto e a camada D" corresponde à transição perovskita/pós-perovskita (mineral de estrutura ortorrômbica). A transição depende diretamente da temperatura, o que explica seu contorno irregular, aliado às anomalias térmicas devidas aos restos de placas em subducção. A transformação perovskita/pós-perovskita é exotérmica, o que explica os tratos térmicos observados nesse nível.

26 | O manto e a convecção mantélica

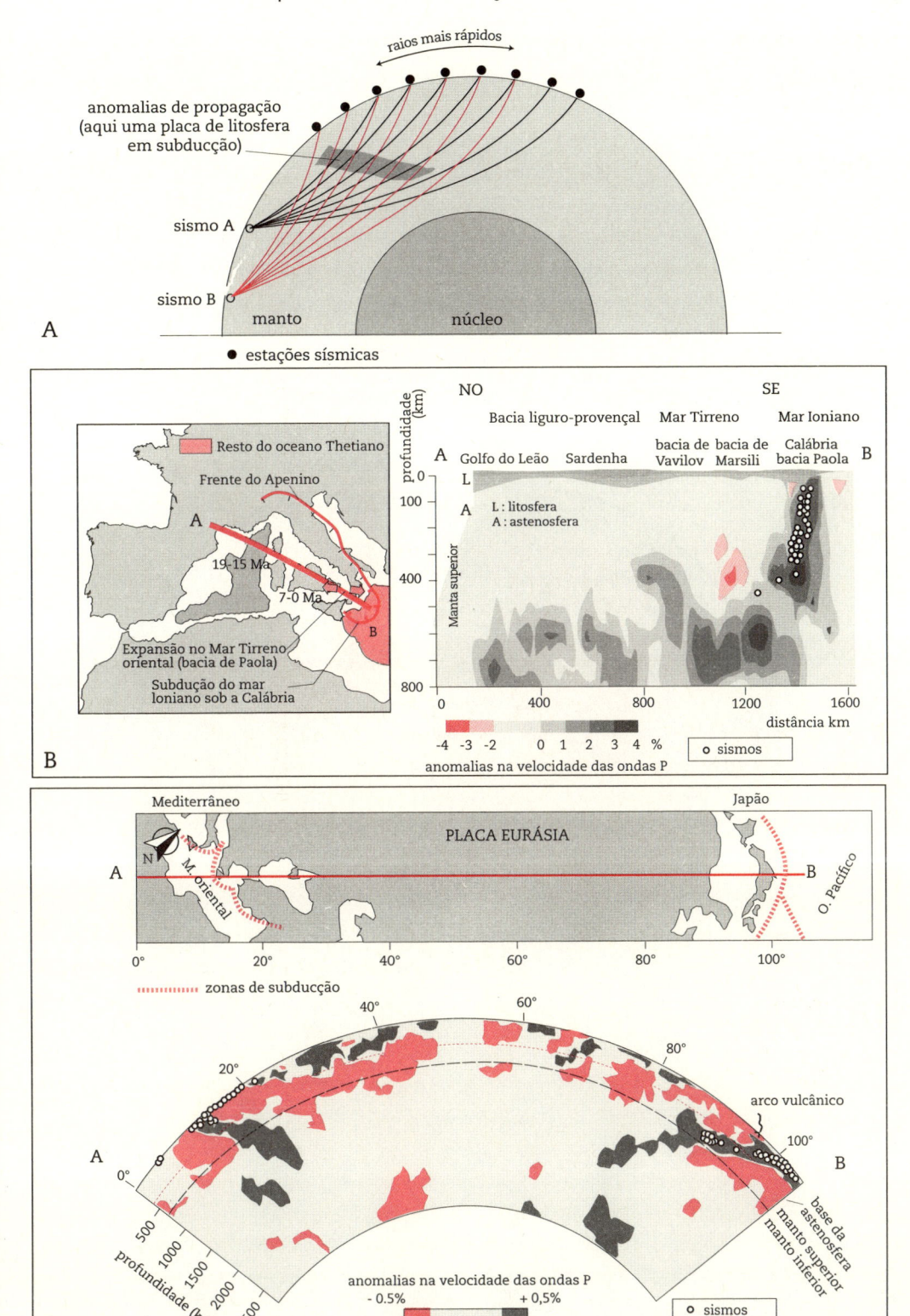

Fig. 26.3 *Heterogeneidades do manto e tomografia sísmica (Pomerol et al., 2005)*

26.3 Convecção do manto

O perfil térmico do manto mostra um aumento de temperatura com a profundidade. A 670 km de profundidade, a T° é de 1.550 °C e aumenta até 5.150 km de profundidade no núcleo, onde ocorre a transição ferro líquido/ferro sólido a uma temperatura de 5.000 K.

O calor do núcleo pode se espalhar por condução ou por convecção, com transferência de matéria, portanto, o manto é sólido (Ra > 10^3). A relação entre os fenômenos motores e os fenômenos resistentes, a viscosidade e a difusão de calor, definem o número de Rayleigh (Ra). Acima de 10^3, há convecção. Para o manto, pode-se calcular um Ra compreendido entre 10^6 e 10^8. O manto é submetido a movimentos convectivos muito lentos, a uma viscosidade de 10^{18} a 10^{20} Pa.s.

Há dois modelos de convecção possíveis:
- com um estágio, no qual as correntes de convecção provêm da base do manto;
- com dois estágios convectivos: o manto inferior e o manto superior.

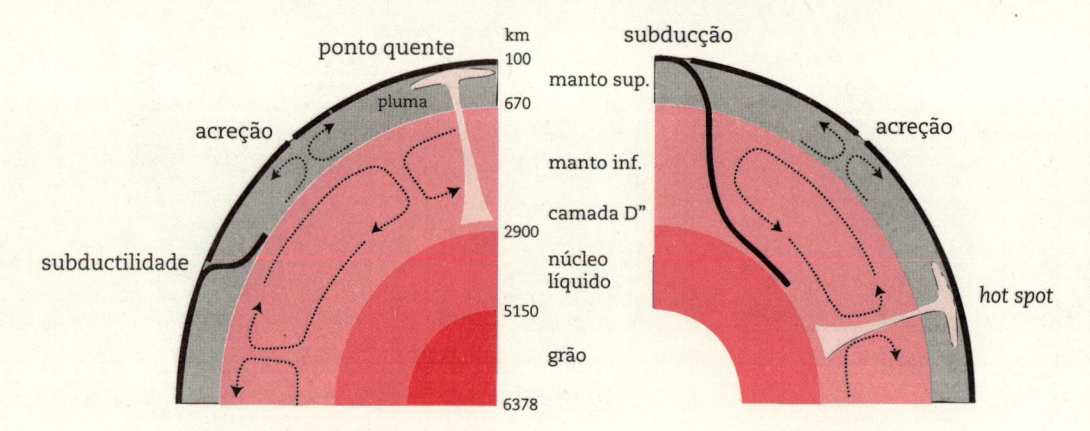

Fig. 26.4 *Modelos de convecção do manto (Pomerol et al., 2005)*

Os dados isotópicos (^{3}He/^{4}He), o espectro de terras raras dos basaltos OIB (*Oceanic Island Basalt* = basalto de ponto quente) e MORB (*Middle Oceanic Ridge* = basalto de dorsal oceânica) (Ficha 38), assim como os dados da tomografia sísmica, parecem privilegiar a hipótese de uma convecção com dois andares.

As rochas metamórficas 27

Palavras-chave
Diagrama PT – Foliação – Geobarômetro – Geotermômetro – Lineamento – Metassomatose – Protolito – Xistosidade

Uma rocha está em equilíbrio termodinâmico com seu meio. Mas a mudança das condições termodinâmicas provoca reações químicas, nas quais os reagentes transformam-se em produtos e o equilíbrio alcançado é metaestável. A transformação pode ser total ou parcial: neste caso, relíquias não transformadas informam a natureza dos reagentes, caso, por exemplo, dos minerais coroníticos, de auréolas de reação.

As reações metamórficas ocorrem em meio termodinamicamente fechado na fase sólida, mas os fluidos liberados e os íons dissolvidos podem migrar localmente ou com maior amplidão: ocorre, então, a **metassomatose**.

27.1 Classificação e nomenclatura das rochas metamórficas

a] Origem

A classificação das rochas metamórficas é complexa: conforme a origem da rocha, ela pode ser "meta" se o protolito for conhecido (metabasalto, metagabro), se não, acrescenta-se o prefixo "orto" numa rocha magmática e "para" numa de origem sedimentar (ortognaisse ou paragnaisse, por exemplo).

b] Textura

A nomenclatura das rochas metamórficas baseia-se na textura, nas deformações e recristalizações da rocha.

Granoblástica	Estrutura em grãos pouco ou nada orientados	Quartzito, cipolino
Blastomilonítica	Estrutura orientada, grãos pequenos	Leptinito
Lepidoblástica	Laminações filíticas paralelas à xistosidade	Xistos, micaxistos, biotitas
Nematoblástica	Minerais aciculares, de linhagem frequentemente mineralógica	Anfibolito
Porfiroblástica	Grandes cristais (porfiroblastos)	Eclogito à granada

Frequentemente, as texturas estão associadas e formam leitos e alternâncias (gnaisse facoidal, micaxisto com porfiroblastos de granadas).

c] Xistosidade, lineamentos e foliações

As rochas metamórficas têm uma estrutura orientada pelas pressões sofridas durante o soterramento ou pelas pressões tectônicas. Os minerais orientam-se em relação ao plano de acamamento, seguindo uma **xistosidade**. A rocha é foliada. A xistosidade (S_1) é frequentemente secante em relação ao acamamento (S_0) e segue o plano axial dos microdobramentos.

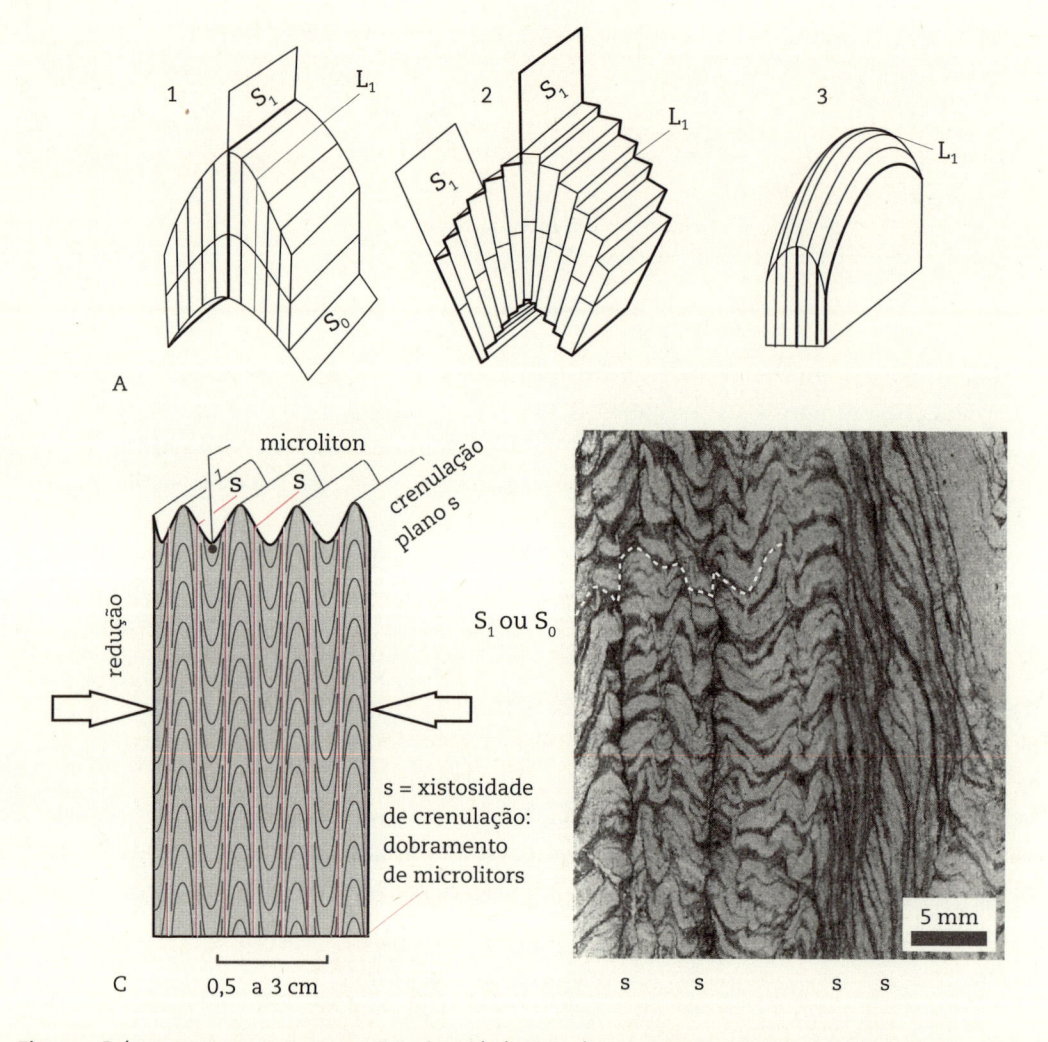

Fig. 27.1 *Relações entre acamamento (S_0), xistosidade (S_1) e lineamento (L_1) (Pomerol et al., 2005)*

A interseção entre a xistosidade (S_1) e o acamamento (S_0) é a lineação L_1. A **lineação** é mineralógica quando os cristais têm um alongamento preferencial de seu eixo maior. Os minerais recém-formados cristalizam mais no plano da **foliação**.

A recristalização de minerais pode reduzir a anisotropia da rocha: é o caso da xistosidade de quartzo feldspático de gnaisse. Da mesma forma, a recristalização de rochas monominerais, como o arenito em quartzito, e calcários em mármore e em cipolinos removem o acamamento S_0.

d] *Skarns* e cornubianitos

O metamorfismo de contato "calcina" as rochas encaixantes (Ficha 45) e, às vezes, chega a apagar totalmente as estruturas preexistentes. É o caso dos cornubianitos, os mais próximos da intrusão em alta temperatura.

Os *skarns* (ou escarnitos) são rochas transformadas por metassomatose, isto é, por fluidos de origem metamórfica expulsos durante as reações metamórficas. A transformação pode ser total. Pode-se atribuir a esse fenômeno a espilitização dos basaltos oceânicos devido às circulações hidrotermais.

27 | As rochas metamórficas

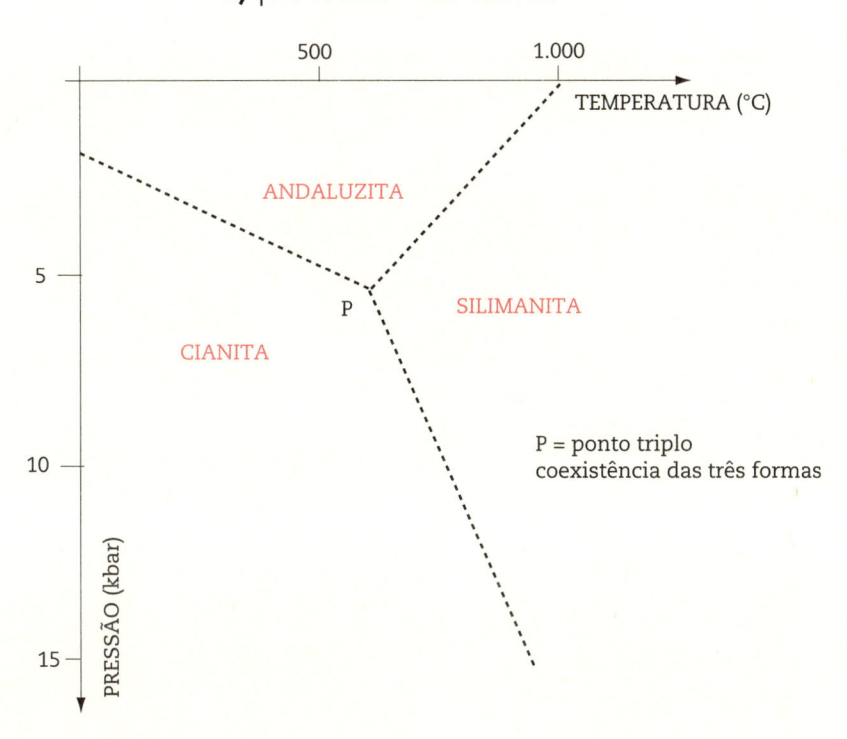

Fig. 27.2 *Sistema andaluzita-silimanita-cianita para atribuir um domínio de estabilidade a uma rocha*

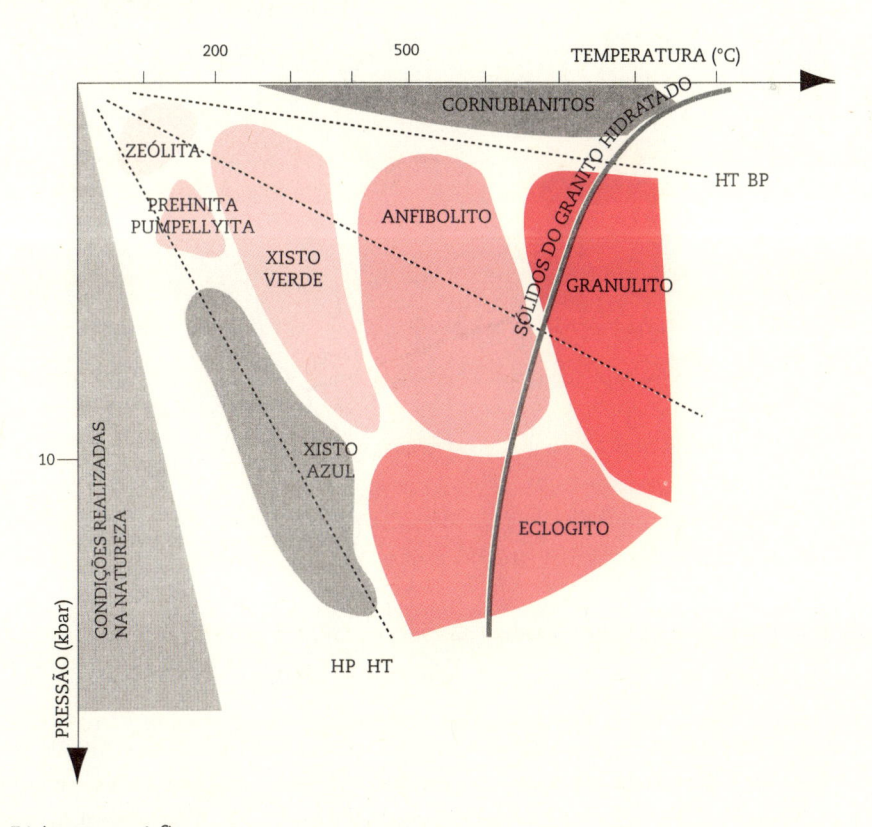

Fig. 27.3 *Fácies metamórficas*

27.2 Paragêneses minerais, geotermômetros e geobarômetros

Um mineral estabiliza-se num domínio de pressão e temperatura precisas. Assim, andaluzita, silimanita e distênio, com a mesma fórmula, Al_2SiO_5, não podem coexistir, porque não têm o mesmo domínio de estabilidade. São minerais polimorfos e as mudanças de fases cristalinas são descontínuas:

Entre os polimorfos, os mais utilizados são a calcita e a aragonita (forma HP) e as seis formas polimorfas de SiO_2: quartzo α, quartzo β, tridimite, crisobalita, stishovita e coesita.

As paragêneses minerais servem para definir a fácies metamórfica. Para tanto, utilizam-se os agrupamentos minerais que são bons **geotermômetros**, e outros, que são **geobarômetros**, como é o caso da dupla clinopiroxênio/ ortopiroxênio ou o caso do termômetro clino-piroxênio/granada. A fengita (mica branca) é utilizada como geobarômetro. Os campos de estabilidade são limitados por curvas de equilíbrio, definidas experimentalmente a partir desses minerais. Assim, definem-se as fácies metamórficas representadas num diagrama PT.

As paragêneses minerais características de um domínio do espaço PT têm como base alguns minerais significativos, cujo domínio de estabilidade é bem conhecido: xistos verdes (clorita, actinota, epídoto), xistos azuis (glaucofânio + lausonita + jadeíta) e os eclogitos (granada + onfacita + quartzo) (Ficha 45).

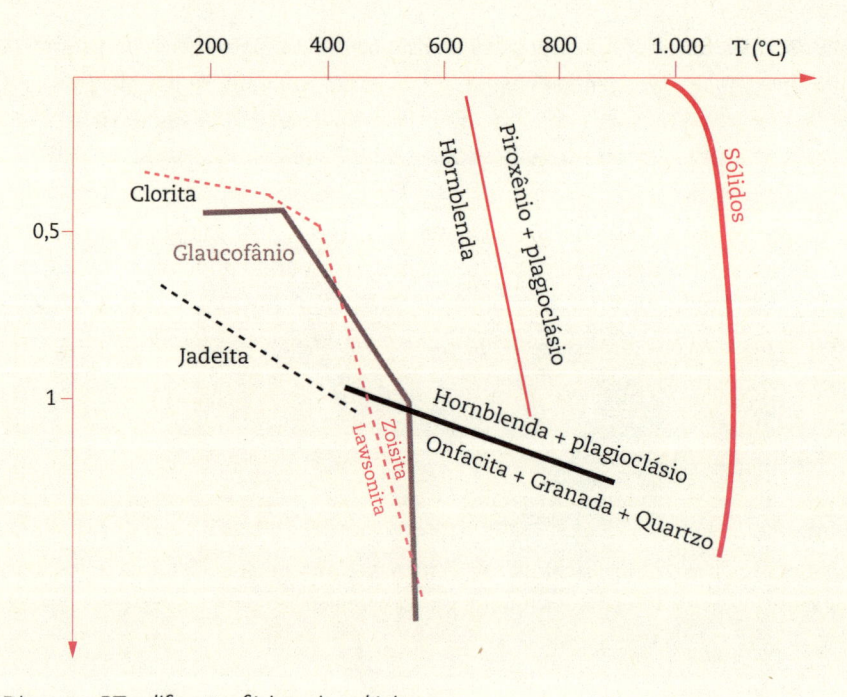

Fig. 27.4 *Diagrama PT e diferentes fácies mineralógicas*

Crosta continental e crosta oceânica 28

Palavras-chave
Basalto – Fusão parcial – Granito – Manto – Moho

A litosfera (invólucro sólido externo do globo) divide-se em duas partes superpostas: a crosta em superfície e o manto superior litosférico. O limite entre esses dois compartimentos é uma descontinuidade sísmica chamada **Moho** (Ficha 15). Na superfície do globo, a natureza da crosta torna-se diferente quando considerada sob um continente ou sob as massas de água oceânica.

28.1 A origem da crosta

Continental ou oceânica, a crosta é sempre obtida pela **fusão parcial** dos **peridotites do manto**, os quais originam um **magma**, que se cristaliza de modo mais ou menos rápido para formar ou regenerar uma crosta.

a] A crosta oceânica

A crosta oceânica forma-se na altura das dorsais oceânicas, pela subida de magma do manto. O manto sobe rápido, **sem perda de calor**, o que leva a uma **diminuição da pressão**. Então, os peridotites atingem o Solidus e começa a fusão parcial do manto. A **fusão parcial é anídrica** e a transformação, **adiabática** (sem troca de calor com as rochas encaixantes).

b] A crosta continental

Na crosta continental, a fusão parcial do manto é diferente, pois a água infiltra-se em profundidade no manto. Assim, sem modificar a pressão, a temperatura de fusão dos peridotites abaixa: é a **fusão parcial hidratada**. Esses mecanismos são característicos das **zonas de subducção**, onde a litosfera em subducção carrega consigo água que sobe através do manto de placas subjacentes, o que permite sua fusão parcial.

28.2 Principais características

a] Espessura

Devido aos dados sísmicos, é possível deduzir a posição do Moho, portanto, a espessura relativa dos dois tipos de crosta. Sob os continentes, a **crosta continental (CC)** tem a espessura média de **35 km** e pode chegar a 80 km sob as montanhas. Sob os oceanos, a espessura da **crosta oceânica (CO)** é de **7 km**.

b] Mineralogia e densidade

A crosta oceânica, chamada **basáltica**, é formada de gabros (rochas pontilhadas resultantes de uma cristalização lenta no reservatório magmático) sobrepostos de filões de basaltos, depois de basaltos em almofada (rochas microlíticas, rapidamente cristalizadas na superfície). Gabros e basaltos são quimicamente idênticos, pois resultam de um mesmo magma. Os basaltos (e os gabros) não contêm mais do que 55% de sílica. Sua densidade média é de 2,9.

No caso de uma dorsal "lenta" (Ficha 32), a subida dos peridotites é muito lenta. Eles não podem fundir, mas se hidratam e resfriam durante a ascensão, para se transformarem em **serpentinitas**. Na CC, a fusão parcial hidratada origina um magma pouco denso e rico em sílica (60%), o que leva à fusão de parte da crosta que ele atravessa durante sua subida. A CC é essencialmente composta de **granodioritos** (rochas granulares cristalizadas em profundidade) e **andesitos** (rochas microlíticas cristalizadas na superfície). Sua densidade média é de 2,8.

c] Comportamento mecânico

O comportamento mecânico das rochas submetidas a forças é função de sua composição mineralógica, da temperatura e da pressão. O comportamento da CO é considerado frágil (ou quebradiço) por ser pouco espessa. Em contraposição, por causa de sua espessura, a CC divide-se mecanicamente em crosta superior frágil e em crosta inferior dúctil.

28.3 Conclusão

As crostas oceânicas e continentais diferem em vários aspectos: gênese, composição, espessura e idade: a CO é "jovem" (no máximo 170 Ma no oceano Pacífico) por causa do desaparecimento de suas extremidades nas zonas de subducção, enquanto a CC perdura e se regenera há mais de 4 bilhões de anos.

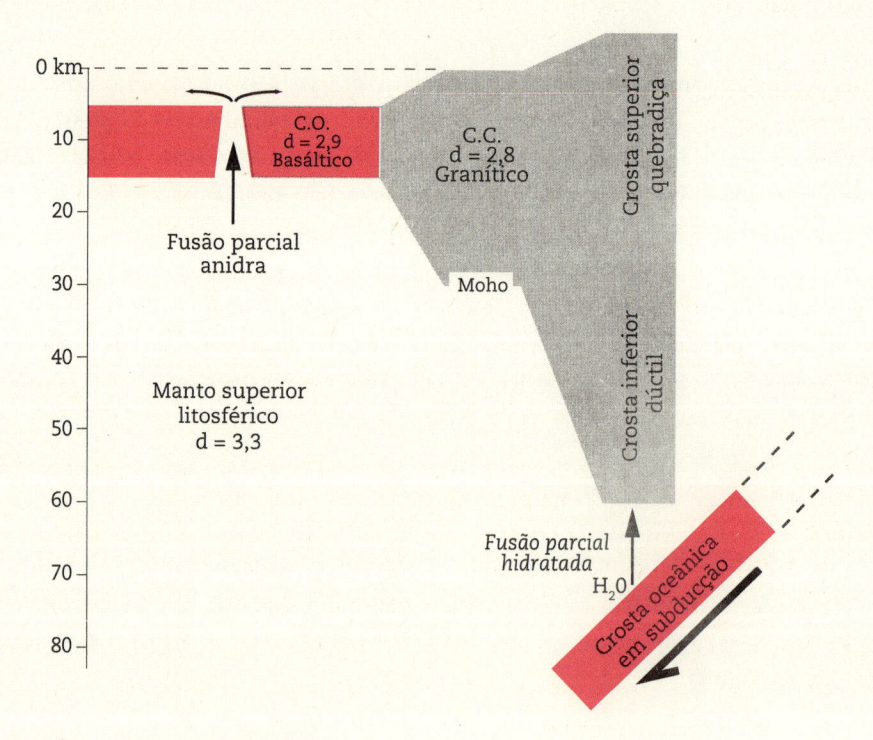

Fig. 28.1 *Litosfera oceânica e continental*

A morfologia dos oceanos 29

Palavras-chave
Dorsal oceânica – Falha transformante – Fossa – Planície abissal – *Hot spot*

Os oceanos representam cerca de 70% da superfície da Terra. Seu conhecimento é fundamental para a compreensão da dinâmica da superfície. O estudo detalhado de um mapa das profundezas (mapa batimétrico) do assoalho oceânico permite definir os principais objetos e as estruturas que compõem esses domínios.

Assim, identificam-se sete domínios ou morfologias características.

Características morfológicas	Profundidade média	Localização no oceano	Nome
Cadeias de montanhas submarinas que percorrem o conjunto dos oceanos (70.000 km), com largura de 2.000 a 3.000 km.	–2.500 m do eixo da cadeia.	A maioria do tempo no centro dos oceanos, exceto no caso do oceano Pacífico, onde ela se desloca na direção leste.	Cadeias ou dorsais oceânicas.
Grandes planícies submarinas profundas, sem nenhuma variação de profundidade.	–4.000 a –5.000 m	Em todos os oceanos, de um lado ao outro das dorsais.	Planícies abissais.
Guyotes de vertentes abruptas, isolados ou alinhados em série.	Variável. Alguns chegam a aflorar à superfície.	Nas planícies abissais, principalmente no oceano Pacífico.	Montes submarinos.
Grandes fraturas lineares com relevos e depressões.	Às vezes muito profundas (mais de 6.000 m) e raramente emergem.	Perpendiculares nos eixos das dorsais.	Falhas transformantes.
Depressões ou acidentes batimétricos muito marcantes.	Muito profundo (6.000 a 8.000 m). Localmente, superior a 11 km.	Nas orlas de alguns oceanos, principalmente no oceano Pacífico.	Fossas oceânicas.
Extensões pouco profundas, de pequena inclinação, com largura de 70 km (às vezes muito mais).	200 m de profundidade.	Na orla de alguns continentes, na ausência de fossas.	Plataforma continental.
Declives pequenos (4° a 5°).	Entre 200 e 4.000 m.	Declives separam as plataformas continentais das planícies abissais.	Talude continental.

A associação de algumas dessas morfologias oceânicas permite determinar os diferentes tipos de margens (Fichas 30 e 31). Uma margem ativa caracteriza-se pela presença de uma fossa oceânica (resultado da subducção) e um arco insular; a margem passiva (ou estável), pela associação de uma plataforma continental e um talude.

DIAGRAMA

- arco insular
- fossa
- falha transformante
- eixo da dorsal
- plataforma continental
- talude
- crosta
- planície abissal
- monte submarino

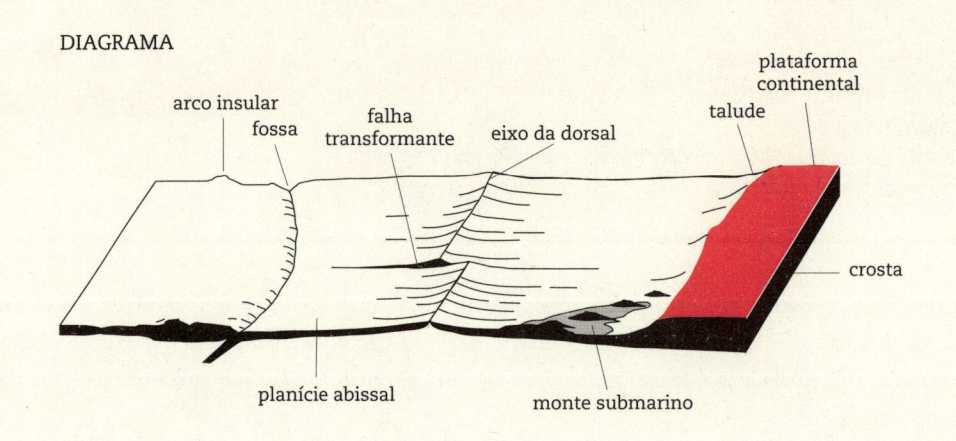

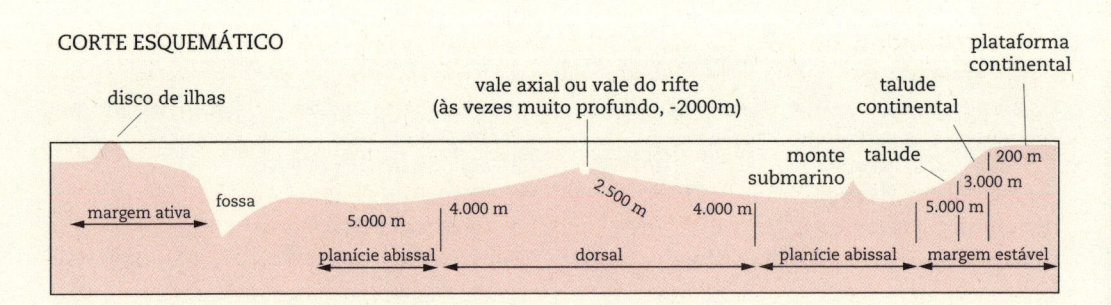

CORTE ESQUEMÁTICO

- disco de ilhas
- margem ativa
- fossa
- planície abissal — 5.000 m
- 4.000 m
- vale axial ou vale do rifte (às vezes muito profundo, -2000m)
- 2.500 m
- dorsal
- 4.000 m
- monte submarino
- planície abissal
- talude
- talude continental
- plataforma continental
- 200 m
- 3.000 m
- 5.000 m
- margem estável

Fig. 29.1 *Representação esquemática da morfologia dos fundos oceânicos*

As margens passivas 30

Palavras-chave
Blocos basculados – Crosta continental – Extensão – Falhas lístricas – *Rifting*

Quando duas placas que carregam crosta continental afastam-se (divergência), a litosfera que as compõe afina e se rompe. Cria-se, então, um oceano por acreção de crosta oceânica, cujas bordas correspondem às margens, chamadas de **passivas** ou **estáveis**, pois não apresentam **atividade sísmica**.

30.1 Os diferentes tipos de margens passivas

Ao observar um mapa, verifica-se que a dorsal oceânica não é contínua, mas truncada por falhas descontínuas (Ficha 35), que se tornam, durante o curso do processo de "oceanização", falhas transformantes. Então, distinguem-se as margens passivas **divergentes** (costa francesa x costa norte-americana), que se opõem de cada lado do oceano, e as margens "**conservativas**", que se desenvolvem ao longo das falhas transformantes (golfo de Guiné).

As margens passivas estão sempre imersas nas bordas do continente e, em função da importância dos recursos sedimentares dos rios, distinguem-se as margens "**férteis**" ou "**nutridas**" (na proximidade de rios, como o Mississipi ou o Ganges) e as margens "**magras**" (margens do Oeste europeu).

30.2 A estruturação das margens passivas

As margens passivas surgem quando há uma fenda de dimensões continentais, o *rifting*. Identificam-se três fases maiores, associadas a uma fase de extensão, durante a estruturação dessas margens. Elas se evidenciam pelos perfis observados em sísmica de reflexão, que ilustram as séries contemporâneas de cada fase. A datação dessas séries (depois de perfurações, por exemplo) permite atribuir as diferentes etapas de estruturação das margens.

Fases	Morfologia	Sedimentação
Fase pré-rifte	Domeamento alongado e fluxo térmico intenso.	Uniforme na crosta.
Fase sin-rifte	Basculamento da parte axial do domeamento, graças às falhas normais. As falhas que diminuem de mergulho para profundidade (falhas lístricas) provocam o basculamento dos blocos.	A sedimentação continua durante a estruturação dos blocos, consoante o seu basculamento. A série sin-rifte apresenta uma geometria em forma de leque.
Fase pós-rifte	A acreção da crosta oceânica começa, e as margens subsidem para atingir, do lado oceânico, as profundezas das planícies abissais (4.000 a 5.000 m)	A rotação dos blocos acabou e a sedimentação pós-rifte recobre uniformemente a margem passiva e a crosta oceânica.

Essas margens correspondem aos domínios situados entre os continentes emersos e os oceanos no sentido restrito (isto é, com uma litosfera oceânica). A transição entre crostas continental e oceânica não é claramente definida. Cita-se uma zona de transição oceano/continente (TOC) com diversas dezenas de quilômetros de largura.

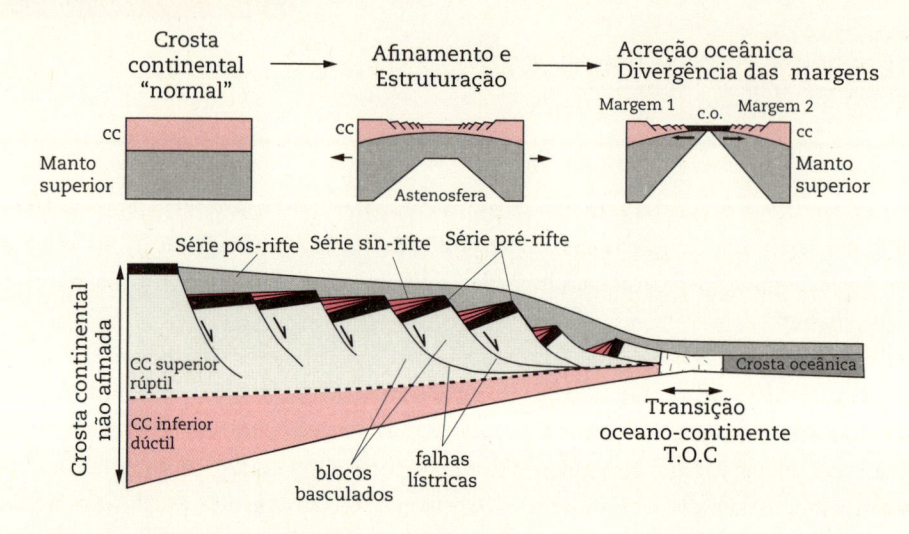

Fig. 30.1 *Representação esquemática de uma margem passiva*

30.3 Mecanismos de formação

Diferentes modelos explicam a formação das margens passivas por meio da combinação de dados do local, da modelação analógica e dos perfis sísmicos. Eles se distinguem mais pelo caráter da zona de separação continental:

- modelo de margem passiva por cisalhamento puro: a margem passiva é simétrica. Geralmente, a deformação dúctil fica no conjunto do manto litosférico;
- modelo de ruptura por cisalhamento simples: a ruptura é assimétrica e se caracteriza por uma zona de cisalhamento no manto litosférico, que se prolonga na crosta, sob a forma de uma falha oblíqua, mas pouco inclinada. As margens são muito assimétricas, e a ruptura da crosta pode chegar à exumação do manto.

30.4 Conclusão

As margens passivas não são limites de placas e se colocam no nível da crosta continental. Algumas margens passivas, as vulcânicas, mostram uma atividade vulcânica intensa durante sua estruturação (espessa lava vulcânica em fusão sob as séries pós-rifte). Nesse caso, as margens passivas não devem ser confundidas com as margens ativas (Ficha 31).

Margens ativas e arcos insulares ativos   31

Palavras-chave
Arco insular – Convergência – Prisma de acreção – Subducção – Vulcanismo

Criada no nível das dorsais, a litosfera oceânica desaparece no manto ao mergulhar sob outra litosfera menos densa: é a subducção (Ficha 33). Essas zonas de convergência, chamadas ativas, são muito sísmicas e apresentam algumas particularidades morfológicas e funcionais.

31.1 Principais características

Essas zonas estão sempre situadas nos arredores de um continente. Ao se afastarem dele, há, sucessivamente:
- **bacias marginais** (ou **bacia de retroarco**) de crosta continental ou oceânica, quando há acreção. Nesse caso, a bacia marginal é rodeada por duas margens passivas, e a situada do lado oceânico é a sede de um importante vulcanismo;
- **cadeias de montanhas** (ex.: cordilheira dos Andes) ou **ilhas vulcânicas** (ex.: Pequenas Antilhas) situadas na borda da placa sobreposta. O vulcanismo, cujos magmas originam-se da fusão parcial hidratada das rochas do manto (Ficha 28), ocorre onde a deformação e a sismicidade são intensas;
- um **prisma de acreção tectônica** (ex.: Barbados). onde se agrupam os sedimentos arrancados da crosta oceânica no primeiro momento de subducção e os sedimentos originados da erosão das montanhas ou vulcões das bordas;
- uma **fossa oceânica** muito profunda (mais de 11 km, como a fossa das Marianas, no oceano Pacífico) corresponde, às vezes, à **fronteira** entre duas placas convergentes;
- uma **litosfera mergulhante**, geralmente oceânica, apresenta um **abaulamento** característico na frente da fossa oceânica.

Além disso, por causa de sua localização geográfica, ou da proximidade direta com o continente, distinguem-se as **margens ativas** e os **arcos insulares ativos**.

31.2 As margens ativas e os arcos insulares ativos

As margens ativas estão sempre na borda de alguns continentes. O caráter ativo desse tipo de margem é realçado pela presença de **vulcões**, geralmente separados do continente "não ativo" por uma bacia sedimentar situada sobre uma crosta continental, com uma extensão afinada. É o caso da borda pacífica da **América do Sul.**

Os arcos insulares ativos correspondem a uma série de ilhas e de vulcões, geralmente sobre uma crosta continental. Em extensão, os arcos insulares são separados do continente por uma **bacia marginal** composta por uma dorsal ativa e, assim, de crosta oceânica. É o caso do **Japão**, cujo arquipélago é separado da Ásia pelo mar do Japão (atualmente, uma bacia não ativa).

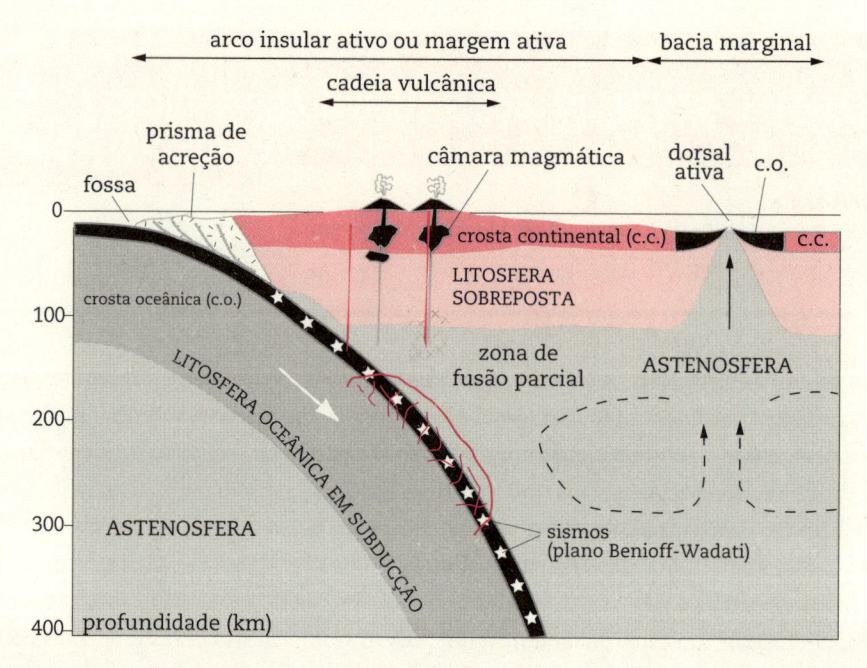

Fig. 31.1 *Representação esquemática de uma margem ativa*

31.3 Sismicidade associada

Durante seu afundamento, a parte superficial da litosfera sofre importantes pressões com a fricção da placa sobreposta e, mais profundamente, com a dificuldade de se introduzir na astenosfera. Desse fenômeno resultam numerosas rupturas, dando origem aos sismos no sentido da superfície. A zona de localização dos epicentros sísmicos (Ficha 37) é chamada de **esquema de Wadati-Benioff**, que ressalta a obtenção de "uma imagem" da placa mergulhante (ou subduzida).

31.4 Acreção magmática

Nas zonas de subducção, a água desempenha papel principal na fusão parcial dos peridotites do manto. Entre 80 km e 130 km de profundidade, o manto entra em fusão acima da placa mergulhante. Uma pequena parte dos magmas produzidos chega à superfície (vulcanismo), enquanto a maior parte cristaliza em forma de gabros nas câmaras magmáticas da base ou na crosta continental. Assim, a crosta se espessa por acreção de rochas magmáticas: é o *underplating*.

31.5 Conclusão

As margens ativas e os arcos insulares ativos correspondem aos limites das placas convergentes e são sempre associados ao fenômeno da subducção. Na maioria dos casos, refletem o afundamento de uma litosfera oceânica sob uma litosfera continental e, mais raramente, a subducção do tipo oceano-oceano (caso das ilhas Marianas, por exemplo).

As dorsais e a litosfera oceânica

32

Palavras-chave
Acreção – Fusão parcial – Cadeias – Subsidência – Vulcanismo

Com uma extensão de mais de 70.000 km no fundo dos oceanos, as dorsais constituem verdadeiras "cadeias de montanhas" vulcânicas submarinas (Ficha 29). Elas são um ponto de renovação da crosta oceânica basáltica e o motor da expansão oceânica. Há diferentes tipos de dorsais com seus respectivos modos de funcionamento.

32.1 Dorsais lentas e dorsais rápidas

Dorsais Lentas (ex.: cadeia atlântica)	Dorsais Rápidas (ex.: cadeia do Pacífico Leste)
Taxa de abertura < 6 cm/ano.	Taxa de abertura de 8 cm/ano a 16 cm/ano.
Vale axial largo (10 km a 50 km) e profundo (1 km a 2 km), limitado por falhas normais. Vulcões no centro do vale.	Sem vale axial, mas, às vezes, uma fossa. A forma, em geral, é de domo ou domeamento.
Dorsais "quentes".	Dorsais "frias".
Litosfera espessa (10 a 20 km).	Litosfera afinada (1 a 2 km).
Flancos muito acidentados.	Flancos pouco acidentados.
Crosta composta de serpentinitos, gabros e basaltos (poucos filões).	Crosta composta de gabros e basaltos em filões e em almofadas.

Os oceanos nascem e se abrem a partir das dorsais oceânicas (também chamadas de cadeias). As velocidades de abertura oceânica, estimadas com a ajuda das anomalias magnéticas registradas na crosta oceânica (Ficha 73), variam de um oceano a outro. Distinguem-se, então, as dorsais **lentas** e as dorsais **rápidas**.

Assim, quanto mais rápida a dorsal, menos se nota sua forma. O eixo dessas dorsais não é contínuo, mas interrompida em frações diversas, chamadas **segmentos**, de comprimento variável: de várias centenas (ordem 1) a algumas dezenas de quilômetros (ordem 2).

32.2 A acreção da crosta oceânica

A crosta oceânica (Ficha 28) forma-se no nível das dorsais a partir da acreção de líquido magmático. Esses magmas resultam da **fusão parcial anídrica** dos peridotitos do manto. Ao subirem, as rochas do manto sofrem uma diminuição de pressão, sem perda de calor. Essa subida, chamada **adiabática**, permite aos peridotitos deixar as condições "normais" da **geotermia** e, assim, recortar o **Solidus** a uns 100 km de profundidade. Sem essa descompressão, essas rochas continuariam em estado sólido, apesar da profundidade. A extração dos magmas em direção à superfície começa quando a fusão chega a uns 20% do manto.

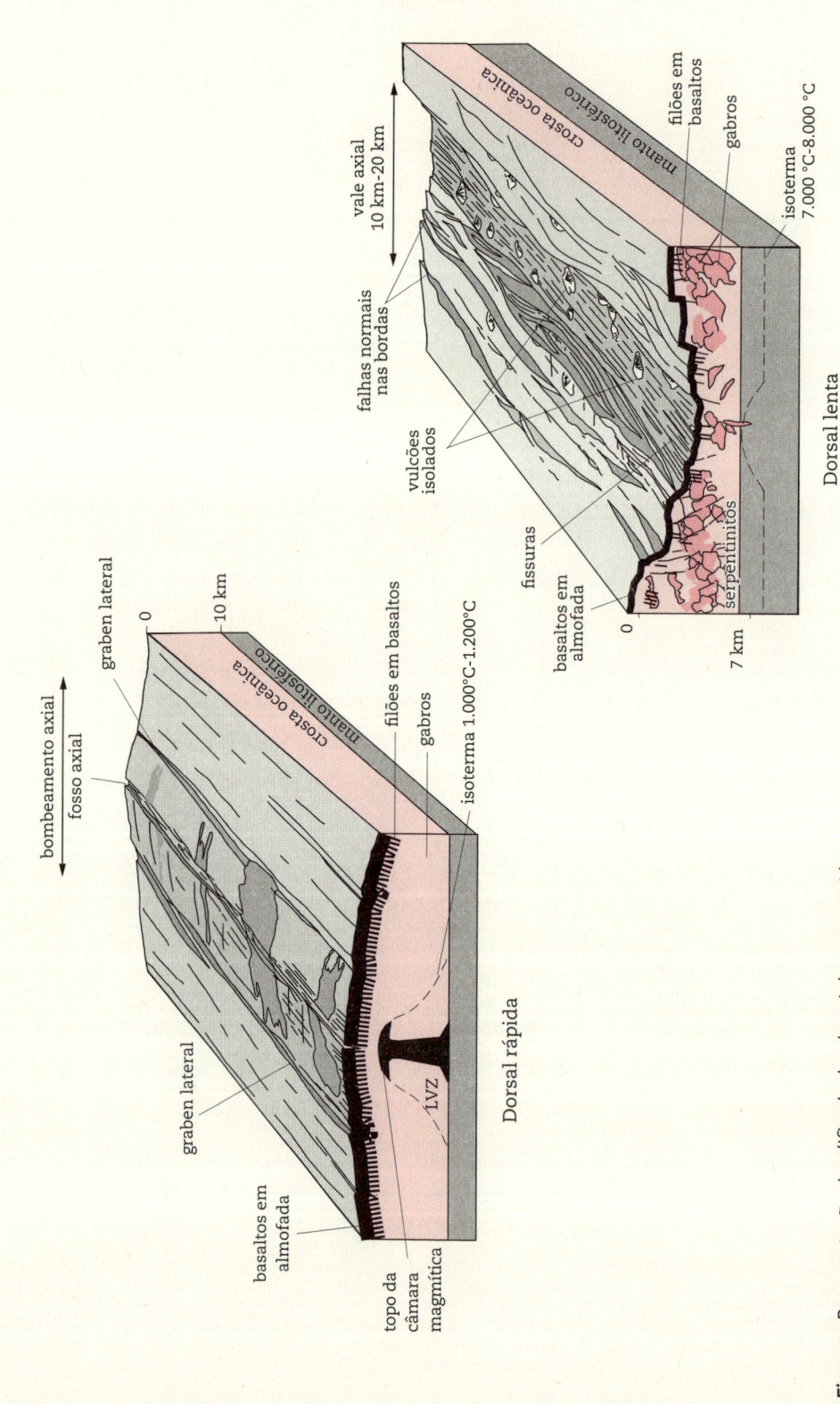

Fig. 32.1 *Representação simplificada das dorsais lentas e rápidas*

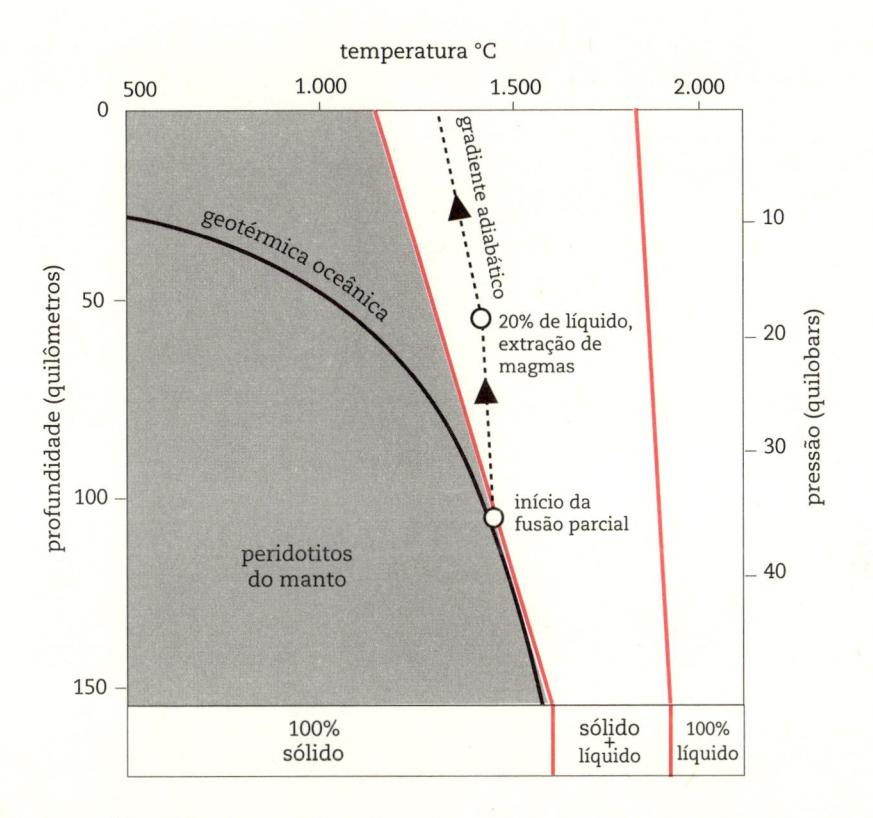

Fig. 32.2 *Fusão parcial anídrica dos peridotites do manto*

32.3 Evolução da litosfera oceânica

Uma vez produzida, a litosfera oceânica afasta-se das dorsais. Quanto mais velha, mais a litosfera se afastada do eixo das cadeias e mais os fundos oceânicos são rebaixados (planícies abissais de −4.000 m a −5.000 m). Ao se afastar da zona de acreção, a litosfera esfria (essencialmente por condução e por , Ficha 53) e se torna mais densa. O aprofundamento da litosfera pode ser expresso por uma lei simples, função da raiz quadrada do tempo:

$$P = 2.500 + 350 \cdot t^{0,5}$$

Em que **P** é a profundidade da água e **t** a idade da crosta em Ma.

Por convenção, a base da litosfera corresponde a uma isoterma a 1.200°C. A litosfera esfria com o tempo e fica mais espessa na base, à custa da astenosfera, conforme a relação:

$$Z = 9 \cdot t^{0,5}$$

Em que **Z** é a espessura da litosfera em km.

33 A subducção

Palavras-chave
Convergência – Densidade –
Sismicidade e plano de Wadati-Benioff

Esquematicamente, a subducção corresponde à volta da litosfera oceânica na zona do manto situada sob uma margem ativa ou um arco insular (Ficha 31). Ela permite a "reciclagem" dessa litosfera depois de sua produção no nível das dorsais (Ficha 32) e justifica a ausência de crostas oceânicas antigas nos oceanos (170 Ma oceano Pacífico). Do ponto de vista geodinâmico, a subducção localiza-se nas zonas de convergência como uma sismicidade, uma atividade vulcânica e deformações intensas.

33.1 As forças de impulso

As forças atuantes nos deslocamentos litosféricos não são exatamente de pressão. Entre as hipóteses lançadas pelos pesquisadores, tem-se:

- a **força de tração T** da placa subductante (*slab pull*, em inglês) corresponde ao efeito da gravidade, que puxa a placa para baixo. Ela é proporcional ao comprimento e à raiz quadrada da idade do painel mergulhante.
- o **empurrão da cadeia P** (*ridge push*, em inglês), perpendicular à cadeia, resulta de um impulso ligado à diferença de profundidade e densidade da litosfera entre a zona de acreção e as demais partes mais velhas da placa oceânica.
- a **força do impulso C** está ligada aos movimentos de convecção no manto.

A essas forças motrizes opõem-se forças de resistência (R) na frente da placa subductante e de fricção (F) entre a placa subductante e a litosfera sobreposta.

33.2 Inclinação da placa subductante

Nas zonas de subducção, a divisão dos focos sísmicos, localizados na superfície da placa de subducção, permite obter uma "imagem" do esquema de subducção ou esquema de **Wadati-**

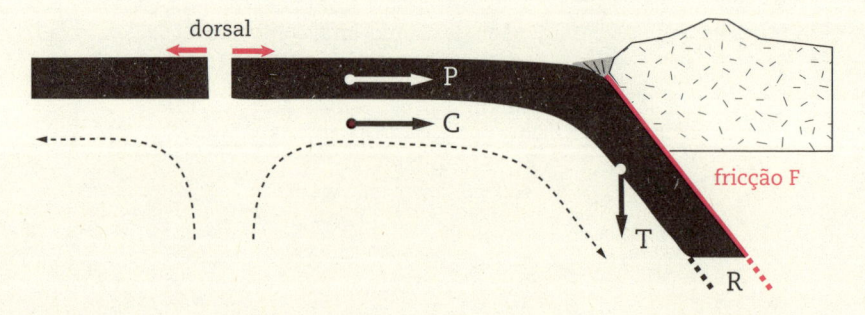

Fig. 33.1 *Principais forças aplicadas na litosfera oceânica*

-Benioff (Ficha 31). O alinhamento desses focos permite definir a inclinação da placa subductante. Assim, conforme a zona geográfica, notam-se valores de **inclinação muito variáveis**, de 10° (subducção sob a zona Chile-Peru) a 80° (subducção quase vertical das Marianas). Em muitos casos, observa-se que, quanto mais antiga (portanto, mais densa) a placa subductante, mais importante é a inclinação.

33.3 Um exemplo de cadeia de subducção: a cordilheira dos Andes

As zonas de subducção (portanto, de convergência) podem corresponder a grandes deformações na superfície (a cordilheira dos Andes, por exemplo). Essas deformações são mais marcantes quando a inclinação do plano da subducção for baixo e a subducção, descontínua. Na região das Marianas, como não há nenhuma deformação maior a observar (regime extensivo), a subducção é quase vertical.

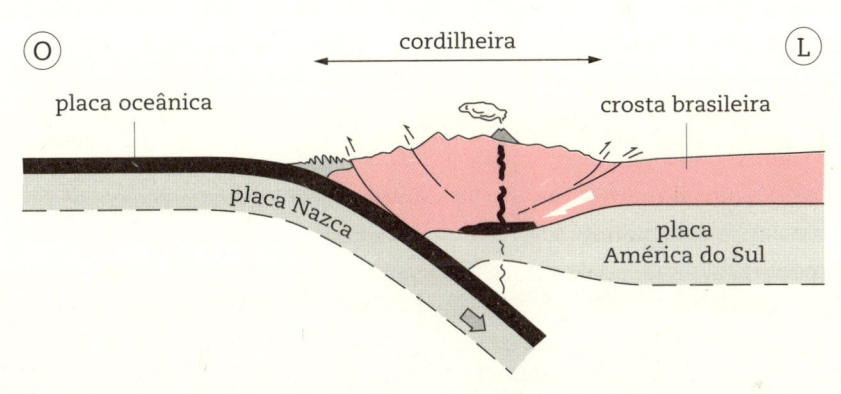

Fig. 33.2 *Corte esquemático de uma cadeia de subducção (cordilheira dos Andes)*

A cordilheira dos Andes é uma cadeia de montanhas com 5.000 km de comprimento por 500 km de largura e cume de mais de 7.000 m. Ela está na borda continental sul-americana, sobre a orla pacífica, paralela à fossa de subducção do Chile-Peru. Ela é formada de dobramentos quilométricos com muitas falhas (inversas). O soerguimento da cadeia é complexo e parece resultar da combinação de uma subducção "oceânica" na costa Oeste e uma subducção "continental" na costa Leste, com a crosta continental brasileira passando sob o arco vulcânico da cordilheira. O vulcanismo começou há mais de 100 Ma, não é contínuo ao longo da cadeia e parece ausente quando o plano de subducção é pouco inclinado na profundidade. A sedimentação é marinha até a metade do Terciário, o que implica um contexto de arco insular durante aproximadamente 60 Ma que precedeu o soerguimento andino.

33.4 Conclusão

Assim como nas zonas de acreção oceânica, as velocidades de subducção variam de um lugar para outro do globo. No contorno pacífico, as zonas de subducção às vezes revelam uma atividade sísmica de mais de 670 km de profundidade, o que implica o mergulho de material frio e denso no manto inferior.

A subducção é apenas uma etapa transitória na vida de um oceano. Se ela perdurar, as margens acabarão por se encontrar: é a **colisão** (Ficha 34).

34 Colisão e obducção

Palavras-chave
Cavalgamentos – Convergência – Inversão tectônica – Ofiólitos – Relevos

A **colisão** representa a última etapa da dinâmica de convergência, pois corresponde ao encontro de dois continentes após o desaparecimento total de um oceano. Existe **obducção** quando uma fração da litosfera oceânica fica aprisionada entre dois continentes.

34.1 O contexto

A subducção de uma litosfera oceânica densa (placa A) sob uma litosfera continental menos densa (placa B) resulta no contato de duas litosferas continentais (A e B). É difícil uma subducção da litosfera continental A sob B, por causa de sua grande espessura e, principalmente, da densidade mais fraca do que a da astenosfera. Então, as duas crostas continentais se defrontam, cavalgam (sobreposição), provocando deformações e espessamento crustal: é a **colisão**.

Antes do encontro entre as duas litosferas continentais, a subducção da litosfera A pode se bloquear. Com a continuação da convergência, a crosta oceânica somente pode passar por cima da crosta continental: é a obducção.

34.2 A obducção

No caso de uma obducção intraoceânica, uma das litosferas oceânicas entra em subducção sob a outra. Assim, a litosfera oceânica sobreposta aproxima-se da borda continental da placa de subducção, e o material oceânico é carreado (ou superposto) sobre a crosta continental, ficando o conjunto muito deformado. Ao final da colisão que se segue, os fragmentos da crosta oceânica **obductada** (chamados de **ofiólitos**) marcam a

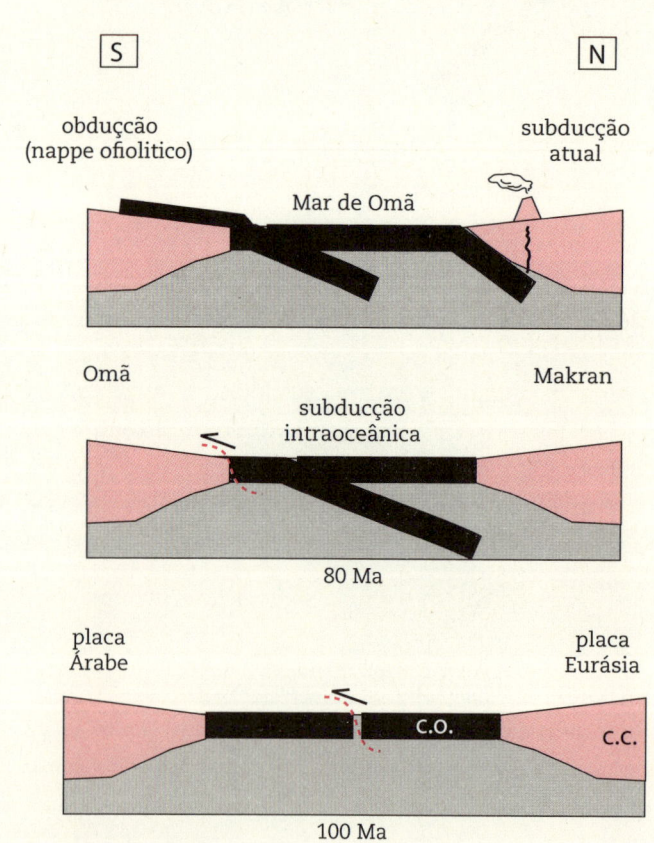

Fig. 34.1 A obducção

cicatriz (sutura) do oceano desaparecido. O exemplo típico desse fenômeno corresponde à **cadeia de Omã**, no meio da qual se encontram ofiólitos com as sucessões litológicas completas de uma litosfera oceânica: peridotitos, gabros, filões em basaltos e basaltos em almofada.

34.3 A colisão

A **colisão**, precedida ou não de uma fase de obducção, corresponde ao fechamento completo de um oceano. As margens (ativas ou passivas), que ficavam frente a frente até então, juntam-se e entram em colisão. Sem a obducção, a **sutura** entre as duas placas é identificada pelos restos de sedimentos que compõem o **prisma de acreção**. A estrutura das cadeias de montanhas, ditas de colisão, relaciona-se diretamente aos tipos de margens em questão. No caso de margens passivas (Ficha 30), a colisão aciona as falhas normais (que formam os blocos basculados durante a estruturação das margens passivas), mas num movimento inverso: é a **inversão tectônica**. Essas falhas comportam-se como superfícies de cavalgamento e os blocos basculados, como *nappes* de cavalgamento.

A estruturação desse tipo de cadeia associa-se também à presença de diferentes níveis de "fraqueza" na litosfera, ao longo dos quais se localizam deslocamentos importantes (*décollements*):

- na interface entre a cobertura sedimentar e o embasamento, granítico ou basáltico, da crosta;
- na crosta continental, a interface entre a crosta superior frágil e a crosta inferior dúctil (Ficha 28);
- no limite crosta-manto litosférico (Moho, Ficha 15);
- no limite litosfera-astenosfera.

Esses níveis de descolamento diferentes podem se conectar, graças às falhas de *détachment* que favorecem o empilhamento de diferentes camadas da litosfera e, assim, seu espessamento.

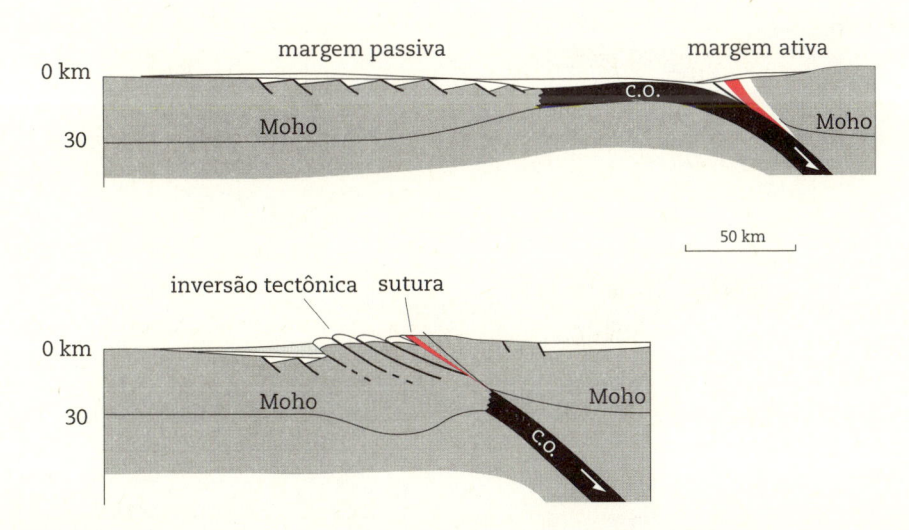

Fig. 34.2 *A colisão entre uma margem passiva e uma margem ativa (Boillot et al., 2003)*

35 As deformações da crosta terrestre: os dobramentos

Palavras-chave
Anticlinal – Eixo da dobra – Charneiras – Elipsoide de deformação – Isógona – Dobra anisotrópica – Dobra isotrópica – Sinclinal – Tectônica

As rochas da crosta terrestre deformam-se quando submetidas a pressões. A deformação é elástica até o patamar de elasticidade próprio da rocha. Depois disso, a deformação é plástica. Quando o patamar de ruptura da rocha é ultrapassado, a deformação é rúptil (Ficha 36). O comportamento da rocha depende da natureza e da profundidade em que se encontra, do seu grau de hidratação e da própria natureza da pressão. A deformação é contínua ou descontínua, flexível ou rúptil, chegando a dobras ou falhas.

$\sigma 1 = \sigma 2 = \sigma 3$
pressão isotrópica

$\sigma 1 > \sigma 2 < \sigma 3$
pressão anisotrópica

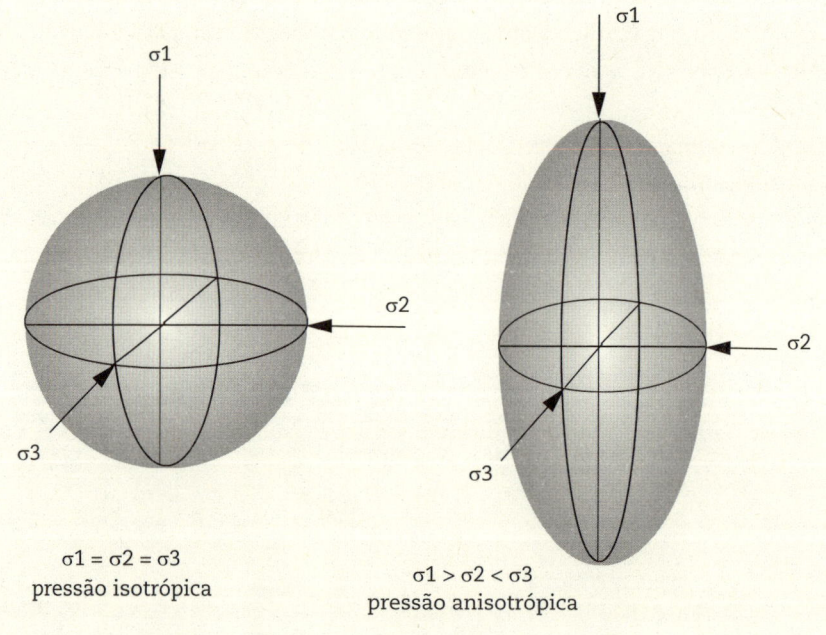

Fig. 35.1 *Elipsoide de deformação*
A pressão exercida em um ponto pode ser decomposta em três vetores ortogonais: $\sigma 1$, $\sigma 2$ e $\sigma 3$. Em uma pressão isótropa, esses três vetores inscrevem-se numa esfera. Uma pressão tectônica é representada por uma elipsoide de três vetores que representam os eixos: $\sigma 1$ é a pressão máxima, $\sigma 2$ é a pressão média, e $\sigma 3$, a pressão mínima.

As rochas afetadas por uma pressão deformam-se de forma elástica ou dúctil: o plano axial das dobras é perpendicular à pressão. O máximo de deformação ocorre na charneira das dobras. Conforme a posição do plano axial, as dobras podem ser retas (verticais) ou inclinadas/declinadas, ou até deitadas.
Com exceção de estruturas muito específicas, de colapso ou gravitacionais, as dobras são criadas por compressão. A dobra é chamada de antiforma quando se fecha na direção do alto, e sinforma

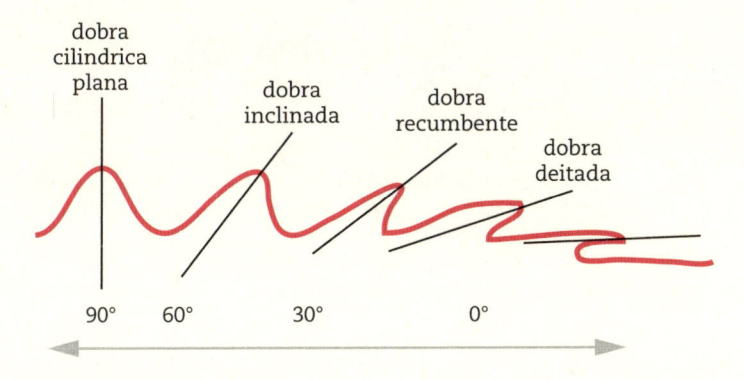

Fig. 35.2 *Principais tipos de dobras*

quando se fecha para baixo. Numa dobra anticlinal, os terrenos mais antigos estão no centro, enquanto em sinclinal são as rochas mais recentes (Ficha 72).

As dobras anticlinais são estruturas que por vezes funcionam como uma armadilha (*trap*) para os hidrocarbonetos ou para aquíferos. Às vezes, são utilizadas para armazenamentos subterrâneos de substâncias úteis (gás e hidrocarbonetos).

a] Morfologia dos dobramentos superficiais nas cadeias de montanha

Os dobramentos são intensos. As dobras encontram-se em todas as escalas, desde mineral até cartográfica. Nas zonas mais superficiais, o patamar de resistência mecânica das rochas é frequentemente atingido, e as dobras falham e chegam até a cavalgamentos de amplitude quilométrica.

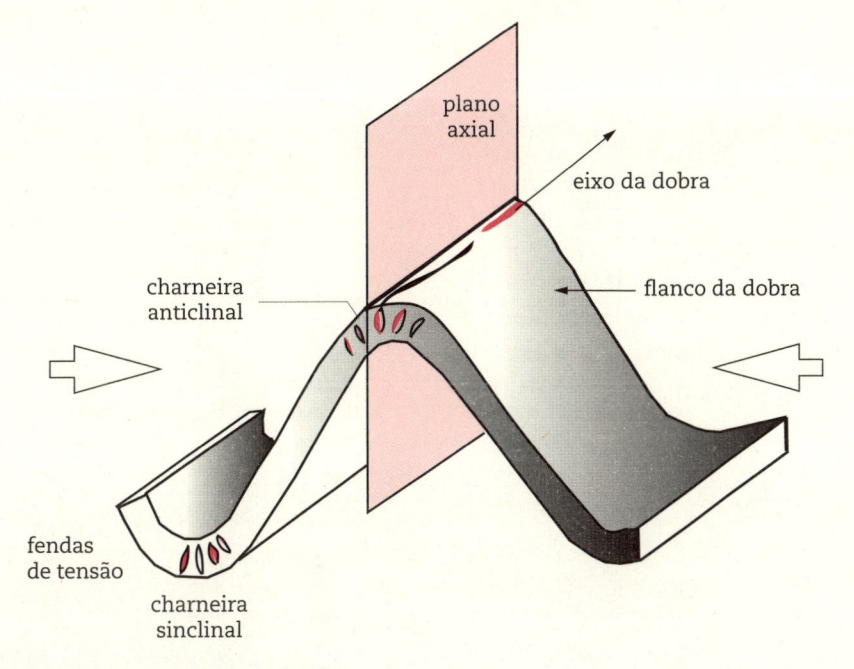

Fig. 35.3 *Esquema de um dobramento simples*

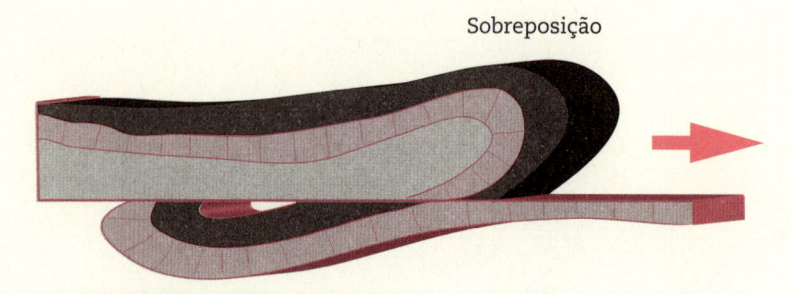

Fig. 35.4 *Esquema de uma sobreposição*

Quando a amplitude da sobreposição é muito importante (> 5 km), ocorre o carreamento: a unidade carreada, ou alóctone, fica em contato anormal sobre a unidade autóctone. A erosão pode recortar janelas na *nappe* de carreamento, revelando o substrato autóctone ou, então, isolar escudos alóctones da frente do lençol.

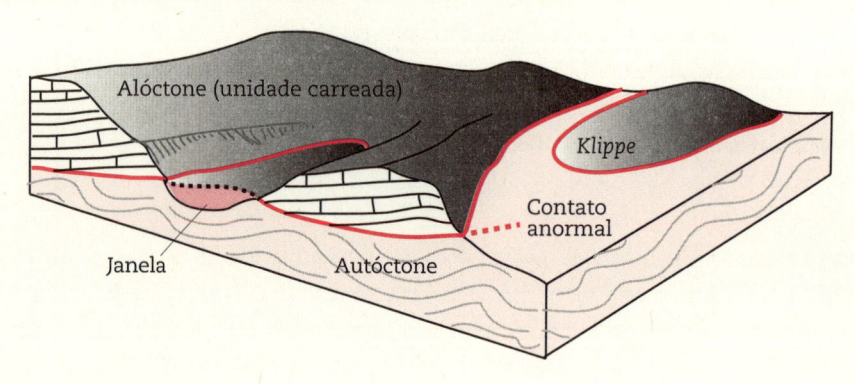

Fig. 35.5 *Lençol de carreamento*

b] Morfologia das dobras conforme a profundidade

A geometria de uma dobra varia conforme a profundidade. Para descrever uma dobra, define-se uma linha isógona, que reúne as zonas de mesmo mergulho. Quando as linhas isógonas são paralelas entre si, diz-se que a dobra é similar. Numa dobra isópaca, toda a camada dobrada tem a mesma espessura.

O soterramento das rochas modifica seu comportamento: a pressão litostática (o peso das rochas superpostas) e a temperatura aumentam com a profundidade, e as rochas da profundidade tornam-se mais dúcteis. As dobras deixam de ser cilíndricas ou isópacas, para serem anisópacas: os flancos da dobra alongam-se, e as charneiras são boudinadas. As isógonas não são mais paralelas.

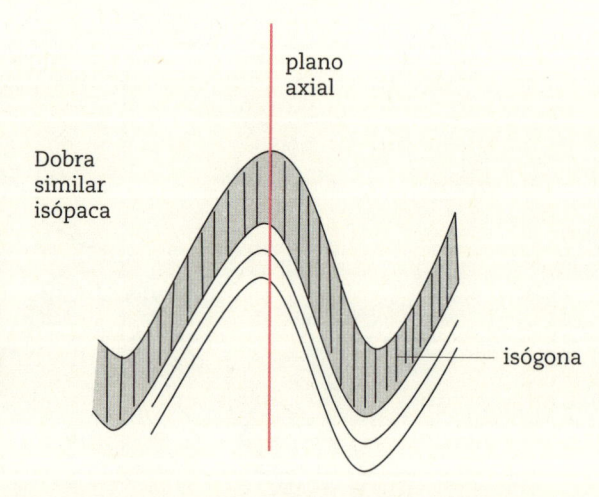

Fig. 35.6 *Dobra similar isópaca e posição das isógonas*

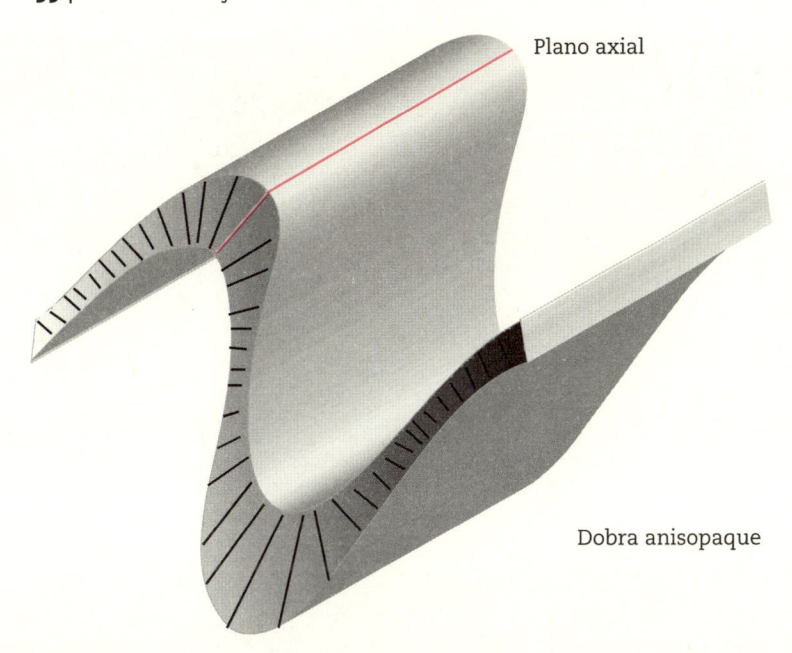

35 | As deformações da crosta terrestre: os dobramentos

Plano axial

Dobra anisopaque

Fig. 35.7 *Dobramento anisópaco e* boudinage *das articulações de dobra (comportamento dúctil)*

36 As falhas

Palavras-chave
Cavalgamento – Rejeito – Diáclase – Falha lístrica – Falha normal e inversa – Falha transformante – Hidrotermalismo – Margens passivas – *Rifting*

Há ruptura quando uma deformação ultrapassa o patamar de resistência mecânica da rocha. Se a fratura não é acompanhada de nenhum movimento entre os blocos, fala-se em **diáclase**. As diáclases distribuem-se conforme o campo de tensão (Ficha 35). A **falha** ocorre quando há deslocamento.

36.1 Tipologia das falhas

Uma falha delimita dois compartimentos. As rochas trituradas com o contato de dois compartimentos formam um milonito. A representação da falha é uma superfície frequentemente recristalizada, na qual as estrias marcam o movimento dos compartimentos. Essa representação tem uma inclinação, e o movimento dos compartimentos (o *pitch*) está contido no plano de espelho da falha, ou plano da falha. Se o *pitch* seguir a linha da maior inclinação, o rejeito será vertical. Caso contrário, o jogo terá uma componente horizontal e será mais ou menos transcorrente.

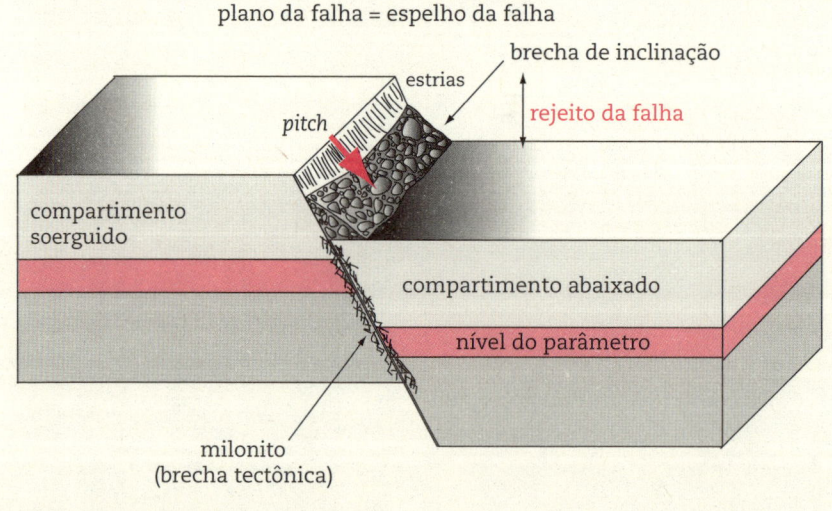

Fig. 36.1 *Bloco diagrama de uma falha normal*

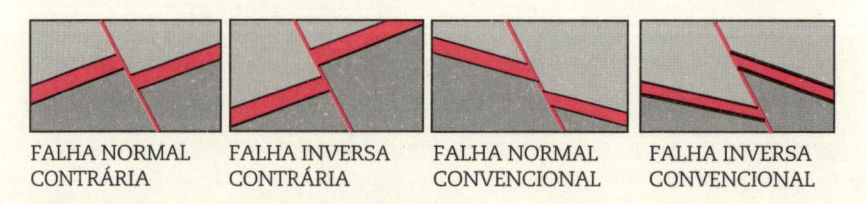

FALHA NORMAL CONTRÁRIA | FALHA INVERSA CONTRÁRIA | FALHA NORMAL CONVENCIONAL | FALHA INVERSA CONVENCIONAL

Fig. 36.2 *Falhas conformes e contrárias, normais e inversas*

36 | As falhas

Quando a resultante do movimento de uma falha é um encurtamento horizontal, a falha é inversa. Quando há alongamento horizontal, a **falha é normal**. Uma **falha conforme** acompanha a inclinação das camadas; quando a inclinação é invertida, a **falha é contrária**. Quando o movimento é horizontal, há um **rejeito** destral ou sinistral, de acordo com o sentido do deslocamento dos blocos. As estruturas falhadas são também drenos para as soluções hidrotermais. Nas falhas das dorsais oceânicas, o hidrotermalismo (*black smokes*) concentra grandes quantidades de sulfetos metálicos (Ficha 53). Frequentemente, os milonitos e as fendas de tensão são impregnados de minerais (Ficha 56) que formam "filões" ou "lentes".

As falhas transformantes que afetam as dorsais oceânicas são um caso à parte do movimento lateral (*strike slip*). As placas litosféricas são grandes conjuntos rígidos: em dois pontos determinados da placa, a velocidade angular é constante, o que implica uma velocidade linear diferente em relação ao eixo de rotação da terra. Grandes estruturas falhadas compensam essa diferença. Elas ficam sobre pequenos círculos eulerianos e deslocam o eixo das dorsais com aparentes deslocamentos destrais ou sinistrais.

36.2 O contexto tectônico

As falhas são produzidas em regime extensional ou compressional. Em regime extensivo, encontram-se as falhas normais, frequentemente associadas para delimitar fossos de afundamento, chamados de *grabens* e separados por patamares elevados, ou *horstes*.

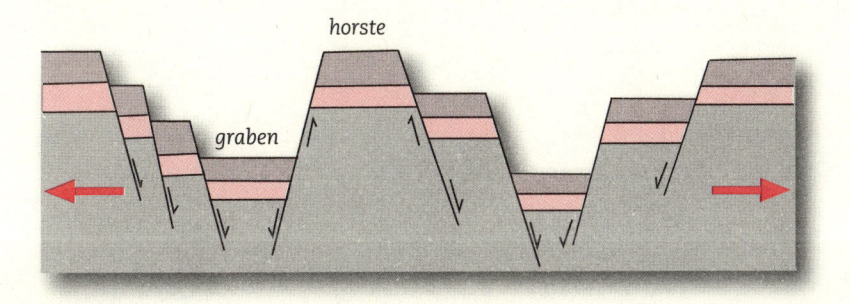

Fig. 36.3 *Horstes e grabens*

Essas estruturas de extensão são responsáveis pelo afinamento da litosfera, às vezes associado a um vulcanismo. Quando o afinamento da litosfera chega a processos de oceanização, tem-se o rifte. Na fase pré-rifte, as margens passivas são recortadas por importantes falhas curvas hectométricas a quilométricas (falhas lístricas), cujos mergulhos decaem em profundidade, as quais delimitam os blocos basculados (ou tiltados). Na base, a inclinação dessas falhas anula-se e a falha resolve-se com um rejeito.

Em regime compressivo, encontram-se falhas inversas que frequentemente afetam as séries dobradas: elas caracterizam as margens ativas, os prismas de acreção tectônica e, mais amplamente, as cadeias de montanhas.

37 Os sismos

Palavras-chave
Energia – Magnitude – Ondas – Tremores de terra – Tsunamis

Dentre as manifestações naturais do planeta, os tremores de terra, também chamado de sismos, são os mais marcantes para a sociedade. Seu estudo, a sismologia, encarrega-se de localizar e talvez, um dia, prever o evento em vez de somente estudar os diferentes envelopes do globo terrestre (Ficha 15).

O sismo corresponde à liberação brutal, em determinada zona mais ou menos profunda (o foco ou hipocentro) de grande quantidade de energia lentamente acumulada. Em seguida, essa energia propaga-se no globo em forma de ondas elásticas. Ao chegarem à superfície, essas ondas provocam um movimento do solo, cuja duração não passa de algumas dezenas de segundos: é o tremor de terra. O epicentro, termo muito usado, corresponde à projeção vertical na superfície do foco e à zona de máximo tremor.

37.1 Distribuição

a] Em profundidade

Sempre localizados na parte frágil e superficial do globo (litosfera), os focos dos sismos encontram-se em diferentes profundidades. Assim, distinguem-se os sismos superficiais (os mais frequentes e mais devastadores), cujos focos variam de 0 a 70 km de profundidade. Entre 70 km e 300 km, os sismos são de profundidade intermediária, e acima (600 km-700 km) os sismos são de grande profundidade.

b] Na superfície

Na superfície do globo, a distribuição dos sismos não é aleatória. São verificados em três regiões típicas: dorsais meso-oceânicas (Ficha 32), falhas transformantes e riftes continentais (focos em geral < 20 km), em torno das zonas de subducção (Ficha 33: fossas oceânicas, cordilheiras e arcos insulares, principalmente ao redor do oceano Pacífico; sismos de superficiais a profundos) e ao longo do sistema orogênico alpino (foco de até 70 km).

Em geral, os sismos são localizados nas zonas de interação de placas litosféricas. Eles ressaltam os diferentes tipos de limites de placas (Ficha 44): os riftes (divergência), as zonas de subducção/colisão (convergência) e as falhas transformantes (deslizamento conservativo).

37.2 Localização

Continuamente, as estações sísmicas (há milhares pelo mundo), equipadas de sismógrafos (espécie de pêndulo de forte inércia), registram as ondas produzidas por um tremor de terra. Um registro (ou sismograma) mostra a chegada sucessiva na estação sísmica de ondas P (ou primárias), ondas S (ou secundárias) e ondas L (Love e Rayleight). Por meio de um modelo de propagação de onda, ou hodógrafo, a medição dos tempos de chegada das ondas P e S (retardo S-P) define a distância até o epicentro do sismo. Para uma única estação sísmica, o epicentro é situado num círculo que visa a estação, com raio igual à distância d ao epicentro. Com, no mínimo, três estações sísmicas, é possível realizar uma triangulação e, assim, localizar com precisão o epicentro (um único ponto de interseção dos três círculos).

37.3 Intensidade e magnitude

Antigamente, os tremores de terra eram classificados de maneira empírica, em função do sentimento humano e dos estragos provocados às construções (escala de 12 graus de Mercalli, depois MSK). Na década de 1930, Richter propôs uma quantificação empírica da magnitude dos sismos ao medir o logaritmo decimal da amplitude máxima observada num sismógrafo colocado em uma estação sísmica a 100 km do epicentro. Como a relação é logarítmica, ressalta-se que um sismo de magnitude 7 é 100 vezes mais intenso do que um sismo de magnitude 5.

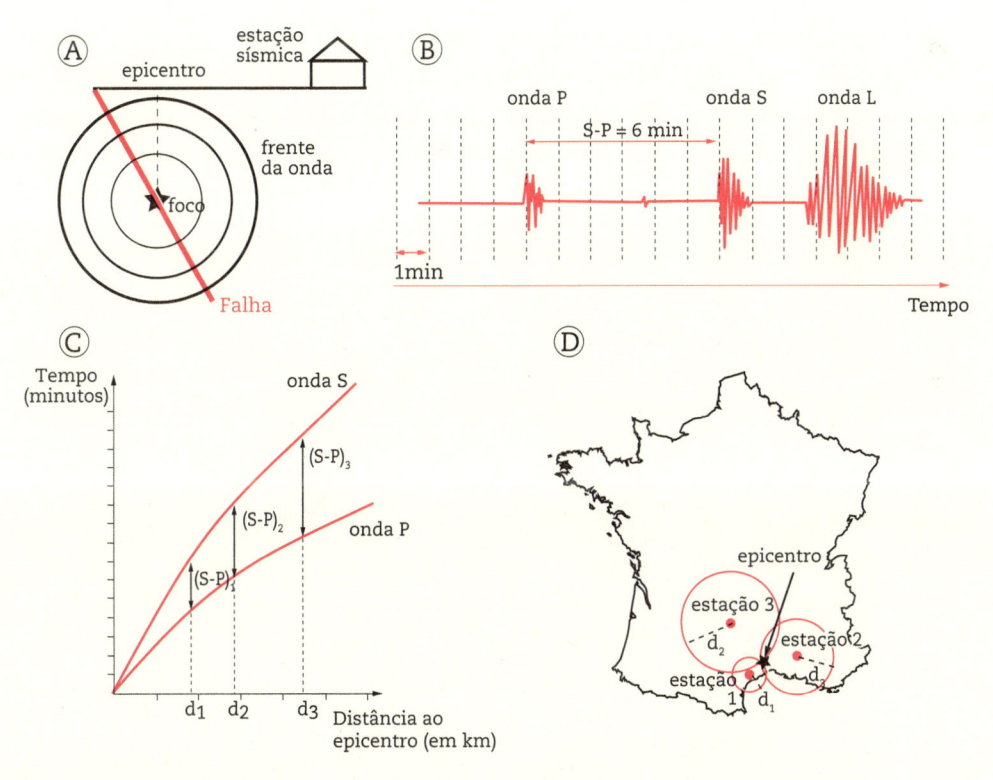

Fig. 37.1 A: Foco sísmico e epicentro. B: Sismograma. C: Hodógrafo no qual estão representados os retardos S-P de um mesmo sismo registrado em três estações sísmicas diferentes. D: Localização do epicentro de um sismo na interseção de três círculos de raios d (distância ao epicentro, obtida pelo hodógrafo)

37.4 Conclusão

Os sismos traduzem movimentos bruscos entre dois compartimentos litosféricos. Apesar de breves, frequentemente são precedidos de pequenas sacudidas (precursoras) e seguem-se, algumas horas ou até mesmo algumas semanas mais tarde, outros tremores, que diminuem em frequência e em magnitudes (repiques).

38 A gênese dos magmas

Palavras-chave
Geotermia – Harzburgito – Lherzolito – Liquidus – Peridotito empobrecido – Solidus

O magma forma-se por fusão de rochas da astenosfera e da litosfera. Pela fusão, a rocha sólida transforma-se em uma mistura em que coexistem líquido, sólido e vapor (Ficha 40). O limite entre o domínio inteiramente sólido e o surgimento das primeiras gotas de líquido é o Solidus. A fusão total é obtida quando a mistura ultrapassa um limite, o Liquidus.

38.1 Gênese dos magmas: contexto geodinâmico

A propagação das ondas sísmicas pelo manto evidencia uma zona de baixa velocidade (LVZ), na qual a geoterma do manto tangencia o Solidus de peridotitos: basta uma perturbação da geoterma para provocar um início de fusão e a formação de magma. Essas condições ocorrem em contextos geodinâmicos específicos. O caso da anatexia é tratado na Ficha 39.

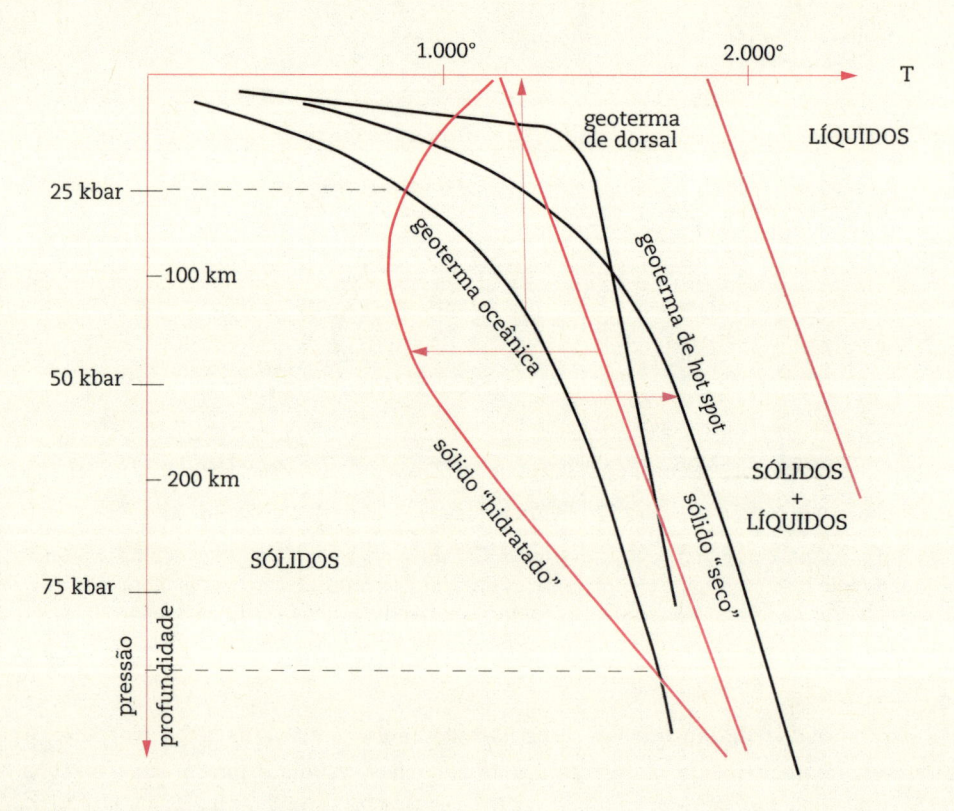

Fig. 38.1 *Contexto geodinâmico da fusão do manto*

38 | A gênese dos magmas

a] Descompressão adiabática

No equilíbrio das dorsais, a queda de pressão sobe a geoterma de forma adiabática, sem queda de temperatura, o magma formado migra na direção da superfície, onde cristaliza rapidamente. Pouco diferenciados, os basaltos assim formados têm uma composição (MORB, *Middle Oceanic Ridge Basalt*) que reflete a do manto superior.

b] Aumento da temperatura

Essas condições são realizadas nas plumas dos pontos quentes (*hot spots*) (Ficha 42) ligados à convecção do manto (Ficha 26). O magma dos pontos quentes (*Oceanic Island Basalt*, OIB), de origem profunda (manto inferior), apresenta uma composição em traços muito diferentes dos de MORB.

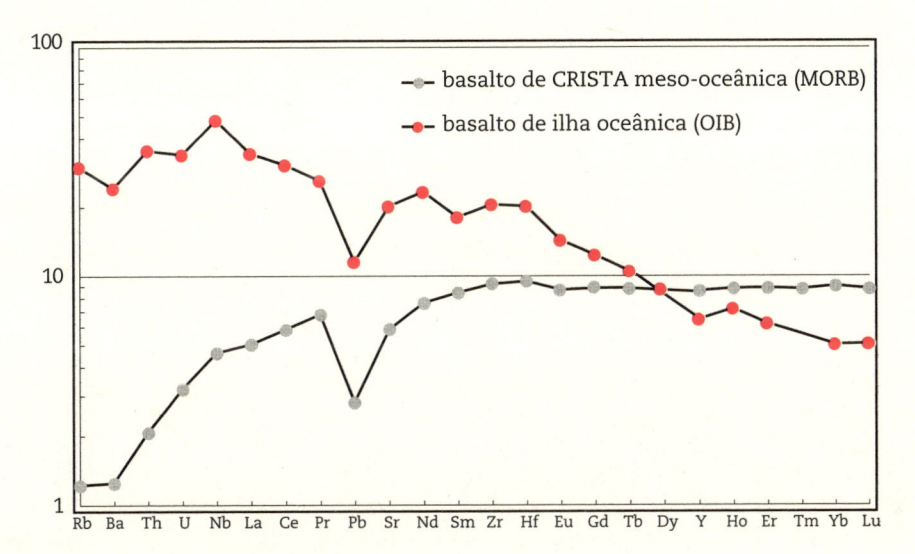

Fig. 38.2 *Espectro das terras raras dos MORB e OIB*

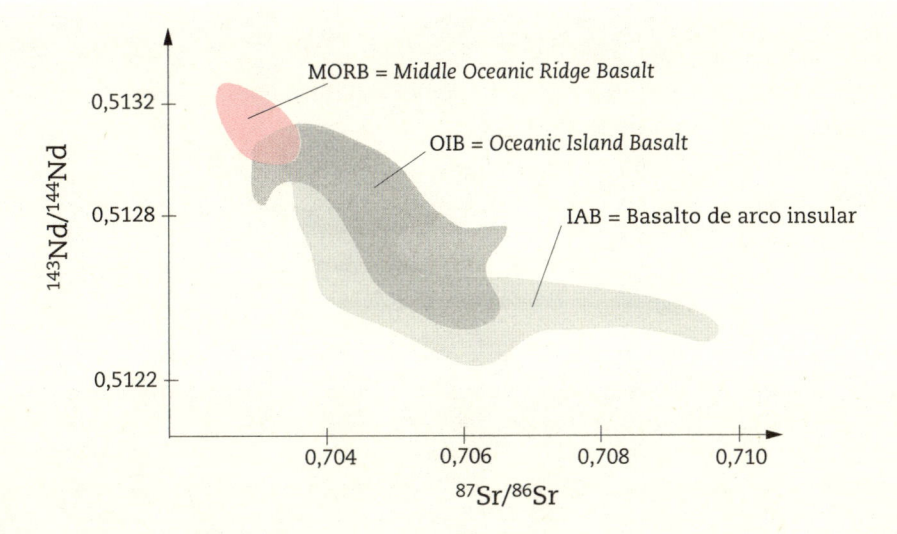

Fig. 38.3 *Isótopos Sr e Nd evidenciam o empobrecimento dos MORB e o enriquecimento dos basaltos IAB em 87Sr devido à contaminação crostal*

c] Queda do ponto de fusão

A água abaixa o Solidus dos peridotitos. Nesse caso, a água vem da desidratação das rochas da litosfera oceânica subductada: ela percola nas rochas do manto, cuja fusão ela provocou (Ficha 32). As rochas formadas a partir desses magmas são ricas em água e mostram uma contaminação pelos elementos da crosta.

38.2 A diferenciação dos magmas

O magma formado caracteriza-se por um espectro de elementos-traço: quanto mais diferenciada é a fonte (caso do alinhamento toleítico), mais o espectro é empobrecido em relação aos magmas de origem profunda, provenientes de um manto menos diferenciado. Os magmas primários evoluem para magmas mais ou menos diferenciados por cristalização fracionada (Ficha 41). Conforme o grau de fusão parcial e a relação dos elementos alcalinos sobre a sílica, definem-se três principais linhagens magmáticas a partir de uma rocha peridotítica inicial do tipo **lherzolito**. Após a extração do magma, o resíduo do manto é um peridotito empobrecido (do tipo **harzburgito**).

Magma toleítico	$Na_2O + K_2O/SiO_2$ fraco	Origem superficial P < 20 kbar	25% a 30% fusão parcial	Dorsais oceânicas MORB. Riftes continentais. OIT (toleítes insulares)	Basaltos Riolitos Islandites
Magma "calcioalcalino"	$Na_2O + K_2O/SiO_2$ médio		10% a 20% de fusão parcial. Contaminação da crosta	Arcos insulares e margens ativas	Andesitas Riolitos Dacitos Hauinitas Mugearitos Benmoreítos Traquitos
Magma alcalino	$Na_2O + K_2O/SiO_2$ elevado	Origem profunda p > 20 kbar	5% a 10% de fusão parcial	OIB Pontos quentes	Fonolites Tefritos Traquitos

Nesse quadro, não aparecem as rochas de idade arqueana (2,5 Ga), os komatiítos, cuja taxa de fusão parcial ultrapassa 50%, o que evidencia uma geotermia muito diferente da atual. As lavas apresentam textura peculiar (olivina spinifex).

O diagrama de Harker mostra as séries vulcânicas: percebe-se uma série hiperalcalina, de baixa taxa de fusão parcial, mas rica em K_2O, a chamada série shoshonítica, que corresponde a um vulcanismo de zona de subducção.

38.3 Conclusão

Conforme o grau de diferenciação, a idade, a taxa de cristalização fracionada e de fusão parcial, o grau de hidratação e o nível de contaminação crustal, a partir de uma mesma rocha inicial, obtém-se maior diversidade de rochas magmáticas na litosfera.

38 | A gênese dos magmas

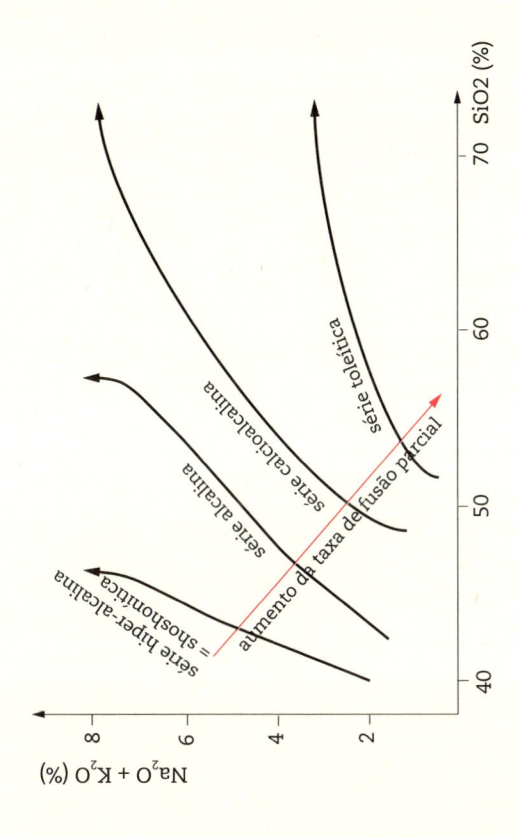

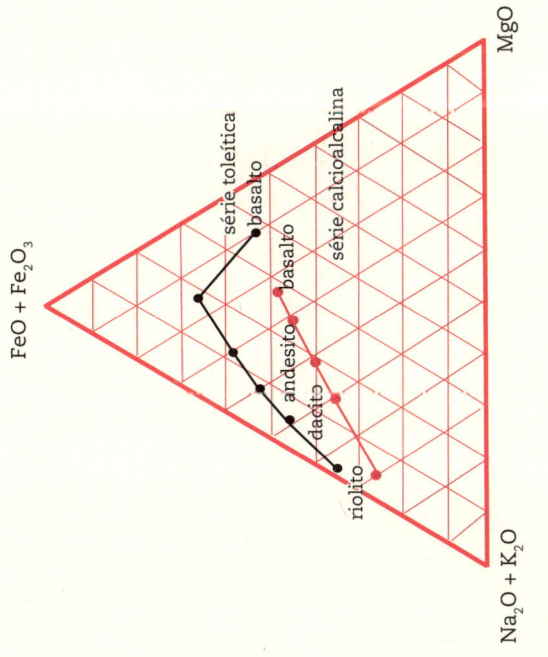

Fig. 38.4 Linhagens magmáticas (diagrama de Harker)

39 Anatexia

Palavras-chave
Granulito – Metamorfismo – Migmatito – Paragênese

O granito apresenta diversas origens: ele pode ser o produto mais diferenciado da cristalização fracionada de um magma do manto (Ficha 38), assim como provir da fusão da litosfera continental. O último termo do metamorfismo da litosfera continental é um limite que separa as rochas metamórficas (fácies granulitas) das rochas graníticas ou migmatíticas.

39.1 Dos migmatitos aos granitos de anatexia

Na litosfera continental, durante seu soterramento, as rochas atingem tais condições termodinâmicas que atravessam o Solidus do granito. As condições dessa fusão ocorrem num trajeto PTt de pressão média e temperatura alta. A fusão das rochas é facilitada pela água e começa em torno de 680°C.

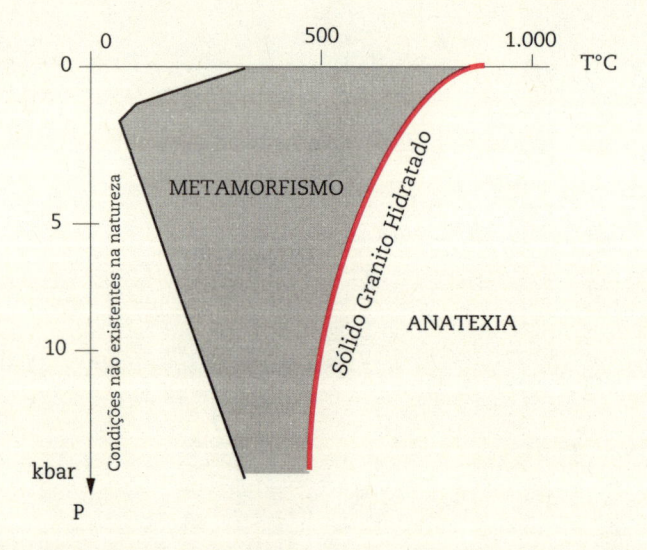

Fig. 39.1 *Diagrama PT e posição do limite da anatexia*

O líquido formado é extraído e injetado em diapiros na rocha encaixante não transformada, ou então, o mais frequente, é cristalizado no local, formando montes concordantes de grande porte ou, ainda, montes difusos com enclaves da encaixante mais ou menos transformada, que passa sem contato claro com **migmatitos**.

Os migmatitos são rochas nas quais se reconhece uma trama metamórfica (paleossoma) com porção recém-formada de granito (neossoma). Leitos de material supramicáceo refratário, o melanossomo, rodeiam lentes de minerais quartzo-feldspáticos (leucossoma). Essas rochas passam progressivamente a granitos leucocráticos, os **granitos de anatexia**, os quais tem paragêneses semelhantes às das rochas encaixantes, com a presença de minerais como a cordierita $(Si_5Al_4O_{18})(FeMg)_2$ ou a silimanita (Al_2SiO_5).

A relação isotópica $^{87}Sr/^{86}Sr$ dos granitos da anatexia é superior a 0,710, enquanto a razão $^{87}Sr/^{86}Sr$ se aproxima de 0,702. É o caso dos granitos de origem no manto, o que permite diferenciá-los. Grosso modo, há três tipos de contextos de anatexia:

- **zonas orogênicas**, nas quais o fraturamento pós-colisão, ligado a um processo tracional, facilita a ascensão de líquidos graníticos;
- **zona de subducção**: a litosfera continental hidratada, submetida a contatos anormais, libera fluidos necessários à fusão das rochas;
- **zona de distensão** com o afinamento da crosta (rifte).

39.2 Modalização da anatexia

Experimentalmente, qualquer que seja o material vulcano-sedimentar considerado (com Na, Si, K e Ca), ao aumentar P e T, *in fine* obtém-se um líquido de composição granítica parecida com M. Na verdade, as primeiras gotas do líquido têm a composição eutéctica. A fusão continua, formando um líquido silicatado de composição granítica.

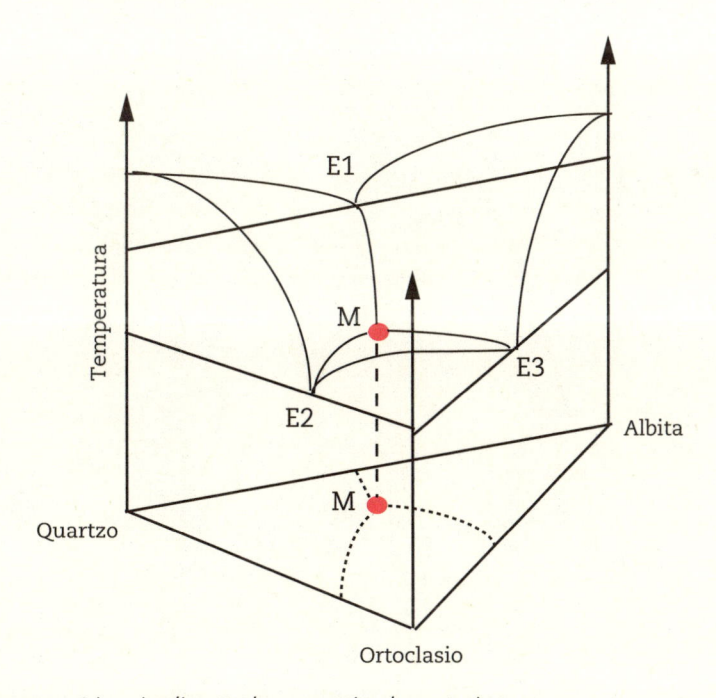

Fig. 39.2 *Diagrama ternário: cristalização de um granito de anatexia*

A formação de líquidos de anatexia apresenta dois fatores limitantes: a natureza das rochas transformadas e o grau de hidratação. O teor de água facilita a fusão da mistura. A água provém da desidratação de minerais, como a biotita ou minerais de alteração, de circulações ligadas à fratura (metamorfismo hidrotermal) ou da desidratação de rochas hidratadas.

40 A fusão parcial

Palavras-chave
Diagrama de fases – Eutéctica – Fusão congruente e incongruente – HOT – Linhagem alcalina – Linhagem calcioalcalina – Linhagem toleiítica – LOT

As rochas do manto que passam o Solidus entram em fusão. A parte do líquido e da fase sólida depende das condições termodinâmicas e da composição inicial da rocha silicatada.

40.1 Fusão congruente e incongruente

Uma mistura de minerais funde de forma **congruente** quando só se forma líquido. A fusão segue a **eutática** (Ficha 41): o líquido obtido tem a composição da rocha fundida. É o caso, por exemplo, de uma mistura albita/ortoclásio/quartzo.

A **fusão incongruente** é um fenômeno mais complexo: há coexistência de fases sólidas preexistentes, do líquido formado e de espécies que aparecem durante a reação da fusão.

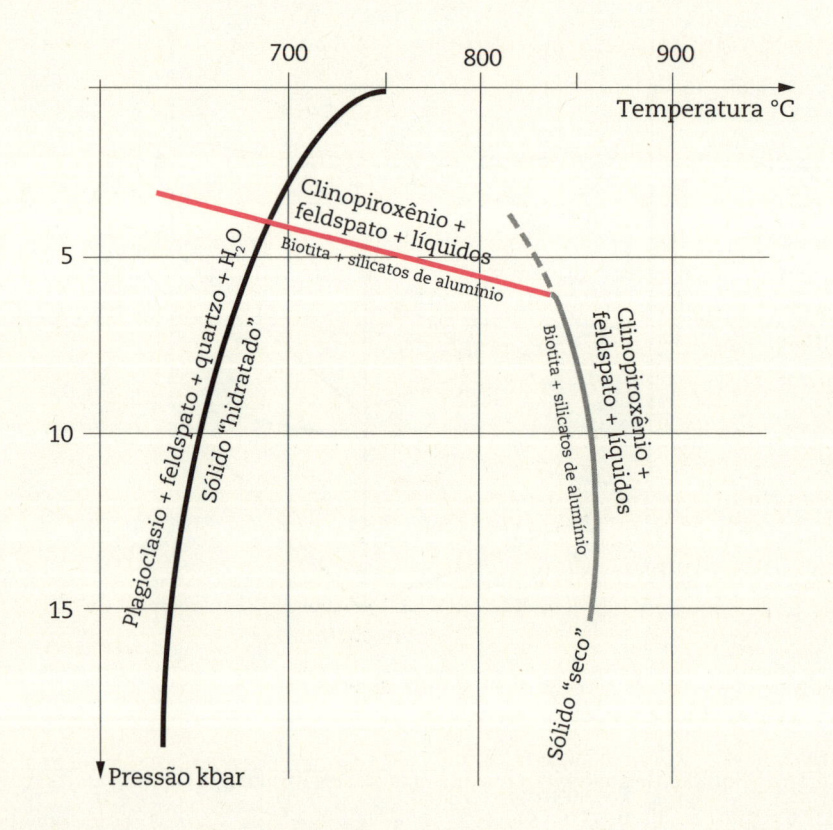

Fig. 40.1 *Fusão do granito (Solidus "seco" e úmido)*

40 | A fusão parcial

40.2 Papel da água na fusão de rochas

A água abaixa o patamar de fusão da rocha (Ficha 38): essa água pode vir da desidratação de minerais constituintes (biotitas, anfibólios) da própria rocha, que pode ser mais ou menos hidratada, ou de fluidos externos.

Esse fenômeno de fusão ocorre também nos peridotitos do manto: a água liberada pela transformação de minerais hidratados (clorita, actinolita, anfibólios) em glaucofânio da crosta oceânica subdúctil diminui a temperatura de fusão dos peridotitos.

40.3 Fusão parcial

Quando a rocha atinge condições de fusão e passa o Solidus, as primeiras gotas de líquido formado são enriquecidas pelos minerais mais fundíveis: olivina, piroxênio, plagioclásio, biotita e, finalmente, quartzo. Concomitantemente, a fase sólida empobrece. Quando a fusão prossegue, o líquido enriquece, progressivamente, com elementos refratários. Nos diapiros do manto, sob as dorsais, a fusão parcial começa quando os **lherzolitos** do manto atravessam a isoterma dos 1.200 °C: o líquido formado tem uma composição de magma toleiítico e cristaliza formando gabro e/ou basalto. O resíduo que não fundiu forma o **manto empobrecido**. Conforme as taxas de fusão parcial, distingue-se um manto empobrecido do tipo lherzolito (LOT, encontrado nos Alpes) ou um manto de harzburgito (HOT, tipo dos ofiólitos de Omã).

40.4 Extração do líquido magmático

As primeiras gotas de líquido aparecem entre os grãos. É preciso que o patamar de permeabilidade seja atingido (> 3% de fusão) para que o líquido circule entre os grãos.

A extração do líquido silicatado propicia o surgimento de magmas primários que podem ser cristalizados diretamente ou estocados em câmaras magmáticas, para oferecer termos cada vez mais diferenciados, que podem chegar aos granitos.

A extração do líquido somente é possível a partir de certo grau de fusão. Na LVZ, essa taxa é de 1%, sem extração de magma. Entre 30% e 70% de fusão, a rocha mostra uma trama cristalina banhada de líquido silicatado. Acima de 70%, o líquido é móvel.

A separação das fases é feita conforme três fenômenos: um efeito de compressão, no qual a compactação dos cristais expulsa o líquido; a cristalização de borda, que concentra o líquido

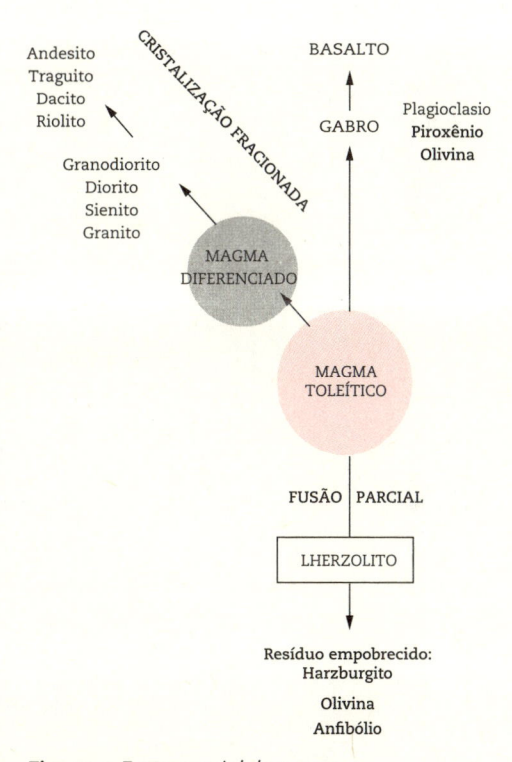

Fig. 40.2 *Fusão parcial do manto*

no centro da câmara magmática; e a sedimentação gravitacional, devido à convecção (Ficha 41). A supressão exercida pelo magma sobre a encaixante sólida vai fraturá-lo: o líquido magmático sobe em direção à superfície, onde a pressão diminui e a exsolução das bolhas de gás amplifica a fratura.

41 A cristalização fracionada

Palavras-chave
Câmara magmática – Cumulado – Diagrama de fases – Eutética – Higromagmatófilo – Peritético – Série isomorfa – Série de Bowen

O magma esfria e cristaliza, formando rochas magmáticas. A diversidade de rochas produzidas depende da composição do líquido silicatado inicial, assim como da evolução do líquido nas câmaras magmáticas, onde ocorrem fenômenos de fracionamento que originam magmas diferenciados.

41.1 A cristalização de uma fusão silicática: diagrama de fases

A experimentação permite entender as modalidades de aparecimento de cristais durante o resfriamento de um líquido de composição silicatada. Vamos nos limitar aos casos mais simples.

a] Espécies miscíveis

Se os elementos são miscíveis, mas cristalizam em temperaturas diferentes, os primeiros cristais são os de ponto de cristalização mais elevado. O líquido A evolui na direção do polo de baixa temperatura, enquanto os cristais formados equilibram-se por troca iônica com a solução silicatada. Quando o líquido atinge a composição inicial, a fusão silicática fixa-se; portanto, sua composição é o reflexo da composição inicial. Essa reação só é possível quando o tempo de resfriamento é muito grande.

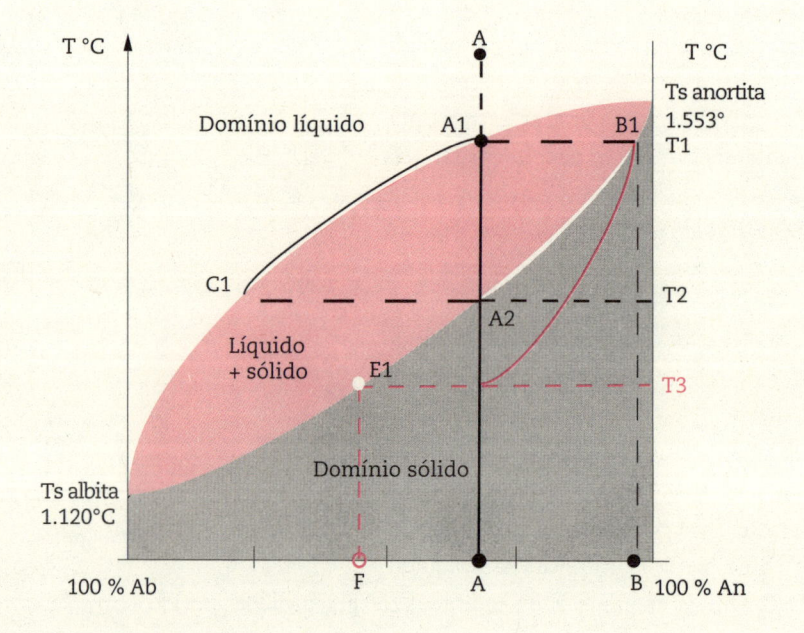

Fig. 41.1 *Diagrama de fase de uma mistura albita-anortita*

41 | A cristalização fracionada

Se a cristalização for rápida, os íons não terão tempo de migrar, e os minerais que aparecerem terão composições que evoluem do centro para a periferia: os cristais são zoneados. Sua composição final é representada pelo ponto F.

No caso de dois minerais que formam uma **série isomorfa**, é preciso distinguir o caso em que os minerais formam uma solução sólida do caso em que os minerais são imiscíveis: a fronteira entre esses dois domínios é o *solvus*.

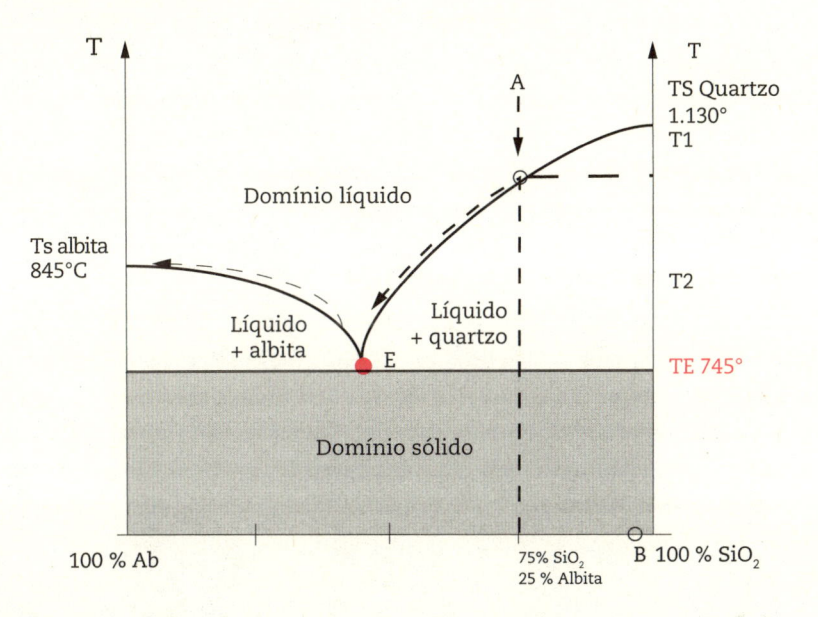

Fig. 41.2 *Diagrama de fases de dois minerais imiscíveis (quartzo/albita)*

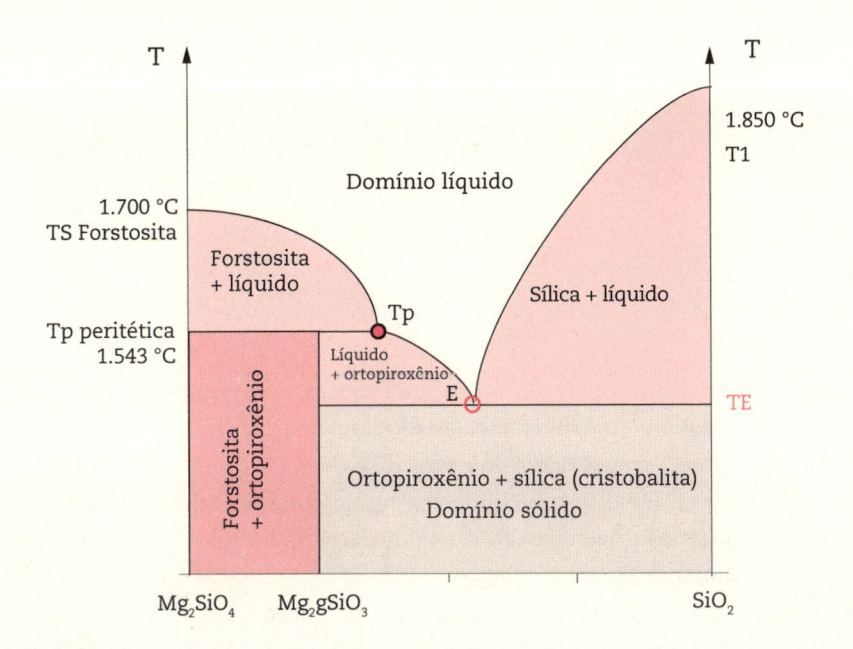

Fig. 41.3 *Diagrama de fases do sistema (SiO2/ forsterita)*

b] Espécies imiscíveis

Quando um líquido silicatado contém minerais que não se misturam, a cristalização começa pela espécie mineral de temperatura de solidificação mais alta, e se enriquece de cristais enquanto o líquido residual empobrece relativamente. Da mesma forma, quando a temperatura passa sob o patamar de cristalização da segunda espécie, os dois cristais formam-se simultaneamente até o ponto E, ou **eutética**: sob esse ponto não há mais líquido residual. A fusão da rocha formada é congruente.

c] Mistura com o surgimento de um composto intermediário

Num sistema $SiO_4/Mg_2/SiO_2$, por exemplo, surge uma espécie intermediária: conforme a composição, obtém-se uma mistura de cristobalita e ortopiroxênio ou uma mistura de forsterita e ortopiroxênio, mas em nenhum caso forsterita e cristobalita. Quando os primeiros cristais intermediários aparecem, a temperatura Tp é chamada de peritética. A cristalização fracionada de tal mistura separa as diferentes fases na ordem de aparição.

41.2 Evolução de um líquido magmático

Durante o resfriamento de um líquido magmático de determinada composição, o aparecimento dos primeiros cristais enriquece o líquido residual em elementos não cristalizados. Se a cristalização continuar *in situ*, a composição da rocha será idêntica à da fusão silicática original, mas a extração do líquido residual e a precipitação de **cumulatos** de cristais levam à diferenciação do magma.

Os minerais formam-se em uma ordem precisa, conforme cristalizam de forma descontínua ou formam uma **série isomorfa**.

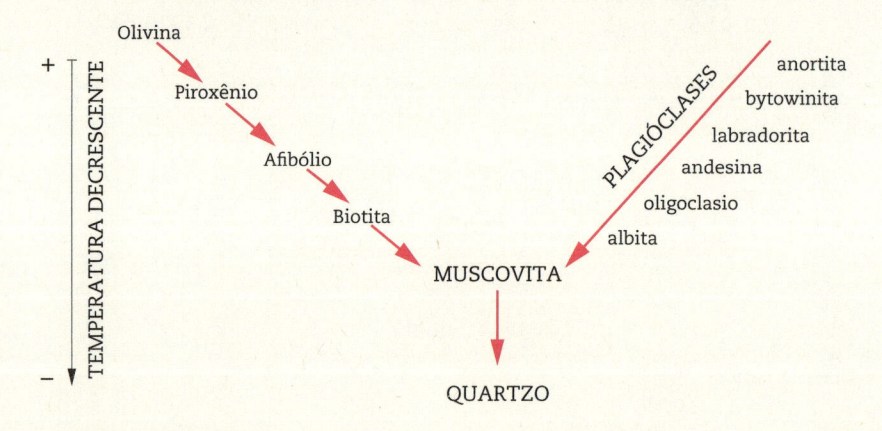

Fig. 41.4 *Série reativa de Bowen*

As rochas formadas a partir do líquido residual evoluem para formar uma **série magmática**. Os magmas armazenados em uma **câmara magmática** evoluem por cristalização fracionada em forma de produtos diferenciados, segundo dois mecanismos:
- quando se considera a câmara magmática como um sistema fechado, sem alimentação de magma, a convecção térmica que se estabelece separa os cumulatos do líquido enriquecido em elementos **higromagmatófilos**;
- a câmara é alimentada de magma primário, que se mistura com os líquidos residuais. Nesses sistemas abertos, os sistemas de fraturas encaminham os líquidos de baixa densidade em direção da superfície.

41 | A cristalização fracionada

Os cristais depositam-se nas bordas da câmara. Na base das câmaras magmáticas, os cristais acumulam-se (sedimentação magmática) e formam rochas em camadas muito densas (dunitos acamados, ricos em Ni, cromititos acamadados).

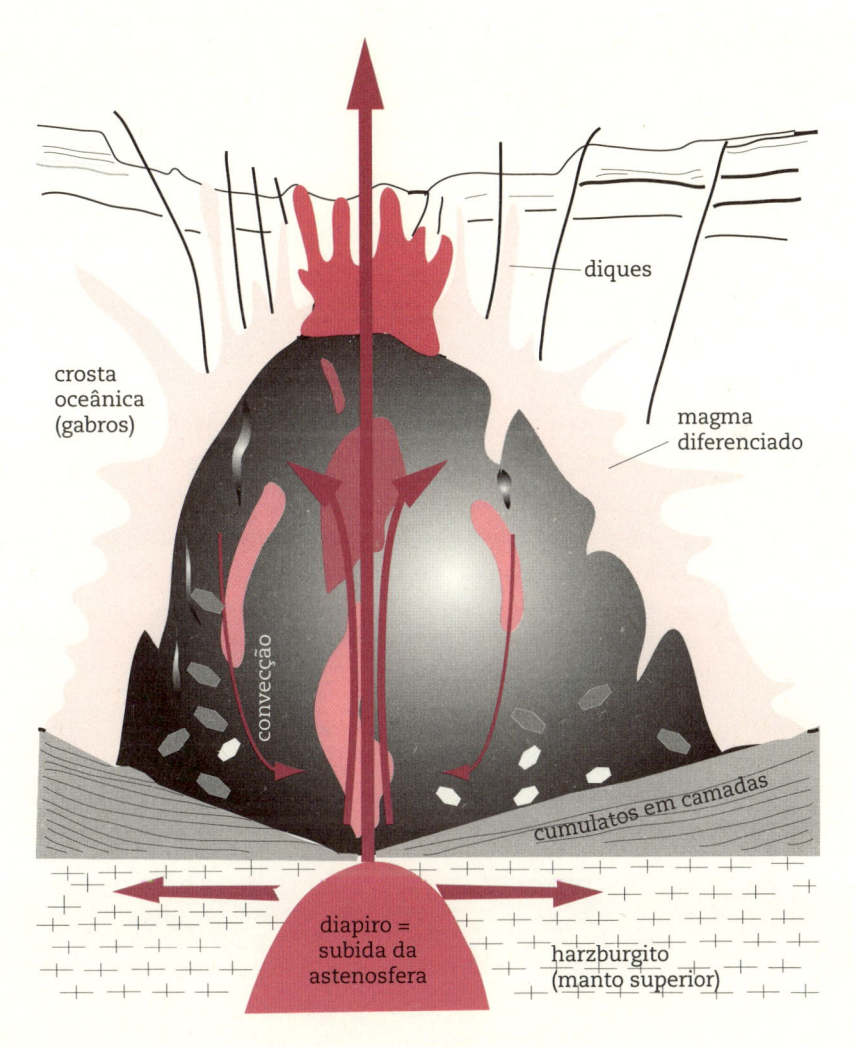

Fig. 41.5 *Câmara magmática "aberta" no nível de uma dorsal oceânica*

42 Os "pontos quentes" (hot spots)

Palavras-chave
Basaltos alcalinos – Plumas do manto – Trapas – Vulcanismo

Os "pontos quentes" são edificações ligadas a um **vulcanismo** intenso, atual ou fóssil. Encontram-se na litosfera oceânica ou continental. Em Geologia, costumam ser usados para deduzir a velocidade absoluta de deslocamentos das placas oceânicas na superfície da Terra (Ficha 43).

42.1 Morfologias

Os "pontos quentes" correspondem a acúmulos de basalto, que podem tomar diferentes formas ou direções. Alguns estão sempre ativos, enquanto outros correspondem a edificações fósseis. Distinguem-se as **ilhas vulcânicas isoladas** (ex.: a ilha Reunião); os **alinhamentos de montes submarinos**, nos quais uma das extremidades corresponde a um vulcão ativo (ex.: Havaí); os **grandes derrames basálticos continentais**, chamados grandes províncias ígneas ou **trapas** (ex.: o Deccan, na Índia).

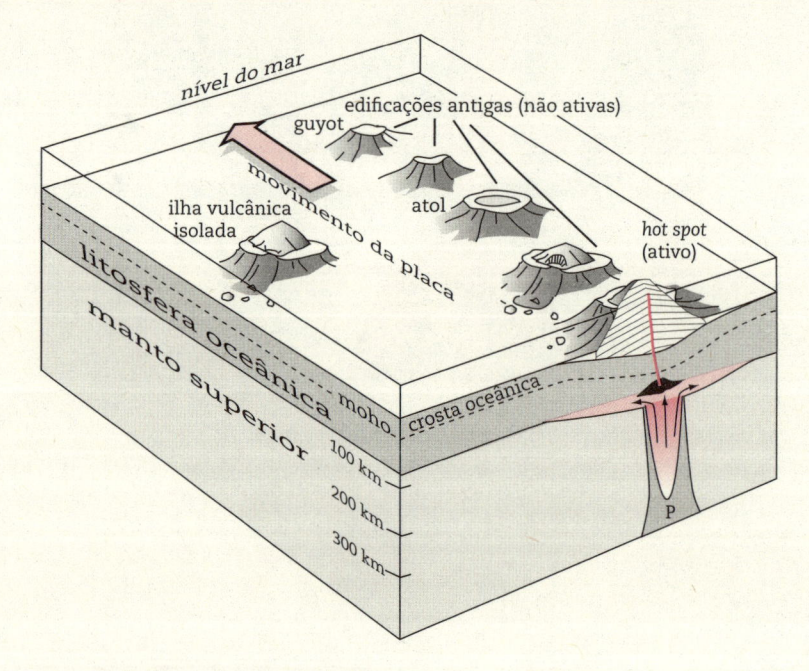

Fig. 42.1 *"Ponto quente" e ilhas vulcânicas isoladas*

42.2 Funcionamento

Geralmente, os basaltos associados aos "pontos quentes" são do tipo alcalino, o que implica uma origem profunda dos magmas originais: o manto inferior. Chama-se **pluma** a parte do manto

42 | Os "pontos quentes" (hot spots)

sólido que sobe e entra em fusão parcial (Ficha 40) moderada no fim de sua ascensão. A origem do magma ascendente situa-se na transição do manto inferior/núcleo (camada D") ou no limite entre o manto superior e inferior (Ficha 15). Os "pontos quentes" correspondem a pontos fixos da superfície do globo e seu funcionamento pode ser efêmero ou durar várias dezenas de milhões de anos.

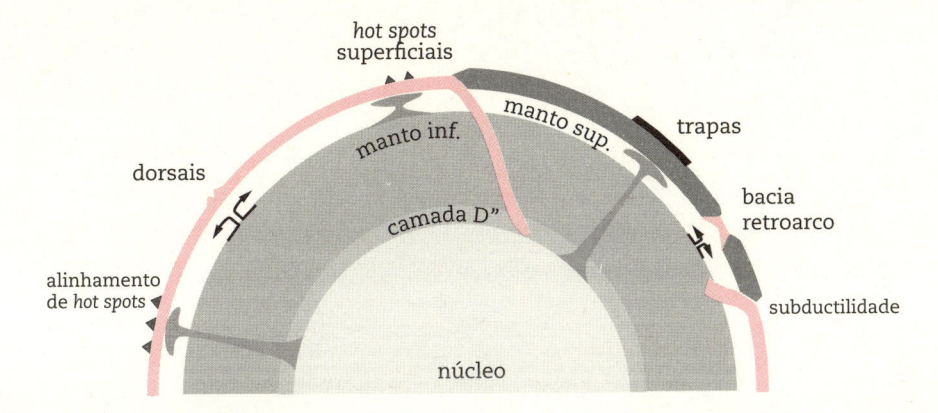

Fig. 42.2 *Origem dos magmas e plumas do manto*

42.3 Divisão da superfície do globo

Os "pontos quentes" e as grandes províncias ígneas localizam-se sobre placas litosféricas (oceânicas ou continentais) fora das zonas ativas de fronteiras de placas como as zonas de subductilidade. Distinguem-se os "pontos quentes" ativos (atuais) das províncias vulcânicas fósseis. A presença de pontos quentes ativos em todos os oceanos é uma ajuda preciosa para estabelecer um modelo cinemático global (Fichas 43 e 80).

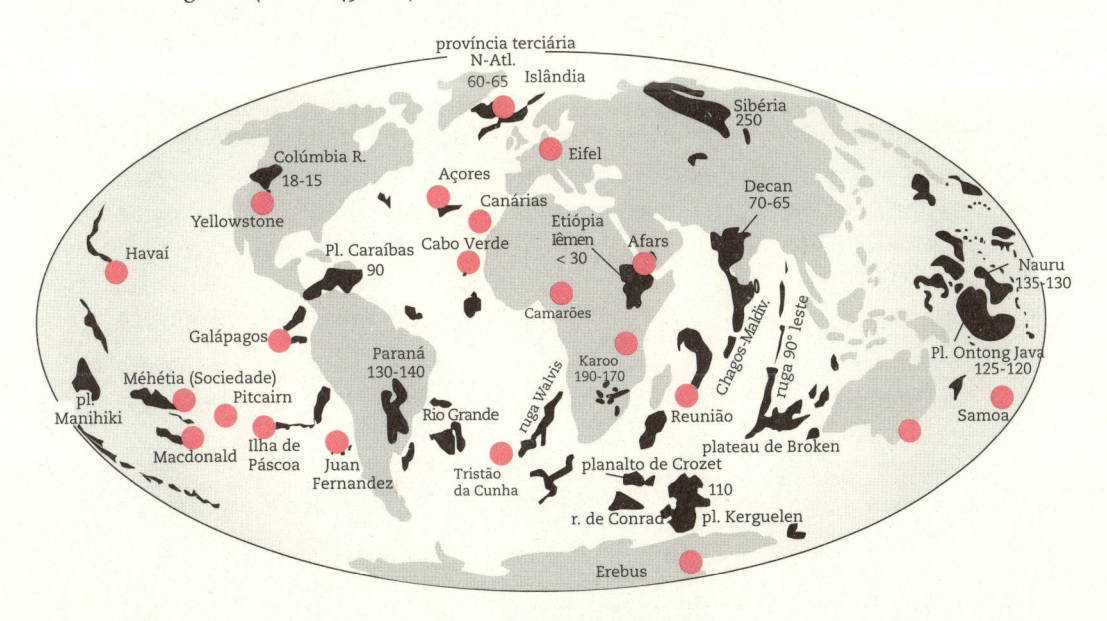

Fig. 42.3 *Mapa dos pontos quentes ativos (bolas vermelhas) e das grandes províncias ígneas (zonas pretas) Os números indicam a idade do máximo de atividade vulcânica (em Ma).*

43 Cinemática ou movimentos das placas

Palavras-chave
Deriva dos continentes – "Pontos quentes" – Referencial – Esfera

A deriva dos continentes (Ficha 44) traduz-se pelos deslocamentos de placas litosféricas. A cinemática consiste em estudar esses movimentos, especificando as velocidades e as direções dos deslocamentos no tempo presente e passado.

43.1 O movimento das placas

Para determinar a velocidade de qualquer objeto em movimento, é preciso ter um ponto de referência: o referencial. Em função do tipo de referencial, quando há duas placas em movimento no globo, definem-se dois tipos de velocidade: relativa ou absoluta.

a] Velocidade absoluta

A velocidade absoluta é definida em relação a um **referencial fixo**, independente da placa considerada. No globo, utilizam-se os **"pontos quentes"** (Ficha 42) como referências imóveis "ancoradas" na Terra. As edificações vulcânicas fixas alinham-se na litosfera oceânica em movimento, o que mostra o deslocamento da placa. A datação e a orientação do alinhamento das sucessivas edificações permitem determinar a velocidade e a direção do deslocamento. Os mais utilizados são os alinhamentos de "pontos quentes" de Imperador/Havaí (oceano Pacífico), de Walvis e Rio Grande (oceano Atlântico) e a Reunião e as Maldívias (oceano Índico).

b] Velocidade relativa

A velocidade relativa é definida quando o referencial escolhido está em movimento. Então, estimam-se as velocidades relativas das placas como as velocidades de uma **em relação** à outra. A análise das respectivas velocidades permite definir o **movimento relativo** das duas placas. Ao considerar uma placa A e uma placa B, distinguem-se:

Velocidades relativas	Deslocamento de A/B	Deslocamento de B/A	Movimento relativo
Não determinante	<-	->	Divergente
Não determinante	->	<-	Convergente
Velocidade A > Velocidade B	<-	<-	Divergente
Velocidade A < Velocidade B	<-	<-	Convergente

43.2 O movimento dos limites das placas

As zonas de interação de placas são de três tipos: as fossas de subducção, as dorsais e as falhas transformantes (Ficha 29). A natureza dos movimentos nesses limites depende das velocidades relativas

43 | Cinemática ou movimentos das placas

das placas ao redor dessas zonas de interseção. Em consequência, é importante lembrar que os limites de placas, assim como as placas, são móveis. A melhor ilustração dessa mobilidade está no Atlântico Sul, na altura das cristas de Walvis e de Rio Grande. Esses alinhamentos vulcânicos derivam de um "ponto quente" (Tristão da Cunha) situado na dorsal do médio Atlântico. A forma em "V" desses alinhamentos demonstra o movimento em direção Norte das placas e da dorsal.

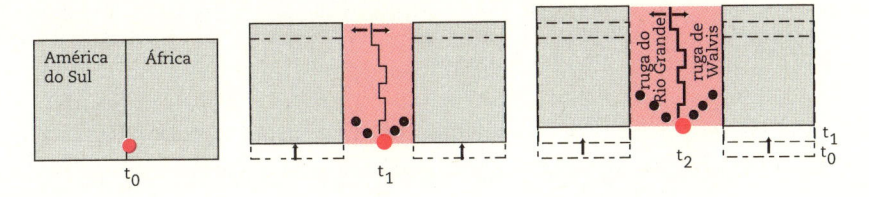

Fig. 43.1 *"Ponto quente" de Tristão da Cunha (Atlântico Sul) e movimento das fronteiras*

43.3 Os movimentos na esfera

Se localmente os deslocamentos podem ser considerados lineares, na escala de uma placa inteira é preciso considerar a forma esférica do globo. Portanto, os movimentos são "eulerianos" e caracterizam-se por **rotações** em torno de eixos que passam pelo centro da Terra (**eixos eulerianos**) e por **velocidades angulares** ϖ. Essas velocidades são constantes em qualquer ponto da placa, enquanto as velocidades lineares aumentam ao se afastarem dos polos eulerianos. Todos os círculos que passam pelo centro da Terra são chamados de **grandes círculos**, ao contrário dos pequenos círculos. Ao longo de um mesmo pequeno círculo a velocidade linear é constante.

43.4 Conclusão

Atualmente, a medição dos movimentos das diferentes placas é feita por satélite (geodésia espacial, Ficha 70). Para reconstituir os movimentos do passado, utiliza-se o paleomagnetismo e o estudo das anomalias magnéticas dos fundos oceânicos (Ficha 81).

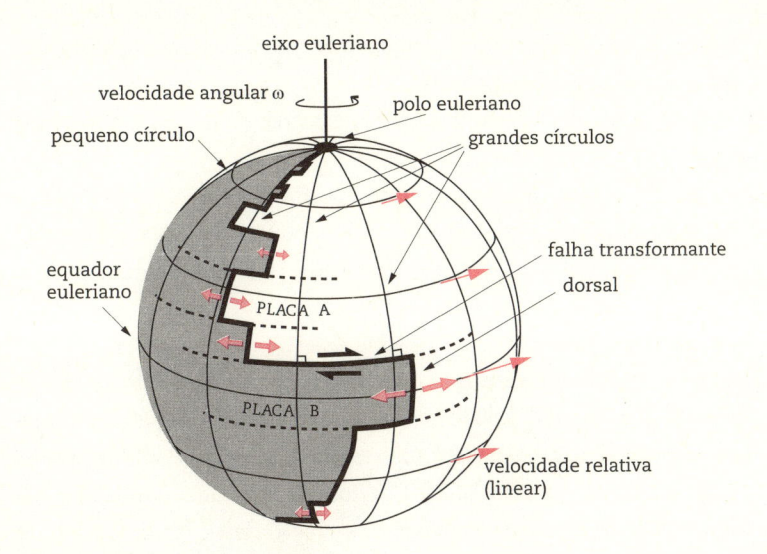

Fig. 43.2 *Movimentos de placas sobre uma esfera*

44 Deriva dos continentes e paleogeografia

Palavras-chave
Cinemática – Expansão do assoalho oceânico – Mobilidade litosférica – Paleomagnetismo

A teoria tectônica das placas (surgida na década de 1960) agrupa duas noções fundamentais: a deriva dos continentes e a expansão do assoalho oceânico. Assim, a comunidade de ciências da Terra passou de uma visão "fixa" do globo a um sistema litosférico em perpétuo movimento.

44.1 Os argumentos
Muitas observações e dados embasaram a ideia da deriva dos continentes:
- a similitude da forma das bordas continentais;
- a fauna e flora fósseis similares antes do período Mesozoico nos continentes atualmente separados;
- sedimentos carboníferos (glaciais e hulhíferos) encontrados atualmente nos continentes, em posição incoerente com os meios a sua volta;
- cadeias de montanhas que se tornam contínuas quando os continentes atravessados por elas são "reaproximados";
- dados do paleomagnetismo mostram que os continentes deslocaram-se e seguiram caminhos diferentes;
- inversões registradas do campo magnético pela crosta oceânica mostram uma expansão contínua do assoalho oceânico.

44.2 As condições
Para que todos os dados tenham uma realidade na teoria tectônica das placas, é preciso considerar determinadas pressões, tais como:
- a existência de uma litosfera rígida sobre a astenosfera dúctil, que permite o decuplamento mecânico do manto profundo;
- a composição da litosfera deve ser um número finito de placas, cujos limites (zonas de subducção, falhas transformantes e dorsais) correspondem a zonas sísmicas;
- os deslocamentos horizontais das placas devem-se aos movimentos convectivos no manto.

44.3 As grandes etapas da deriva dos continentes
No limite entre os períodos Paleozoico e o Mesozoico (há aproximadamente 250 Ma), distingue-se uma única massa continental, a Pangeia (resultante de um agrupamento continental durante o Paleozoico), rodeada de um oceano (Panthalassa). Em seguida, essa massa continental se dividiu e formou dois subconjuntos (Laurásia e Gonduana), com um novo oceano nas bordas a Oeste (Tétis). Esses blocos continentais continuaram a se fragmentar (e, eventualmente, convergir), para originar as placas e os atuais oceanos. Alguns pesquisadores extrapolam os deslocamentos

atuais no futuro e preveem uma nova convergência continental "total" em 250 Ma, terminando um ciclo de aproxamadamente 500 Ma.

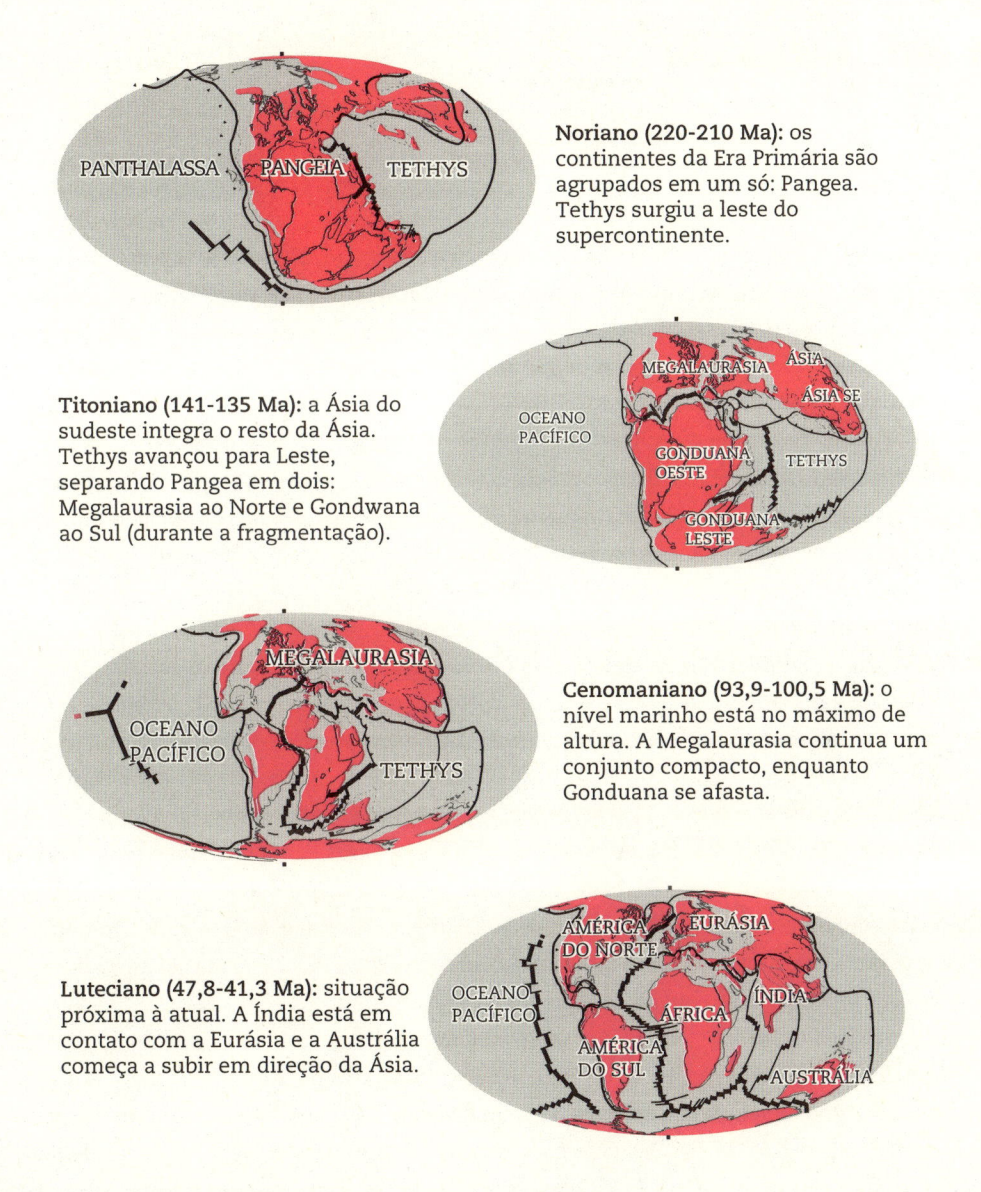

Noriano (220-210 Ma): os continentes da Era Primária são agrupados em um só: Pangea. Tethys surgiu a leste do supercontinente.

Titoniano (141-135 Ma): a Ásia do sudeste integra o resto da Ásia. Tethys avançou para Leste, separando Pangea em dois: Megalaurasia ao Norte e Gondwana ao Sul (durante a fragmentação).

Cenomaniano (93,9-100,5 Ma): o nível marinho está no máximo de altura. A Megalaurasia continua um conjunto compacto, enquanto Gonduana se afasta.

Luteciano (47,8-41,3 Ma): situação próxima à atual. A Índia está em contato com a Eurásia e a Austrália começa a subir em direção da Ásia.

Fig. 44.1 *Grandes etapas paleogeográficas e deriva dos continentes*
As zonas vermelhas correspondem às zonas emersas, e as linhas pretas, às dorsais, falhas e zonas de subducção (com os triângulos). (B. Vrielynck.)

45 O metamorfismo

Palavras-chave
Diagrama PT – Diagênese – Geoterma – Protolito

Uma rocha está em equilíbrio termodinâmico com seu meio. O metamorfismo é o conjunto de transformações sólidas por que passa a rocha quando as condições térmicas ou a pressão mudam. O espaço pressão/temperatura (PT) permite representar os domínios que correspondem aos diferentes tipos de metamorfismo (Ficha 27). Esse tipo de diagrama não considera a pressão dos fluidos (Pf), mas apenas a pressão devida ao soterramento das rochas (Pl, pressão litostática). Esse diagrama é limitado por uma primeira reação, a **diagênese** (Ficha 52), que não entra na definição do metamorfismo, e pelo domínio da anatexia (Ficha 39), na qual as rochas passam por um início de fusão. No diagrama PT relatam-se as geotermas dos diferentes contextos geodinâmicos, isto é, o aumento de temperatura em função da profundidade.

45.1 Metamorfismo UHP (*Ultra-High Pressure*)

Um caso particular de metamorfismo resulta do impacto de meteoritos sobre rochas terrestres. Os minerais transformam-se e se deformam com o surgimento de rochas orientadas ou *shatter cones*. O quartzo transforma-se em stishovita (forma de alta pressão – HP).

45.2 Metamorfismo BP-HT: metamorfismo de contato

Esse tipo de metamorfismo desenvolve-se na parte superficial da litosfera de contato entre um corpo intrusivo muito quente (HT) e um encaixante mais frio. Também se chama de metamorfismo de contato. Sua intensidade decresce ao se afastar da intrusão, e a fácies mineralógica desenha auréolas características ao metamorfismo decrescente. É o caso, por exemplo, da auréola desenvolvida ao redor do pequeno batolito intrusivo de Flamanville.

45.3 Metamorfismo regional ou metamorfismo geral

O metamorfismo regional afeta grandes volumes de rochas. Os fatores que intervêm são a pressão e o gradiente geotérmico. Se houver soterramento ou exumação, o metamorfismo é **prógrado** ou **retrógrado**. Miyashiro definiu três tipos principais de metamorfismo: Franciscano (HP-BT) ligado à subducção; Dalradiano (ou barrowiano) nos orógenos e nas zonas cratônicas estáveis; e Abukuma (BP-HT), encontrado nos arcos vulcânicos, riftes e nas zonas de hipercolisão.

a] Tipo Abukuma
Nesse tipo, classificam-se os metamorfismos oceânicos, que correspondem ao esfriamento isobárico de um **protolito** tipo gabro ou basalto oceânico: a água desempenha papel essencial para transformar mais ou menos completamente clinopiroxênios e plagioclásios em anfibólios (hornblenda marrom), depois, entre 450°C e 150°C, em clorita e epídoto, por exemplo.

45 | O metamorfismo

O gradiente térmico é muito alto, e as condições são quase isobáricas. Esse metamorfismo afeta a litosfera oceânica (Ficha 28). É facilitado pela circulação de fluidos hidrotermais (Ficha 55).

b] Tipo Dalradiano

- **Metamorfismo das zonas de subsidência**: segue o gradiente geotérmico médio e desenvolve-se quando os sedimentos afundam numa litosfera continental. Em geral, esse fenômeno é lento, e as transformações são muitas vezes totais. O último termo desse metamorfismo é a **anatexia** (Ficha 39).
- **Metamorfismo das zonas de colisão**: a geoterma de colisão corresponde a um desdobramento da litosfera continental (Ficha 34). A situação térmica das rochas implicadas na colisão é instável: erosão e reajustes (Ficha 18) equilibram o grande espessamento crustal. As rochas profundas são exumadas.

c] Tipo Franciscano: metamorfismo HP-BT, metamorfismo de zonas de subducção

As placas de litosfera fria mergulham na astenosfera (Ficha 33). Frequentemente, o reequilíbrio das rochas é mais lento do que seu soterramento: o metamorfismo é desigual e organiza as zonas mais ou menos transformadas. Os fluidos, muito abundantes na litosfera oceânica, são expulsos durante o enterramento e desempenham papel importante na transformação das rochas. Assim, a partir de um protolito de composição de basalto oceânico, ou de gabro (clinopiroxênio + plagioclásio) hidratado, a rocha passa por fácies de metamorfismo crescente, no qual surgem, sucessivamente, glaucofânio e zoisita (fácies xisto azul), seguidos por eclogitos de granada e onfacita.

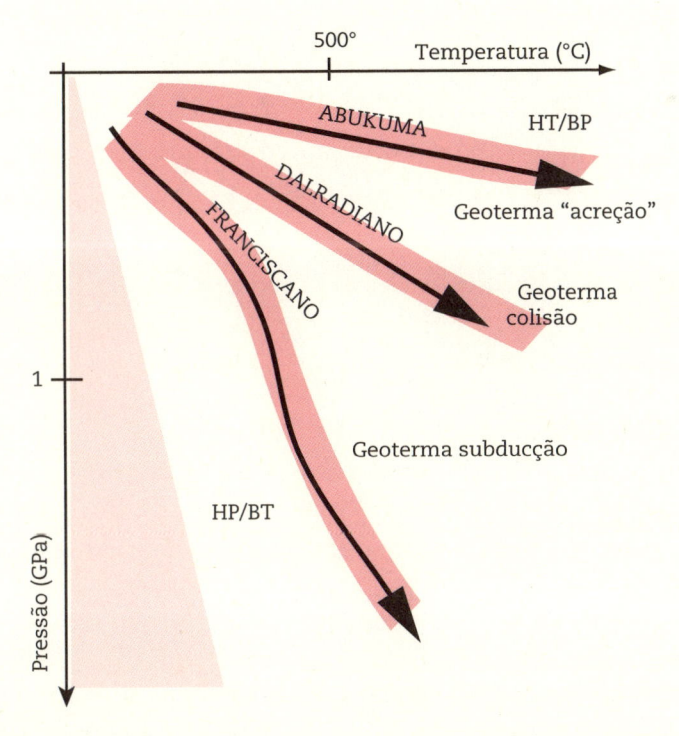

Fig. 45.1 *Gradientes metamórficos*
Fonte: Miyashiro, 1961.

46 Os processos de alteração

Palavras-chave
Dissolução – Hidrólise – Íons – Oxidorredução – Fase migratória – Fase residual – Produtos de alteração

46.1 A alteração dos continentes

As rochas plutônicas, metamórficas ou sedimentares que constituem a superfície do globo terrestre formaram-se a profundidades relativamente grandes, por meio de diferentes mecanismos. Essas rochas só afloram na superfície devido a fenômenos tectônicos, ou devido ao desaparecimento das rochas que os recobrem depois da ação dos mecanismos de alteração e de erosão.

Elas constituem as "rochas-mãe", que, progressivamente, transformam-se em novas fases e servem à formação de sedimentos que, posteriormente, formarão rochas sedimentares. O ciclo sedimentar compreende várias etapas: a primeira, chamada de alteração, consiste na transformação da rocha sadia por processos físicos, químicos e biológicos em produtos de decomposição, sob forma particular ou iônica.

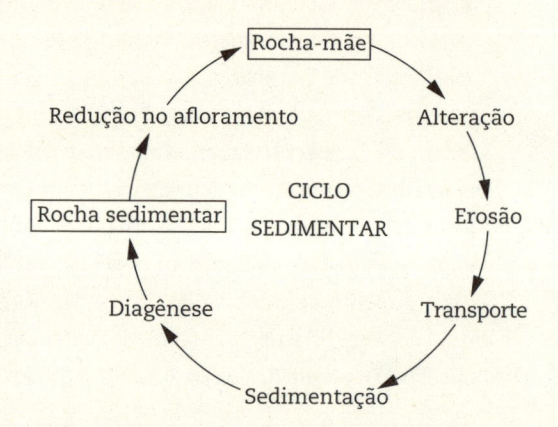

Fig. 46.1 *As principais etapas do ciclo sedimentar*

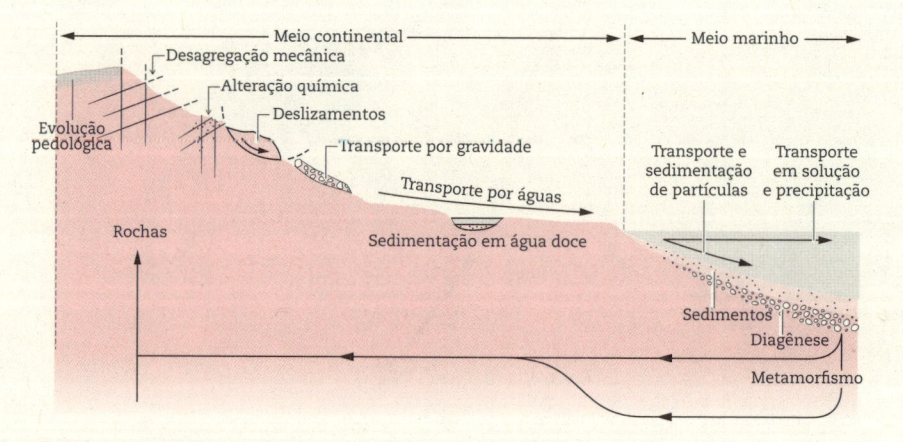

Fig. 46.2 *Os diferentes fatores intervenientes no ciclo de evolução das rochas*

46.2 Os processos de alteração

A produção dos constituintes dos sedimentos (partículas e solutos) se parece com os processos de alteração que interagem e que são separados em duas categorias:

46 | Os processos de alteração

- a **alteração mecânica** (ou erosão mecânica), que não afeta a composição química e mineralógica da rocha, mas facilita o desmantelamento do manto inicial;
- a **alteração química**, que transforma a composição inicial das rochas pelo uso de solução ou de precipitação de elementos.

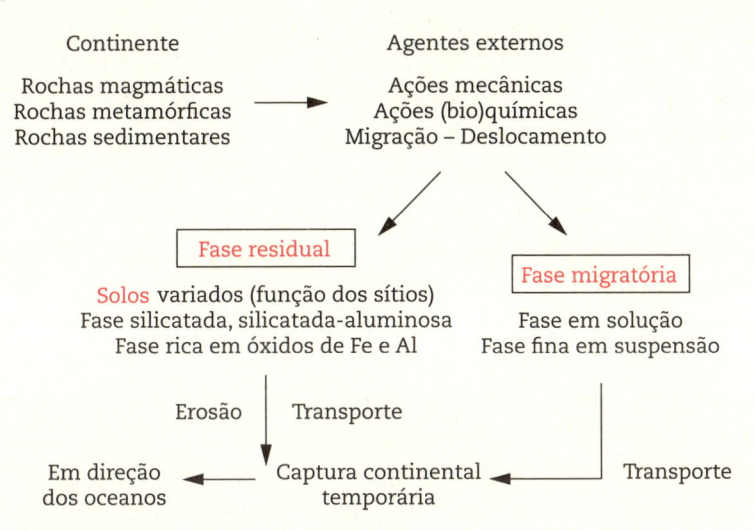

```
        Continente                    Agentes externos

     Rochas magmáticas               Ações mecânicas
     Rochas metamórficas    →        Ações (bio)químicas
     Rochas sedimentares             Migração – Deslocamento

                    ↙                        ↘
            ┌─────────────┐            ┌─────────────┐
            │ Fase residual│            │Fase migratória│
            └─────────────┘            └─────────────┘

     Solos variados (função dos sítios)
     Fase silicatada, silicatada-aluminosa       Fase em solução
     Fase rica em óxidos de Fe e Al              Fase fina em suspensão

                Erosão      Transporte

     Em direção   ←   Captura continental   ←   Transporte
     dos oceanos         temporária
```

Fig. 46.3 *Princípio da alteração meteorítica das rochas*

Esses dois modos de alteração resultam na separação de duas fases. A **fase migratória** (solúvel) é evacuada pelas águas da drenagem, cujos elementos podem (bio) precipitar em meios de sedimentação e constituir as rochas sedimentares químicas (rochas evaporíticas), bioquímicas e biógenas. A **fase residual**, que se acumulava naquele local, pode estar na origem dos solos ou permitir a concentração de determinados elementos explorados como minerais: Al (bauxitas), Fe, Ni, Mn e U (Ficha 57).

a] A erosão mecânica: desagregação física das rochas

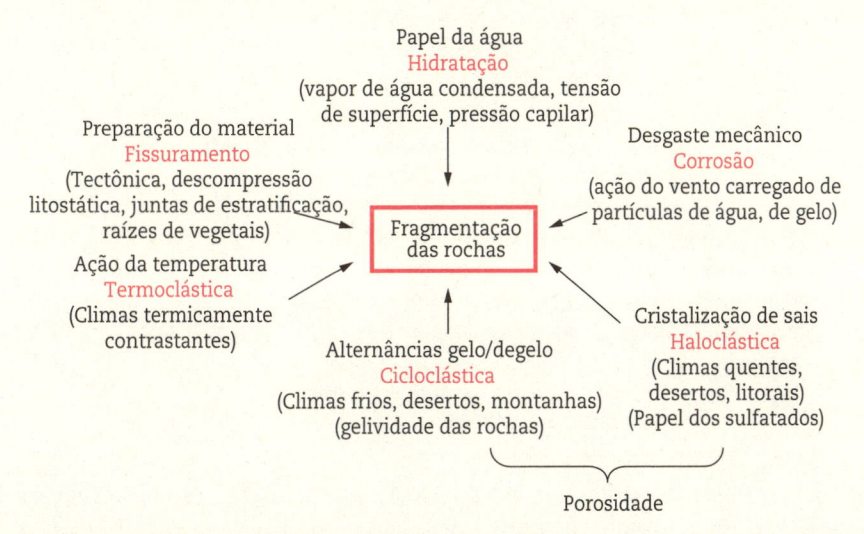

```
                        Papel da água
                        Hidratação
                  (vapor de água condensada, tensão
                   de superfície, pressão capilar)

  Preparação do material                          Desgaste mecânico
     Fissuramento                                    Corrosão
  (Tectônica, descompressão                      (ação do vento carregado de
  litostática, juntas de estratificação, →  Fragmentação ← partículas de água, de gelo)
      raízes de vegetais)                das rochas

   Ação da temperatura                             Cristalização de sais
     Termoclástica                                    Haloclástica
   (Climas termicamente                            (Climas quentes,
      contrastantes)      Alternâncias gelo/degelo  desertos, litorais)
                             Cicloclástica          (Papel dos sulfatados)
                          (Climas frios, desertos, montanhas)
                              (gelividade das rochas)

                                    Porosidade
```

Fig. 46.4 *Os diferentes processos da desagregação física das rochas*

O grau de fragmentação das rochas in situ é um fator essencial de alteração. A fragmentação não afeta a composição inicial da rocha, mas aumenta a superfície de contato entre um fluido (água ou ar) e a matéria sólida. Essa fase importante prepara e amplia o processo de alteração química que acarreta as reais modificações por adição ou subtração de elementos químicos.

b] Alteração química e bioquímica

- **Os agentes da alteração**: a água (Ficha 11) é o agente dominante dos processos de alteração na superfície da Terra, mas a intensidade dessa alteração é influenciada por determinado número de fatores que dependem essencialmente:
  - do **estado da superfície dos continentes**, como a morfologia do relevo, a influência dos diferentes tipos de formações vegetais naturais na eficácia em proteger o substrato e a natureza mineralógica e química das rochas que condiciona o grau de fragmentação;
  - de **parâmetros climáticos**, variáveis em função da latitude e do continente (Ficha 47). Ressalta o papel das **temperaturas médias** que agem sobre as cinéticas e os pontos de equilíbrio das reações químicas (por exemplo, a hidrólise) e seu efeito modulador na qualidade da cobertura vegetal. O volume das **precipitações** sobre os continentes é sempre superior à **evapotranspiração**. A diferença corresponde à **drenagem** continental que representa o fator dominante da dinâmica e a intensidade da alteração química. As variações da pCO_2 (pressão parcial de gás carbônico) modificam o equilíbrio das rochas carbonatadas e sua eventual dissolução.
- **As formas de alteração química**: a molécula de água age como um dipolo e, por sua estrutura e suas propriedades particulares (Ficha 11), modifica o comportamento de cátions constituintes (sua solubilidade) dos minerais e das rochas, permitindo sua alteração. Assim, a atração dos elementos químicos pela molécula de água é uma função de seu potencial iônico (relação carga [Z]/raio iônico [r]) evidenciado por Goldschmidt em 1934. Essa abordagem geoquímica permite distinguir três grandes classes de íons:

Potencial iônico	Domínio	Características	Elementos	Fase
$Z/r < 3$	Cátions solúveis	$Z/r < 1$, os íons desse domínio não têm nenhuma atração pela molécula de água e não são hidratados quando em solução, por seu tamanho muito grande em relação à carga.	Cátions anti-Stokes **K**, **Rb**, **Cs**	Migratória
		$1 < Z/r < 3$, íons hidratados resultam em soluções alcalinas que se combinam com os oxiânions para originar as principais rochas sedimentares.	Cátions Stokes **Ca**, **Na**, **Mg**, e também Ba, Sr, Li, Fe^{2+}, Mn^{2+}	
$3 < Z/r < 10$	Hidrolisados (insolúveis)	Íons de diâmetro médio, sua hidrólise provoca a formação de hidróxidos, cuja estabilidade em solução é fraca.	**Al**, Fe^{3+}, **Si** e também Be, Zr, Ti, U, Mn^{4+}	Residual
$Z/r > 10$	Oxiânions (solúveis)	Íons de diâmetro pequeno e de carga alta, que desenvolvem um campo elétrico intenso e permitem a formação de ânions solúveis.	C, P, S, B, N	Migratória

O comportamento dos diferentes íons em relação à molécula de água nos processos de degradação química das rochas permite identificar as principais reações químicas:

46 | Os processos de alteração

Reação química	Características	Condições
Hidrólise	Ação do ácido carbônico (H_2CO_3) em minerais ricos em cátions. Essa reação depende da disponibilidade dos íons H^+ na solução aquosa e pode ser função da quantidade de CO_2 dissolvido.	A hidrólise é favorecida quando a temperatura aumenta. Depois de colocada na solução de íons, em geral sobra uma fase insolúvel.
Dissolução	Decomposição total de um mineral em seus íons constitutivos como, por exemplo, a calcita: $CaCO_3 + CO_2 + H_2O \Leftrightarrow Ca^{2+} + 2HCO_3^-$	A dissolução depende do grau de solubilidade dos minerais e tem importante papel nos fenômenos cársticos.
Oxidação	Perda de elétrons durante a formação de novos corpos (passagem do ferro ferroso a ferro férrico).	
Hidratação Desidratação	Perda ou ganho de moléculas de água constitutivas da estrutura do mineral (passagem do gipso a anidrito).	Essas reações químicas dependem das condições climáticas (temperatura, precipitações).

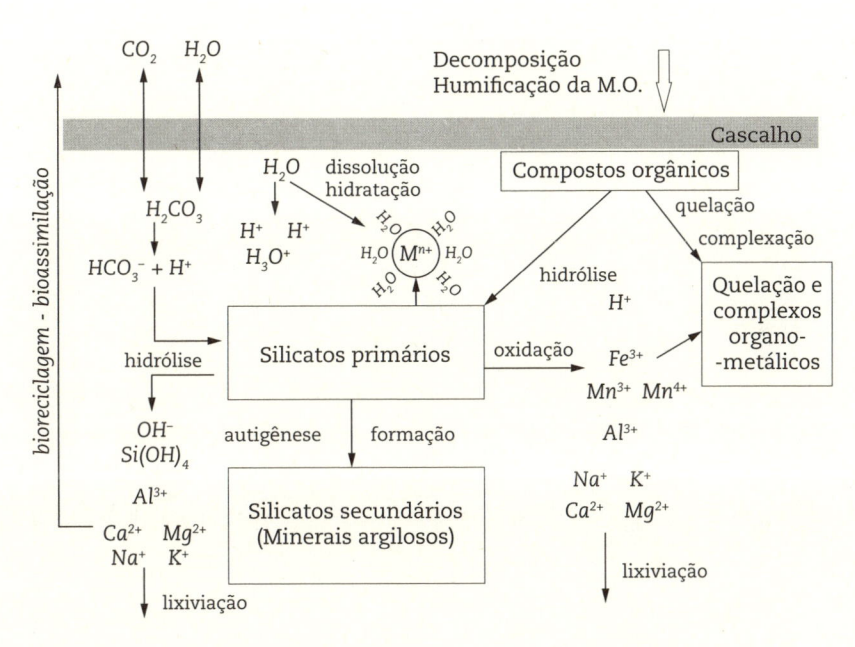

Fig. 46.5 *Os diferentes processos de alteração química das rochas e dos compostos orgânicos*

c] Os produtos da alteração

A alteração ocorre porque uma grande parte dos minerais constitutivos das rochas não está em equilíbrio termodinâmico com as condições de superfície (temperatura, pressão, potencial químico etc.). Assim, os diferentes minerais silicatados (originados das rochas endógenas) que cristalizaram em altas condições de pressão e temperatura apresentam comportamento de compostos instáveis e liberam uma parte dos elementos químicos que entram na sua composição. A fase final dessa evolução é a construção de novas formas cristalinas estáveis às condições da biosfera (meio oxidante, baixa temperatura e pressão atmosférica).

Entre os produtos de alteração, distinguem-se:

Tipo de produto	Características	Tipos de minerais
residuais	Minerais resistentes da rocha-mãe formam a componente detrítica (granulometria variável) das rochas sedimentares.	Quartzo, zircão, silicatos, sob forma de feldspatos, micas e cloritas.
de transformação	A ação progressiva da hidrólise afeta a estrutura e a composição química dos minerais.	Minerais argilosos.
de neoformação	Corresponde aos minerais que cristalizam a partir de íons em solução.	Alguns filossilicatos e óxidos e hidróxidos.

Geralmente, a natureza dos produtos de alteração permite depreender as condições (contrastes de temperatura, pluviometria, natureza das rochas, regime tectônico) sob as quais ocorreram as transformações mineralógicas das rochas.

Alteração e climas 47

Palavras-chave
Alteração – Biorresistasia – Climas – Zonação latitudinal

O resultado da alteração de uma rocha-mãe é sua transformação completa, seja em partículas minúsculas, se sua alteração for apenas mecânica, seja pela sua dissolução em forma de íons, os quais, se continuarem no mesmo lugar, servirão para a neoformação de outras fases minerais. A circulação de água é indispensável para que ocorra a alteração química (Ficha 46). Para que possa ocorrer uma alteração mecânica, é preciso que a dissociação da rocha-mãe seja facilitada pela presença de superfícies de descontinuidade. Essas superfícies podem estar ligadas à sedimentação (planos de estratificação), às condições de esfriamento de rochas vulcânicas, à compactação e à tectônica (falhas, diáclases, estilolitos etc.), e também à circulação de fluidos em forma de água sólida (pela ação dos glaciais, Ficha 54) ou pela ação das massas de ar atmosférico e as variações associadas de temperatura (termoclástica, crioclástica e haloclástcia).

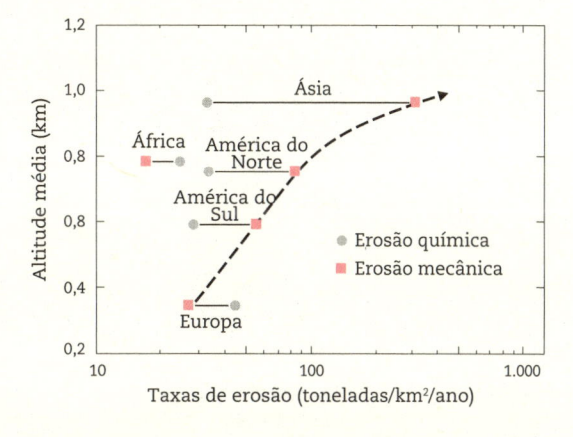

Fig. 47.1 *Erosão mecânica x erosão química, em função da altitude média dos diferentes continentes*

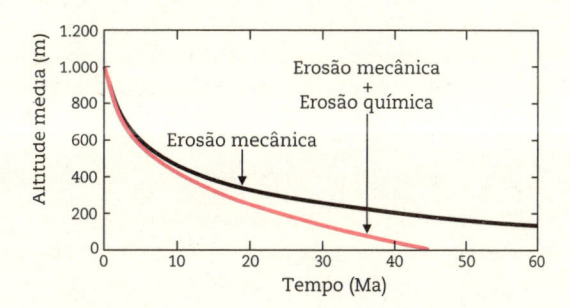

Fig. 47.2 *Modelo de erosão a longo prazo: duração da erosão de um continente apenas sob a ação da erosão mecânica ou sob uma alteração mecânica e química combinada*

47.1 A erosão dos continentes

A desagregação física das rochas (erosão mecânica) e as alterações químicas e bioquímicas se combinam para levar à destruição dos relevos continentais. Ao contrário da erosão química, a taxa de erosão mecânica é muito influenciada pela altitude média dos continentes. A taxa de erosão química depende mais do clima e da natureza das rochas.

É difícil estabelecer o peso de cada um desses dois processos de alteração, mas é possível estimar as taxas médias de erosão química (cerca de 20 mm/ka) e mecânica (cerca de 50 mm/ka) por meio, respectivamente, das taxas de transporte de matérias solúveis [tonelada/(km² · ano)] obtidas a partir das estimativas dos grandes rios e de relatórios que calculam a altitude média do continente e a declividade mais ou menos importante dos relevos. Assim, os modelos de erosão de longo prazo mostram que é necessária duração entre 45 Ma e 100 Ma, se for considerada a ação dos dois tipos de alteração ou apenas os processos mecânicos para aplanar um continente, cuja altitude média é de 1.000 m, integrando os movimentos tectônicos e os reajustes isostáticos (Ficha 18).

47.2 As alterações em função do clima

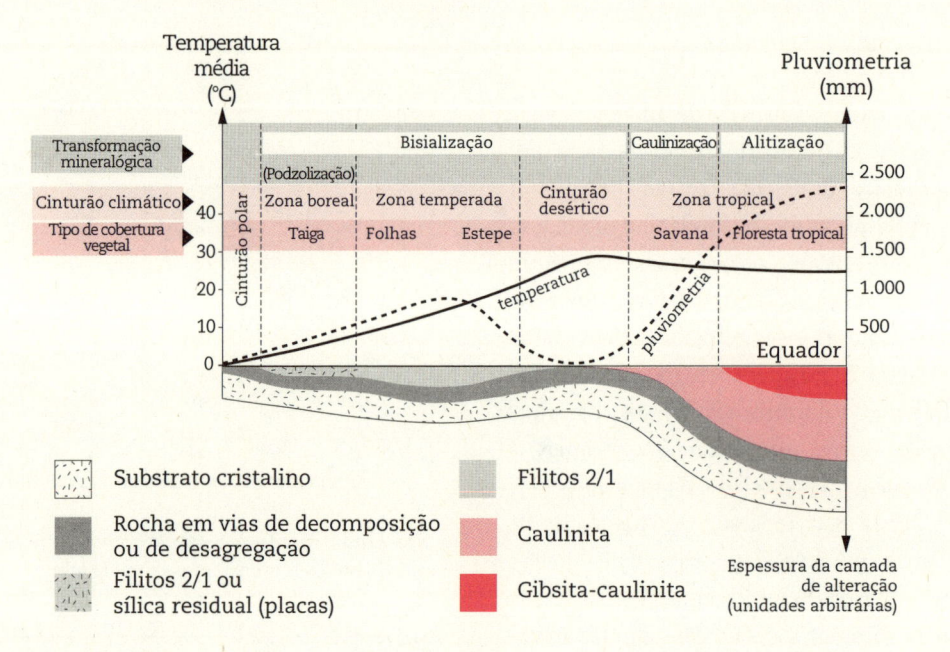

Fig. 47.3 *Representação esquemática da natureza mineralógica e da espessura do manto de alteração superficial em função da latitude (zonagem climática e cobertura vegetal associada) (Pedro, 1975)*

A passagem de um estágio de alteração a outro depende das condições de temperatura e de drenagem (em função da intensidade da pluviometria). No caso da alteração química, a velocidade das reações dobra com uma elevação da temperatura de aproximadamente 10°C. A intensidade da alteração é controlada, principalmente, pela circulação das águas, que permite a manutenção de um estado de subsaturação do meio e uma lixívia contínua. As fases residuais resultantes da alteração (e, mais particularmente, os minerais argilosos formados) são indicadores climáticos confiáveis e traduzem uma verdadeira zonagem climática latitudinal.

a] Clima frio

A alternância gelo/degelo é o fator essencial de desagregação mecânica. A decomposição química é fraca, mas pode ser agressiva em determinados tipos de rochas (calcárias etc.). O processo de arraste de íons metálicos (Fe, Mn e Al) por substâncias orgânicas pode levar o solo a um enriquecimento em sílica. Esse fenômeno de queluviação propicia a formação do "**podzol**".

b] Clima temperado

A alteração é principalmente mecânica, enquanto a alteração química é moderada e consiste em uma hidrólise moderada (saída dos íons Na^+ e Ca^{2+}) dos minerais menos estáveis acentuando a dissociação mecânica das partículas que constituem a rocha-mãe. Essas condições de alteração formam uma "arena móvel", constituída de blocos arredondados (esfoliação esferoidal ou **arenização**, Ficha 75) de rochas silicatadas primárias embaladas numa argila colorida por óxidos de ferro.

c] Clima quente e seco

Nos meios desérticos, a pressão biológica é menor, a fragmentação é fraca e a decomposição química só é ativa depois das chuvas, que levam a uma dissociação granular ritmada pelas variações nictemerais de temperatura.

d] Clima quente e úmido

A desagregação mecânica é muito reduzida quando a decomposição química atinge sua intensidade máxima por causa da temperatura elevada, da forte pluviometria e dos pHs mais ácidos das águas de lixiviação. A alteração chega a formar um perfil pedológico constituído de horizontes superpostos, que podem chegar a várias dezenas de metros de espessura. As condições climáticas extremas provocam uma hidrólise intensa com a solução progressiva de todos os íons que constituem os minerais da rocha-mãe, incluindo os

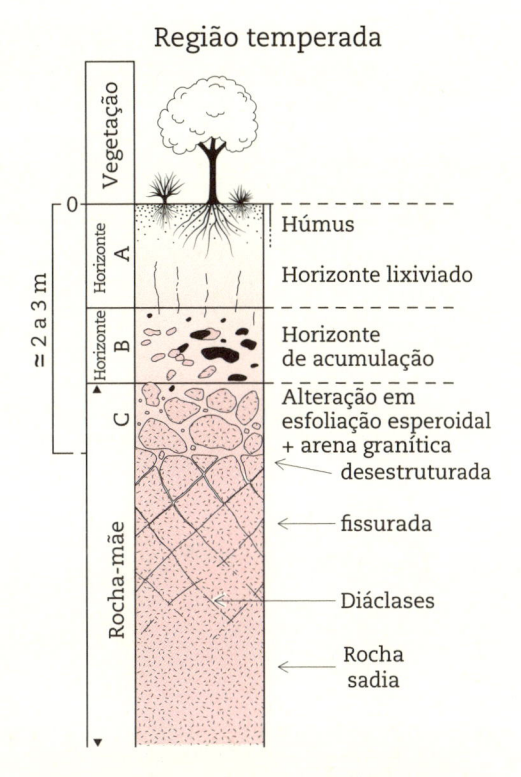

Fig. 47.5 *Perfil de alteração de rochas graníticas em clima tropical úmido. Processo de laterização*

mais resistentes, como o quartzo. A saída total da sílica, levada pelas águas da lixiviação com as bases, acarreta um acúmulo de hidróxidos de alumínio (constituinte da bauxita: gibsita, boemita), de hidróxidos de ferro (goetita) e silicatos de alumínio, sob formas de minerais argilosos neoformados (caulinita). Se esse processo de alteração, conhecido por ferralitização, continuar, pode formar potentes couraças lateríticas, caracterizadas por fortes concentrações de caulinita e de hidróxidos de Al e de Fe, responsáveis pela dureza e cor vermelha característica desse horizonte.

47.3 A noção de biorresistasia

A teoria da biorresistasia baseia-se nos fenômenos de formação dos solos (pedogênese) e de sua destruição sob a influência das modificações do clima e das variações da cobertura vegetal dos continentes diante dos produtos da alteração. Distinguem-se dois períodos:

- o período da **biostasia**, caracterizada por uma estabilidade climática suficientemente longa para que a cobertura vegetal que protege os solos da erosão mecânica possa se desenvolver. A alteração química torna-se preponderante quando os cátions K, Na, Ca, Mg e Si resultantes da alteração dos silicatos são carregados na solução em direção ao mar pelas correntes de água, constituindo a fase migratória. Ao mesmo tempo, o quartzo, os hidróxidos de ferro e de alumínio e os minerais argilosos (caulinita) ficam no local e formam a fase residual. Então, a sedimentação é química e bioquímica no nível da plataforma continental, pela recombinação dos cátions da fase migratória com os oxiânions solúveis presentes no meio marinho, levando à formação de rochas calcárias, dolomíticas e evaporíticas.

- o período da **resistasia**, que corresponde à destruição da cobertura vegetal, seguida de uma modificação climática ou de uma ação antrópica desconsiderada, que não pode mais cumprir seu papel de filtro separador e, assim, levar à erosão intensa dos solos e do manto de alteração. Os processos mecânicos desenvolvem-se, e a sedimentação correspondente é essencialmente composta pelos elementos da fase residual remanejada (argilas e hidróxidos) e também por depósitos detríticos mais grosseiros (areias). Essa evolução esquemática aplica-se, com algumas variações, a todos os tipos de coberturas vegetais e os diferentes períodos sucedem-se mais ou menos regularmente e, assim, formam sequências sedimentares no domínio marinho.

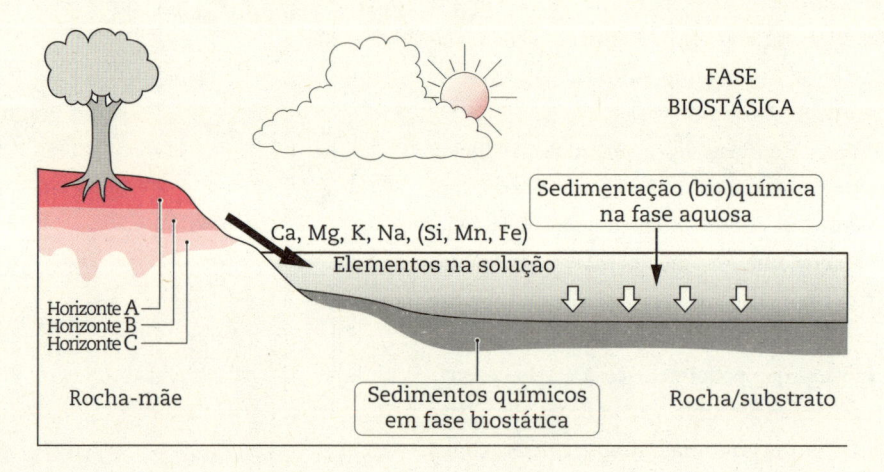

Fig. 47.6 *Fase biostática da biorresistasia*

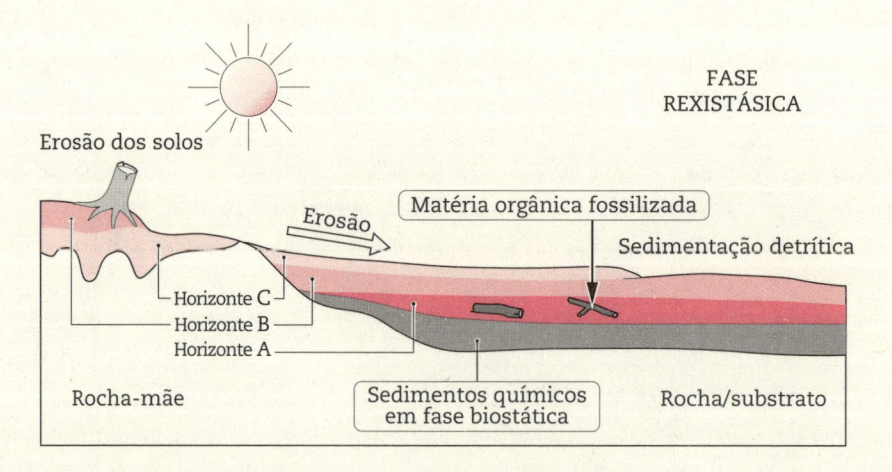

Fig. 47.7 *Fase resistásica da biorresistasia*

Assim, a análise dessas séries sedimentares permite reconstituir o tipo de alteração do continente adjacente e as condições climáticas que existiam em determinada época geológica.

Os meios sedimentares

48

Palavras-chave
Domínio continental – Domínio oceânico –
Ambientes sedimentares

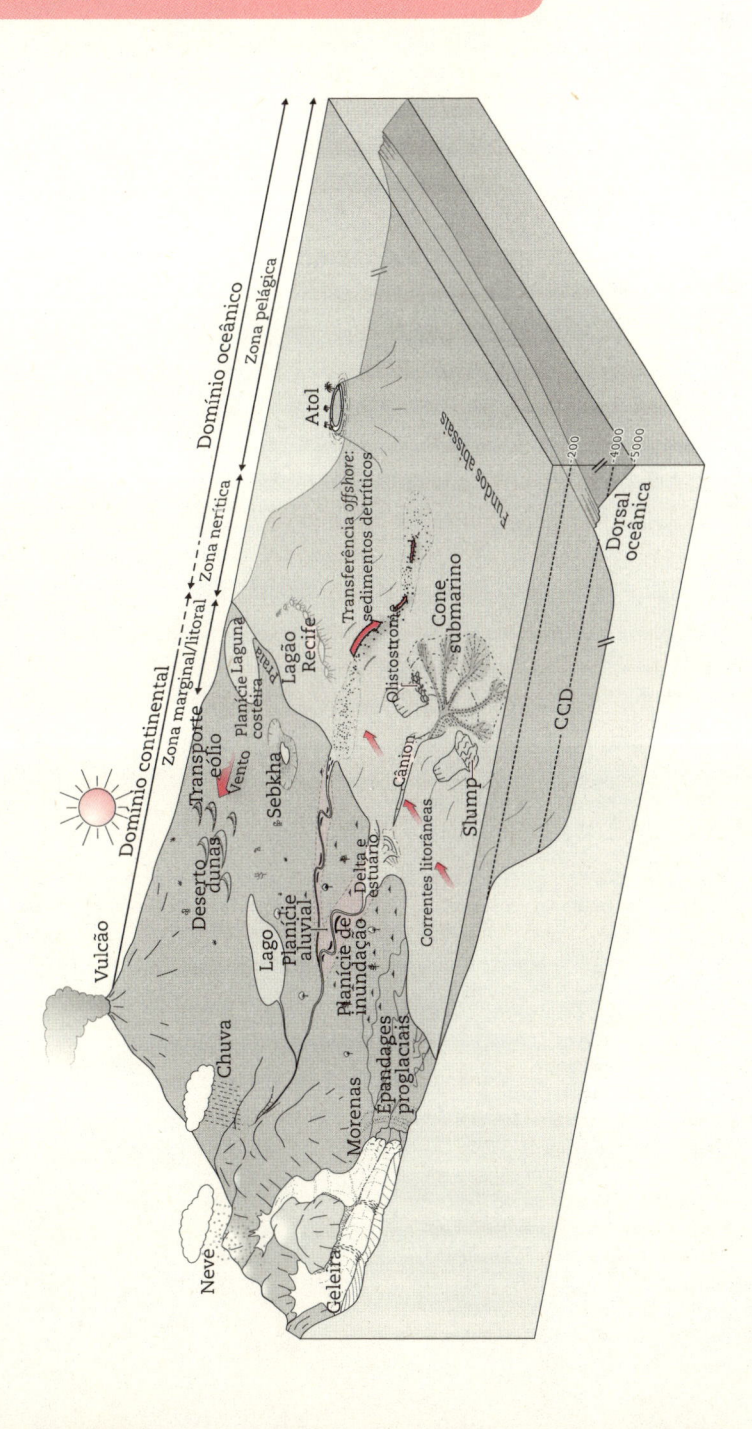

Ambiente sedimentar	Características	Tipo de sedimentação	Domínio
Geleiras	Calotas ou inlândsis Geleiras de montanha Erosão mecânica e química Partículas muito grosseiras (blocos) a muito finas	Depósitos glaciais e paraglaciais com morainas seguidas de complexos flúvio-glaciais e glácio-lacustres.	Continental
Vulcões	Material produzido do tipo efusivo (lavas, dykes, neck, batolito granítico, lacolito) ou explosivo (poeiras, cinzas, lapíli)	Depósitos vulcano-sedimentares: cineritas	Continental
Deserto	Poeiras e partículas da erosão mecânica e química, transportadas por processos eólicos	Depósitos eólicos em meio desértico Formação de complexos dunários (dunas, barcanes)	Continental
Lago	Partículas finas e elementos dissolvidos Restos orgânicos	Depósitos lacustres com alternância carbonatada (precipitação) e argilossilicosa (detrítica) + MO = Varves	Continental
Rios e riachos	Granulometria variável Transporte de partículas, de elementos dissolvidos e de dejetos orgânicos. Numerosas figuras sedimentares	Depósitos fluviais Canais, barreiras, diques e brechas de transbordamento etc.	Continental
Planície de inundação/ aluvial	Partículas médias (areias) nas argilas (às vezes) ricas em MO de origem vegetal	Diques laterais, com planos horizontais ou sub-horizontais. Turfa. Nas bacias de inundação, possibilidade de desenvolvimentos pedogenéticos (carbonatados ou anidrítico)	Continental
Delta e estuários	Estuário: embocadura dos rios nos mares com correntes costeiras ou de marés notáveis. Mistura de partículas arenoargilosas Delta: embocadura dos rios nos mares com marés de fraca amplitude	Depósitos estuarinos lodosos Depósitos deltaicos Alternâncias arenoargilosas com taxas de sedimentação alta e com muito componente orgânico = grande potencial de hidrocarbonatos	Continental
Laguna	Bacias com conexões mais ou menos importantes com o mar aberto	Sedimentação evaporítica	Continental
Lagoa	Meio marinho com coluna d'água pouco profunda Meio energético calmo Organismos bênticos	Sedimentação bioclástica calcária	Oceânica
Recife	Organismos bioconstrutores carbonatados (corais, moluscos, algas, bactérias) em condições ambientais particulares (temperatura, salinidade, turbidez, agitação, oxigenação)	Construção de recife (franjamento, barreira e atol) bioerma ou biostroma	Oceânica
Plataforma continental	Grandes acúmulos de organismos bênticos e de sedimentos detríticos grosseiros	Sedimentação nerítica carbonatada Depósitos submetidos à ação das ondas e das correntes	Oceânica
Talude e declive	Entalhados pelos cânions submarinos que permitem o transporte de sedimentos detríticos grosseiros em domínio profundo	Sedimentação gravitacional e semipelágica	Oceânica
Cones submarinos	Terminação dos cânions em deltas profundos com canais em leque. Acúmulo de sedimentos finos e grosseiros transportados pelas correntes de turbidez	Sedimentação gravitacional	Oceânica
Planícies abissais	Em função da profundidade (CCD), testáceos ou esqueletos de organismos planctônicos carbonatados e/ou silicosos + argilas vermelhas dos grandes fundos e partículas autígenas (nódulos polimetálicos)	Sedimentação pelágica	Oceânica
Dorsais médio-oceânicas	Idem, sedimentação planícies abissais + precipitações químicas resultantes das fontes hidrotermais (óxidos, sulfetos, Si etc.)	Sedimentação pelágica	Oceânica

49 A profundidade da compensação dos carbonatos (CCD)

Palavras-chave
ACD – CCD – Dissolução – Lisoclina – Saturação – Variações eustáticas

No oceano, todas as águas de superfície são supersaturadas em relação ao carbonato de cálcio ($CaCO_3$), qualquer que seja a forma mineralógica considerada: aragonita ou calcita. Essa supersaturação facilita o desenvolvimento dos testáceos e das conchas dos organismos. A produção carbonatada de superfície (profundidade > 200 m) é favorecida pelas condições de temperatura, de salinidade e de pH elevado, que ocorrem em baixas e médias latitudes. Será que o conjunto dessa produtividade primária de superfície é totalmente transferido ao fundo dos oceanos e assim alimenta a sedimentação pelágica?

49.1 O nível de compensação dos carbonatos

Em profundidade, as condições de temperatura e de pressão mudam e as águas oceânicas profundas tornam-se subsaturadas. Essa subsaturação de $CaCO_3$ das águas de fundo varia em função dos oceanos, pois depende do teor de CO_2, mas leva a uma crescente dissolução, em função da profundidade, das partículas carbonatadas produzidas na superfície. Essa dissolução ocorre durante a lenta queda das partículas nas colunas profundas das águas oceânicas. Esse fenômeno pode ser verificado ao se comparar o teor de carbonatos em sedimentos superficiais recolhidos em diferentes profundidades, ou, experimentalmente, ao medir a perda de peso de partículas carbonatadas (sintéticas ou naturais) colocadas em diferentes profundidades durante vários meses. Nos dois casos, observou-se que os teores de $CaCO_3$ são praticamente constantes até aproximadamente 4.000 m, depois caem brutalmente. Os carbonatos desaparecem totalmente abaixo de 5.000 m de profundidade.

A **lisoclina** é a profundidade onde se observa o brusco aumento dos fenômenos de dissolução.

O **nível de compensação da calcita** (**CCD**, *Calcite Compensation Depth*) representa a profundidade em que os processos de dissolução compensam totalmente o aporte de $CaCO_3$ da produção de superfície.

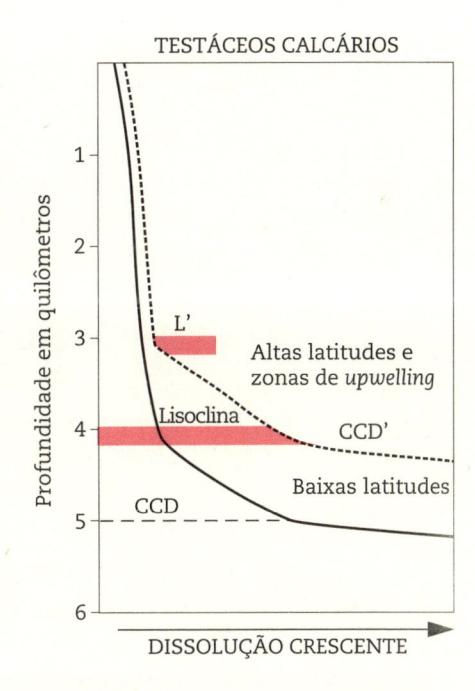

Fig. 49.1 *Curva de dissolução dos testáceos e partículas carbonatadas*

Da mesma forma, uma **ACD** (*Aragonite Compensation Depth*) é uma lisoclina da aragonita, mas, pelo fato de apresentar diferentes estágios de saturação, é menos profunda que a calcita (em torno de 3.000 m nos oceanos atuais).

Qualquer fator que intervenha na produtividade primária carbonatada ou nas condições físico-químicas das águas oceânicas superficiais e profundas modifica a profundidade do nível de compensação dos carbonatos. Assim, a CCD e a lisoclina são suscetíveis a variações espaciais e temporais.

49.2 A evolução temporal da CCD

O estudo da distribuição de fácies carbonatadas pelágicas nas sondagens dos diferentes programas internacionais de sondagem oceânica mostra que é possível reconstruir a evolução da profundidade da CCD desde o período Jurássico até hoje, com os dados litológicos em curvas de subsidências da crosta oceânica basáltica, estabelecidos pelos geofísicos.

Em todos os oceanos, a longo prazo, as camadas são bastante concordantes e a CCD, que era relativamente superficial (entre −3.300 m e −3.500 m) em todo o período Mesozoico (Jurássico e Cretáceo) e no começo do Cenozoico, torna-se mais profunda (−4.200 m), beirando o limite Eoceno/Oligoceno, em torno de 35 Ma. A CCD remonta do Oligoceno superior para atingir −3.600 m no Mioceno médio, depois cai de novo, para chegar ao valor atual de −4.500 m a −5.000 m, conforme os oceanos.

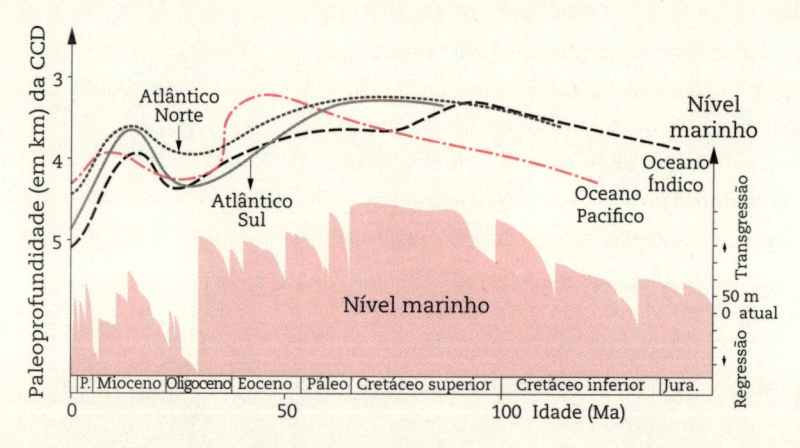

Fig. 49.2 *Curvas de evolução temporal da CCD em diferentes bacias oceânicas desde o período Jurássico superior e comparação com a curva de variação do nível marinho*

Em longo prazo, a curva da evolução temporal da CCD apresenta numerosas semelhanças com a das variações do nível marinho (Ficha 51). Em períodos de alto nível marinho, a CCD é alta. Ela é profunda nos períodos de baixo nível marinho. Essa correlação mostra, como primeira aproximação, a estimativa entre a sedimentação carbonatada de plataforma e a sedimentação carbonatada de variações eustáticas da disponibilidade do cálcio no oceano para a formação de carbonatos.

49.3 Conclusão

A lisoclina e a CCD não possuem níveis fixos do oceano, pois representam níveis de equilíbrio entre os processos de produção na superfície e de dissolução na profundidade. A CCD constitui um dos maiores controles da divisão dos diferentes tipos de sedimentos nas bacias oceânicas atuais (Ficha 50) e desempenha papel fundamental na qualidade do registro sedimentar.

Os depósitos oceânicos atuais

Palavras-chave
Clima – Sedimentação nerítica e pelágica – Tectônica – Zoneamento meridiano e latitudinal

Para simplificar, a sedimentação oceânica atual divide-se em dois principais meios marinhos:
- o **domínio nerítico** corresponde à plataforma continental (margens passivas, Ficha 30), na qual se acumulam as partículas detríticas, provenientes do continente e transportadas pelos grandes rios, e os sedimentos biogeoquímicos, constituídos de restos de organismos bentônicos ou construtores;
- o **domínio pelágico**, no qual se sedimentam partículas bioquimicamente produzidas na superfície por organismos planctônicos microscópicos mais ou menos diluídos por uma fração não biógena de origem terrígena ou autígena (argilas).

No entanto, ao se considerar a superfície reduzida ocupadas pelas plataformas continentais, nos diferentes oceanos, os atuais depósitos oceânicos são essencialmente representados pela sedimentação pelágica nos ambientes profundos.

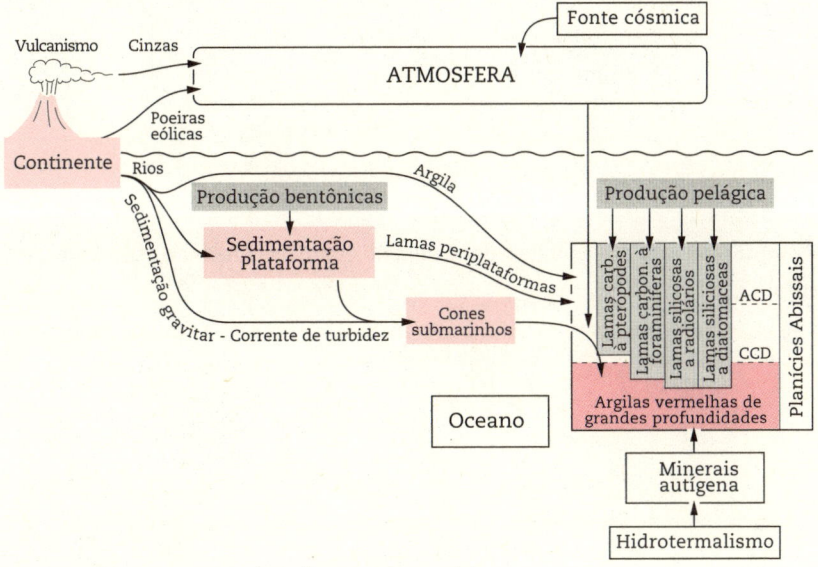

Fig. 50.1 *Representação esquemática da sedimentação marinha*

50.1 Os componentes da sedimentação pelágica

a] Os diferentes tipos de sedimentos e classificação

O essencial da sedimentação pelágica é composto de partículas de origem biológica, formadas na superfície, e também de uma parte não desprezível de sedimentos que podem ser de origem eólica, extraterrestre ou autígena. Por causa da variedade de processos e da variação da composição dos sedimentos pelágicos, pode-se propor uma classificação que considere a proporção relativa dos componentes biógenos, terrígenos e autígenos, na qual identifica-se o sedimento em função do principal constituinte.

Principal constituinte (abundância > 50%)		Constituinte secundário (abundância entre 25% e 50%)	Profundidade do depósito
Biógeno			
Carbonatada	Lama calcária	Nanofósseis Foraminíferas Pterópodes	Acima da CCD
Siliciosos	Lama siliciosa	Radiolares Diatomáceas	Abaixo da CCD
Não biógeno			
Em função do tamanho dos grãos	Argila, Silte, Areia	Argilas vermelhas de grandes profundidades	Sob a CCD
Componentes autígenos ou químicos	Óxidos e hidróxidos, silicatos, sulfetos e sulfatos, fosfatos e cloretos		Sob a CCD
Componentes vulcânicos	Vidro, cinzas e poeiras, óxidos Mn e Fe (origem hidrotermal)		Sob a CCD
Componentes cósmicos	Micrometeoritos e tectitos		Sob a CCD

b] Taxas de sedimentação e espessura dos sedimentos oceânicos

As **taxas de sedimentação** de fácies pelágicas são consideravelmente menores do que as registradas em domínio de plataforma, mas o domínio pelágico compensa uma fraca produtividade pela sua extensa superfície.

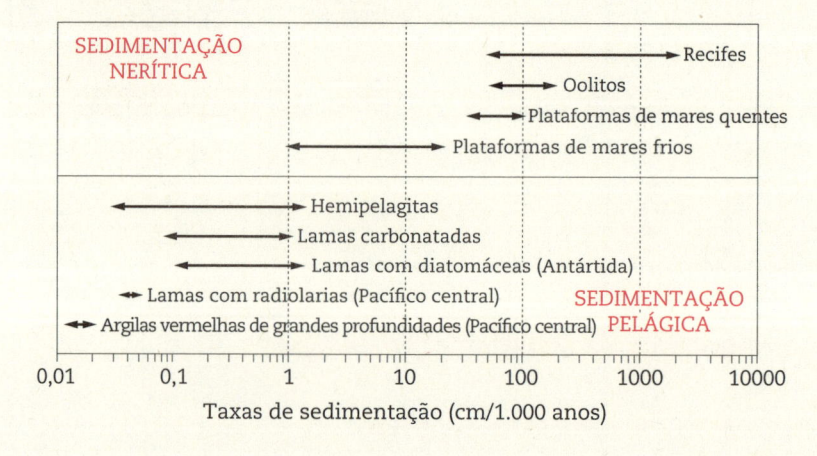

Fig. 50.2 *Taxas de sedimentação dos ambientes neríticos e pelágicos e mapa das espessuras dos sedimentos marinhos*

50 | Os depósitos oceânicos atuais

50.2 Divisão dos depósitos oceânicos atuais

A atual distribuição da sedimentação oceânica profunda resulta da conjunção:

- de um **zoneamento meridiano**, comandado pela profundidade de CCD (Ficha 49), abaixo daquela em que o fluxo carbonatado é ausente e próximo a uma divisão em faixas paralelas às dorsais médio-oceânicas;
- e de um **zoneamento latitudinal**, representado por cinturões de maior ou menor produtividade carbonatada ou silicosa, que podem ser modulados para cada oceano, pelo contexto fisiográfico (Ficha 29), climático e das correntes oceânicas (Ficha 9), e também pela presença de *upwellings*, pela drenagem hidrológica, a geologia dos continentes e pelo grau de subsaturação das águas profundas diante do $CaCO_3$.

O papel dos diferentes parâmetros na distribuição dos sedimentos pelágicos é particularmente bem demonstrado ao se comparar o mapa de divisão dos sedimentos com o mapa dos fundos oceânicos.

50.3 Conclusão

Os atuais depósitos oceânicos de origem biológica, terrígena ou autígena apresentam uma divisão latitudinal e meridiana, e os principais fatores de controle são: a profundidade associada à tectônica das placas e ao clima.

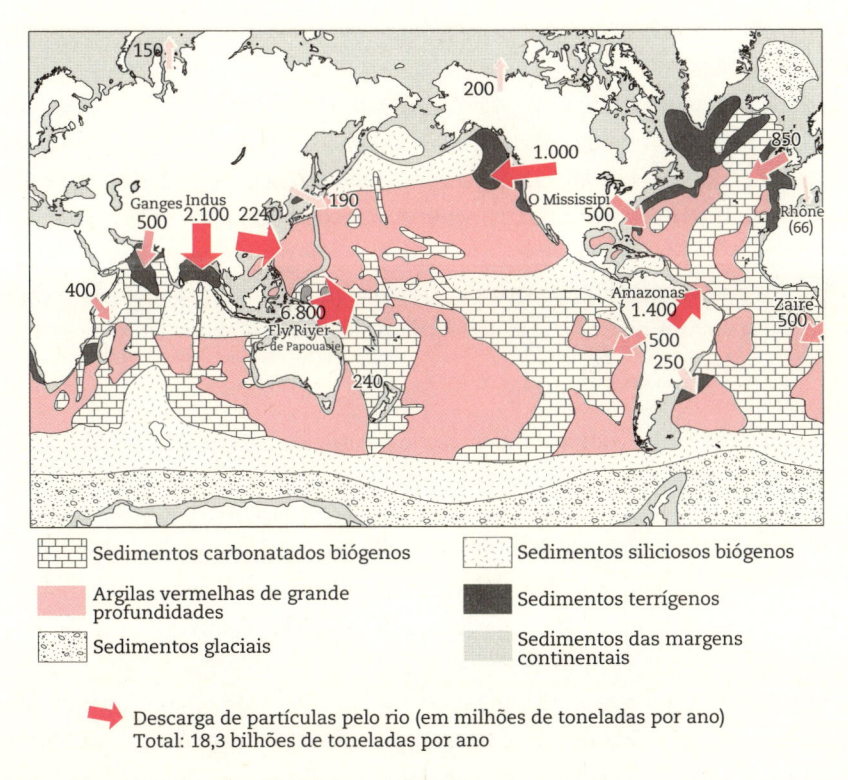

Fig. 50.3 *Mapa da atual divisão dos principais tipos de sedimentos no oceano*

51 As variações do nível marinho

Palavras-chave
Fluxos sedimentares – Clima – Eustatismo – Linha da costa – Subsidência – Tectônica

O registro sedimentar (descontínuo) nas bacias oceânicas, a natureza, a geometria e o efeito cíclico dos depósitos no tempo e no espaço dependem fortemente de fatores internos (tectônica) e externos (clima), que controlam as oscilações do nível do mar (eustatismo) ou são impactados por elas.

51.1 O eustatismo: variações absolutas do nível marinho

O **eustatismo** corresponde às variações do nível marinho em escala global e traduz, numa primeira abordagem, o deslocamento do limite entre o domínio continental e o domínio marinho, chamado **linha da costa**, o que permite estabelecer os períodos de altas e baixas das águas globais. A curva de evolução do nível marinho (**ciclos eustáticos**) no período Fanerozoico, estabelecida em relação ao atual nível do mar (zero marinho: parâmetro convencional, correspondente ao nível médio do mar definido em Marselha, na França), mostra um encaixe de flutuações de ordens diferentes, tanto pela frequência quanto pela amplitude de variações.

a] Os fatores do eustatismo

Entre os diferentes parâmetros responsáveis pelas flutuações eustáticas, um dos mais importantes é o fator tectônico, que considera a deformação do substrato das bacias oceânicas em escalas variáveis no tempo e no espaço. Assim, a **subsidência** pode ser identificada sob três formas diferentes: **térmica**, pelo resfriamento da litosfera oceânica ao se afastar do eixo das zonas de acreção (Ficha 32); **tectônica**, devida aos processos de deformação da litosfera (por exemplo, o afinamento crustal); **gravitar ou isostática** (Ficha 18), em função do preenchimento das bacias sedimentares pela produção terrígena (siliclástica) ou biogênica *in situ* (carbonatada ou siliciosa) (Ficha 50).

b] Evidência do eustatismo

No litoral, o nível marinho pode ser assemelhado ao **nível de base** que, no sentido geomorfológico, corresponde à superfície abaixo da qual há sedimentação e, acima, erosão. São as variações da linha da costa, assim como a evolução do sistema fluviátil, que permitem evidenciar as flutuações do nível marinho no decorrer dos tempos geológicos.

As flutuações do nível marinho expressam-se em diferentes escalas de tempo, da dezena de milhares de anos à centena de Ma, e o controle desses ciclos eustáticos pode ser tectônico ou climático.

O conjunto dos diferentes processos que estão na origem das flutuações eustáticas, assim como suas principais características (escala temporal e amplitude) e fatores de controle, encontra-se no quadro a seguir.

Tipo de eustatismo	Mecanismo	Causa e controle	Escala temporal	Escala espacial	Amplitude
Glácio-eustatismo	Variação do volume de água das bacias oceânicas	Climática: retenção de água sob forma de gelo no nível das zonas de alta latitude, aliada às variações da insolação da superfície terrestre, pela variação de parâmetros orbitais da Terra (Ciclo de Milankovitch – Ficha 9)	Alta frequência de 20.000 a 400.000 anos (4ffi a 7ffi ordem)	Variável, mas geralmente global	10 m a 100 m
Tectono-eustatismo	Variação do tamanho das bacias oceânicas	Tectônica: depende do tamanho e contexto geodinâmico das bacias características.	Baixa frequência		
		Convergência (Pangeia) e divergência dos continentes condicionam a expansão mais ou menos importantes das margens continentais.	> 50 Ma (1ffi ordem)	**Divergência**: rifte 50-100 km; margens passivas 100 a 400 km **Convergência**: bacia de antepaís 100 a 200 km	1 m a 300 m
		Estado térmico da crosta oceânica (variações de velocidade de subsidência)	10-30 Ma (2ffi ordem)		
		Variação do volume das dorsais em função das velocidades e dos períodos de expansão do assoalho oceânico	1-5 Ma (3ffi ordem)		
Termo-eustatismo	Variação da altura da superfície marinha	**Climática**: capacidade térmica das águas oceânicas (dilatação térmica das massas de águas do mar, temperatura, salinidade etc.).	Frequência muito alta		cm a m
Outros		**Oceanográfica**: ventos, marés e correntes			1 mn a 2m
		Geofísica: ondulação de grande comprimento de onda devida à repartição desigual das massas profundas da crosta e do manto.			10 m

51.2 Noção de nível marinho relativo

O resultado do eustatismo e da subsidência corresponde ao **nível marinho relativo** ao qual convém acrescentar o **fluxo sedimentar**, que tende a preencher o espaço disponível para o acúmulo de sedimentos (**acomodação**) entre o fundo e o nível marinho absoluto e, assim, modificar a **batimetria**.

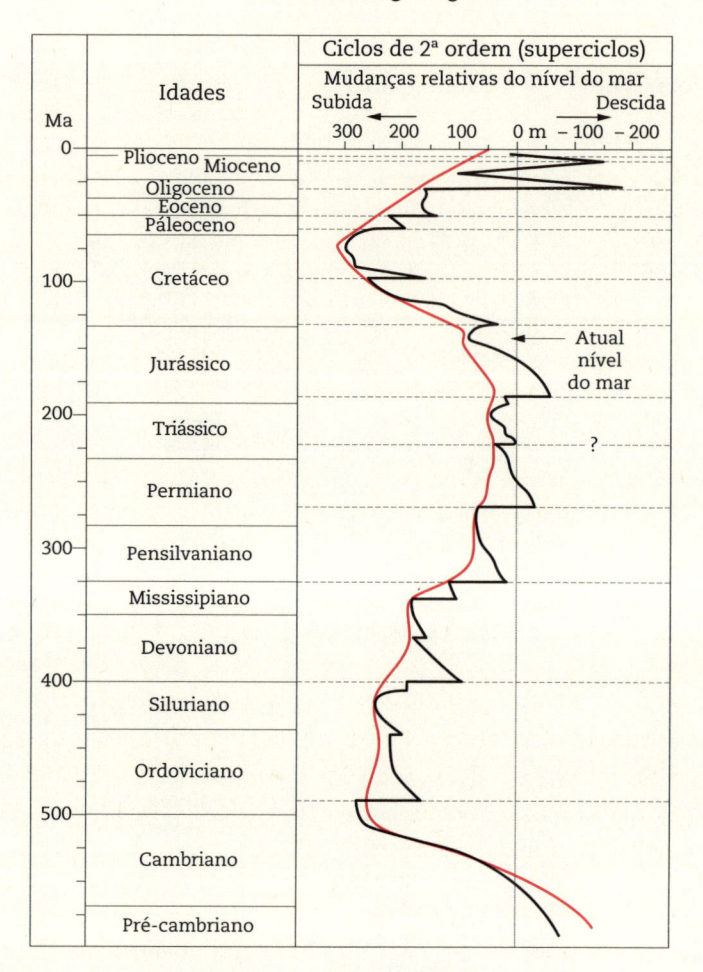

Fig. 51.1 *Evolução do nível marinho durante o período Fanerozoico*

51.3 Eustatismo e sedimentação

As variações eustáticas são estudadas graças às sequências de depósitos provenientes dos corpos sedimentares formados nas margens continentais.

O modelo físico de depósito de corpos sedimentares durante um ciclo de variação eustática baseia-se no conceito da variação do espaço disponível, que permite o depósito na bacia ou sobre a plataforma. Esse espaço depende de três fatores essenciais:
- a velocidade de subsidência da bacia e de suas margens, ligada ao resfriamento do assoalho oceânico;
- o valor da variação do nível marinho;
- a importância dos aportes sedimentares em função do tempo (fluxo sedimentar), a partir do continente ou da plataforma continental emersa.

As transgressões (deslocamento da linha de costa em direção ao continente) e regressões (deslocamento da linha de costa em direção do mar) traduzem a evolução da batimetria.

Progradação, agradação e retrogradação traduzem a geometria dos depósitos sedimentares ligados às flutuações do nível relativo do mar.

51 | As variações do nível marinho

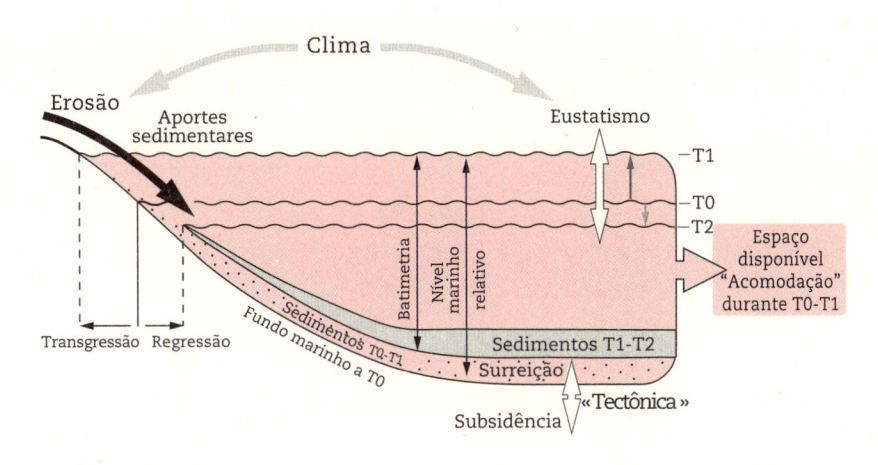

Fig. 51.2 *Principais parâmetros que agem nos aportes sedimentares numa bacia*
Verifica-se que o espaço disponível para a sedimentação varia conforme a posição da interface ar/água (nível marinho) e da interface água/sedimento.

51.4 Conclusão

As flutuações do nível marinho desempenham um papel tão importante na mobilização dos sedimentos e na geometria dos corpos sedimentares nas margens, quanto a subsidência (controle tectônico da sedimentação) e a quantidade de aportes sedimentares resultantes da evolução dos parâmetros climáticos. O estudo das variações eustáticas nas séries sedimentares está na origem do desenvolvimento da **estratigrafia sequencial**.

52 A diagênese

Palavras-chave
Diagênese precoce e tardia – Halmirólise – Processos biológicos, físicos e químicos

A diagênese agrupa o conjunto dos processos físicos, químicos e bioquímicos que transformam os sedimentos, após sua deposição, em rochas sedimentares consolidadas.

Essas transformações começam assim que uma partícula sedimentar é depositada no fundo (na interface água/sedimento), que corresponde à fase de halmirólise. Elas continuam pela diagênese quando o sedimento, recoberto por outros sedimentos mais recentes, encontra-se isolado da ação dos agentes atmosféricos e dos organismos vivos. A origem das transformações diagenéticas está no aumento da pressão e da temperatura com a profundidade, assim como na circulação de fluidos através das séries sedimentares.

Profundidade de soterramento (metros)

Gradiente Tp e pressão 1 °C/30m e 1 bar/4m

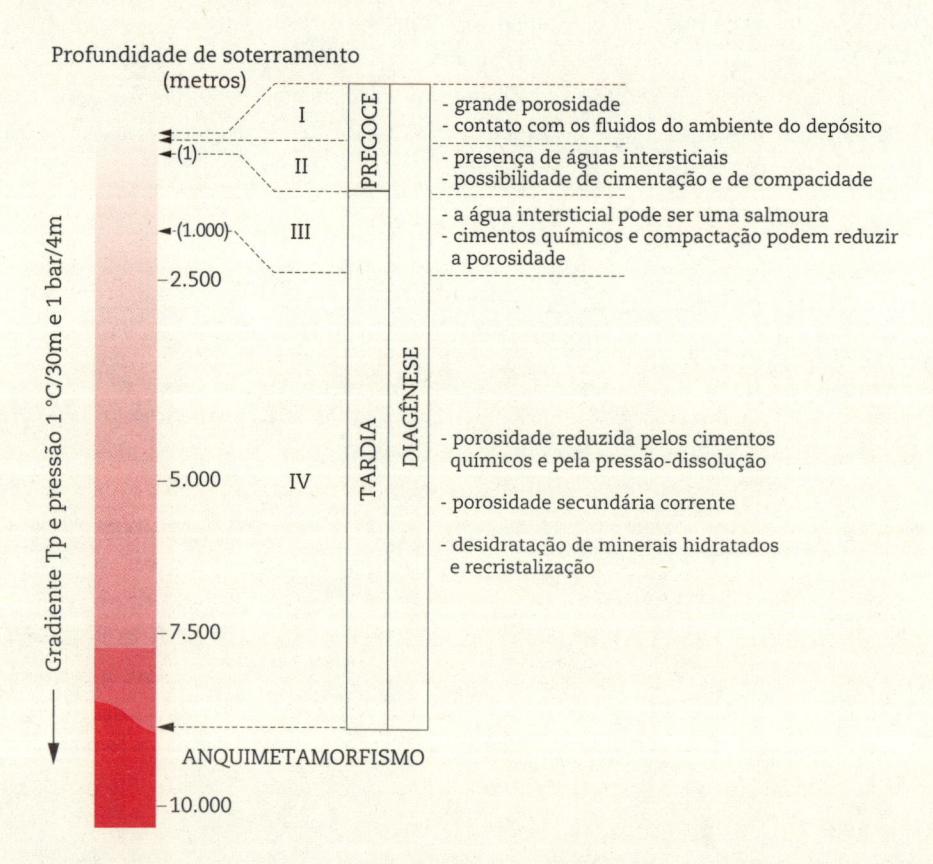

- I (PRECOCE)
  - grande porosidade
  - contato com os fluidos do ambiente do depósito
- (1) II (PRECOCE)
  - presença de águas intersticiais
  - possibilidade de cimentação e de compacidade
- (1.000) III
  - a água intersticial pode ser uma salmoura
  - cimentos químicos e compactação podem reduzir a porosidade
- 2.500
- 5.000 IV (TARDIA / DIAGÊNESE)
  - porosidade reduzida pelos cimentos químicos e pela pressão-dissolução
  - porosidade secundária corrente
  - desidratação de minerais hidratados e recristalização
- 7.500
- ANQUIMETAMORFISMO
- 10.000

Fig. 52.1 *Os diferentes estágios da diagênese, em função do gradiente térmico (que pode variar em função das condições locais) e de pressão*

52 | A diagênese

A diagênese só engloba os fenômenos que afetam os sedimentos entre a superfície e uma profundidade de uma dezena de quilômetros, onde a temperatura chega a 300°C. Fora dessas condições de pressão e temperatura, as modificações diagenéticas pertencem ao domínio do metamorfismo (Ficha 45). Geralmente, distingue-se a diagênese precoce (diagênese sinsedimentar) da diagênese tardia (diagênese de soterramento). A primeira refere-se às modificações essencialmente bioquímicas, rápidas, logo no começo do soterramento. A diagênese tardia compreende todas as outras mudanças físico-químicas, muito mais lentas (compactação, dissolução e transformações mineralógicas).

52.1 Os fatores e mecanismos da diagênese

A partir da influência de muitos parâmetros biológicos, físicos e químicos implicados nas transformações diagenéticas, é possível distinguir os seguintes processos:

- biológicos (bioturbações e decomposição da matéria orgânica por atividade bacteriana);
- físicos, que dominam os primeiros estágios de compactação;
- químicos, que traduzem as interações entre os fluidos intersticiais e as partículas sólidas.

a] Os fatores biológicos

Os vegetais, pela acidez de suas raízes; os cogumelos, os animais marinhos (crustáceos, moluscos bivalves, vermes) ou continentais (artrópodes), que homogeneízam o sedimento (bioturbação); determinadas atividades antrópicas modificam a evolução natural dos solos. Todos eles participam de forma importante nas modificações diagenéticas superficiais que caracterizam a **halmirólise**. Recentemente, constatou-se que a atividade bacteriana tem papel importante durante os processos de fossilização (piritização das conchas, silicificação). A importância da atividade biológica depende, antes de tudo, da velocidade de sedimentação e das condições do meio de vida dos organismos.

b] Os fatores físicos e químicos

A **compactação** é o resultado de um aumento da pressão sob a ação do peso dos sedimentos subjacentes (carga litostática) e induz a uma diminuição do volume geral da rocha.

Esse mecanismo manifesta-se por um rearranjo da inter-relação das partículas (**compactação mecânica**), que leva a estabelecer uma junção mais compacta dos grãos (redução da porosidade) pela expulsão de uma parte da água intersticial, assim como uma redução do volume e um aumento da densidade do sedimento. Quando as possibilidades de rearranjo simples esgotam-se, observa-se a deformação ou a fragmentação das partículas. Se a intensidade da pressão aumentar mais, podem ocorrer transformações devidas à **compactação química** (dissolução e reprecipitação). A profundidade em que a compactação mecânica é substituída pela compactação química depende da granulometria dos sedimentos e da composição química inicial das partículas. Para certo tipo de sedimento e em função do grau de compacidade, os fenômenos de pressão/dissolução podem levar à formação de estruturas características, contatos entre os grãos, côncavo-convexos e suturados (**grãos impressionados**) ou superfícies irregulares formadas por um conjunto de colunetas chamadas **estilolitas**.

A **dissolução** corresponde a colocar numa solução os constituintes químicos das partículas ou dos cimentos dos sedimentos ou das rochas sedimentares. Ela contribui para modificar a composição mineralógica original e criar uma porosidade secundária.

A **precipitação** pode ser considerada como a reação inversa da dissolução. Ela se caracteriza pela cristalização de sólidos nos poros do sedimento, a partir de uma solução aquosa que leva a uma redução da porosidade (por cimentação), após a nucleação e o crescimento cristalino e à transformação de sedimentos móveis em rochas duras quando as condições físico-químicas (temperatura, pH, saturação) são favoráveis.

A **recristalização** é um processo que modifica o tamanho e/ou a forma dos cristais sem mudar a composição química, mas favorece maior estabilidade. Alguns minerais de mesma composição química, que recristalizam em sistemas diferentes, são chamados de polimorfos (transformação aragonita-calcita).

A **substituição** é uma reação diagenética que corresponde à dissolução de um mineral e à precipitação quase simultânea de outro mineral, sem modificar o volume, mas com uma mudança na composição química entre o mineral substituído e aquele que o substitui (fenômeno de petrificação por substituição da madeira pela sílica ou os processos de dolomitização dos calcários).

52.2 As fases da diagênese

Os diferentes fatores e mecanismos anteriormente definidos podem agir simultaneamente ou sucessivamente, e manifestar uma intensidade maior ou menor, em função da duração e da profundidade do enterramento. A evolução diagenética divide-se em quatro fases principais, de duração desigual e crescente.

	Fase I	Fase II	Fase III	Fase IV
Mecanismos	Diagênese bioquímica Pedogênese	Mobilidade dos íons em solução intersticial e compactação mecânica	Dissolução e início da compactação química	Desidratação e compactação química com máxima intensidade
Resultados da diagênese	Evolução precoce dos carbonatos e da sílica	Autigênese: epigênese e neoformações	Cimentação (litificação) e redução da porosidade	Recristalizações (metassomatose)
	HALMIRÓLISE		DIAGÊNESE ss.	
	Diagênese precoce (ou sin-sedimentar)		Diagênese tardia (ou soterramento)	

52.3 Exemplos de transformações diagenéticas

	Diagênese siliciosa		Diagênese carbonatada		
Domínio	Continental	Oceânico	Continental	Litoral	Nerítico
Mecanismos	Pedogênese e/ou flutuações sazonais dos níveis freáticos	Dissolução e reprecipitação: – opala-A/ – opala-CT/ – quartzo	Precipitação pela diminuição da pressão de CO_2	Dissolução e reprecipitação em função do volume de água meteórica	Dissolução e reprecipitação
Resultados da diagênese	Arenização Descalcificação	Silicificação precoce a partir de testáceos ou espículas de micro-organismos marinhos	Concreções Litificação	Cimentação carbonatada: – em zona vadeosa – em zona freática	Transformação aragonita/ calcita Dolomitização
Rochas	Arenito-quartzito Pedra molar	Sílex	Concreções cársticas, tufos, travertinos Eolianitos, calcretes	Arenito de praia ou beach-rocks	Calcários recristalizados Dolomias

52 | A diagênese

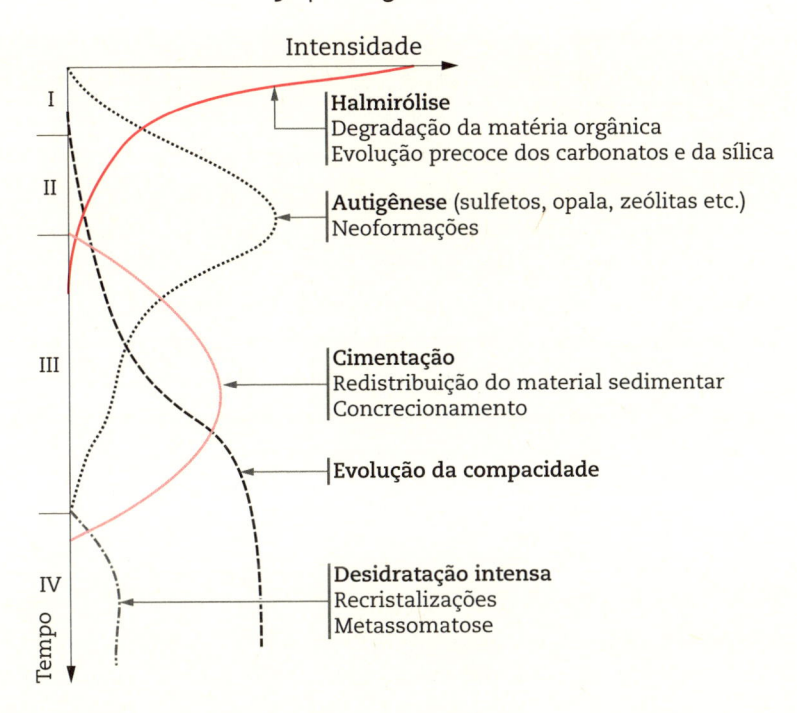

Fig. 52.2 *Principais fases e mecanismos característicos da diagênese*

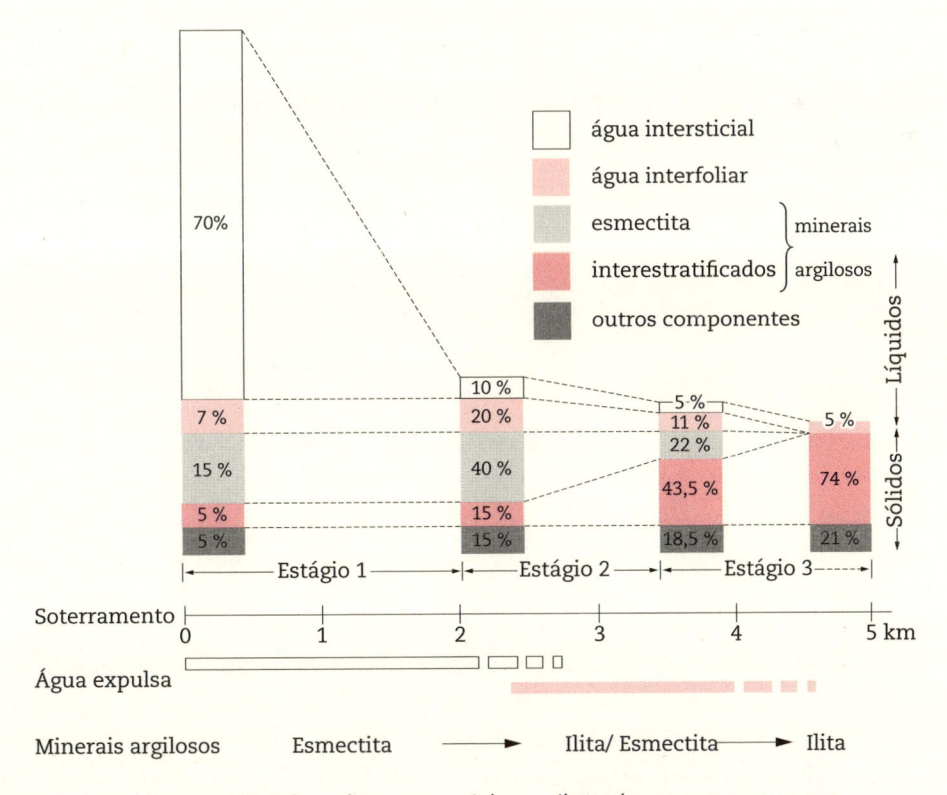

Fases (eixo Tempo):
- I — **Halmirólise**: Degradação da matéria orgânica; Evolução precoce dos carbonatos e da sílica
- II — **Autigênese** (sulfetos, opala, zeólitas etc.); Neoformações
- III — **Cimentação**: Redistribuição do material sedimentar; Concrecionamento; **Evolução da compacidade**
- IV — **Desidratação intensa**: Recristalizações; Metassomatose

Fig. 52.3 *Evolução da composição dos sedimentos marinhos argilosos durante o enterramento*

Legenda:
- água intersticial
- água interfoliar
- esmectita } minerais
- interestratificados } argilosos
- outros componentes

Estágio 1 (0–2 km): água intersticial 70%, água interfoliar 7%, esmectita 15%, interestratificados 5%, outros 5%
Estágio 2 (2–3 km): água intersticial 10%, água interfoliar 20%, esmectita 40%, interestratificados 15%, outros 15%
Estágio 2→3: água intersticial 5%, água interfoliar 11%, esmectita 22%, interestratificados 43,5%, outros 18,5%
Estágio 3 (4–5 km): água interfoliar 5%, interestratificados 74%, outros 21%

Soterramento: 0–5 km

Minerais argilosos: Esmectita → Ilita/Esmectita → Ilita

53 O hidrotermalismo submarino

Palavras-chave
Quimiossíntese – Eventos – Fumarola – Lixiviação dos basaltos – Fontes – Simbiose

Na década de 1970, a descoberta de **fontes hidrotermais submarinas** lançou novas luzes sobre a química da água do mar, a biologia dos ambientes extremos e a evolução da litosfera. Esquematicamente, o hidrotermalismo submarino corresponde a circulações de água geradas por contrastes de temperatura através da placa oceânica: a água fria penetra na crosta muito fissurada, para ressurgir bem mais aquecida e enriquecida de elementos químicos.

53.1 Hidrotermalismo quente e frio

As fontes hidrotermais caracterizam-se pela temperatura dos fluidos que escapam no nível dos **eventos**. As fontes denominadas **quentes** (350°C) localizam-se perto de zonas ativas das **dorsais oceânicas**, enquanto as fontes **frias** (30°C) dividem-se pelas planícies abissais até as **fossas oceânicas** das zonas de subducção. Existem três tipos de emissões hidrotermais, em função da química e da cor das fumaças que escapam:

Características	Fumarolas pretos	Fumarolas brancos	Emissões difusas
Temperatura	300-400°C	200-300°C	3 a 50 °C
Morfologia	Chaminés de vários metros de altura	Pequenos condutos ou cúpulas	Nenhuma
[H_2S]	Muito alta	Alta	Fraca
[O_2]	Nula	Moderada	Alta
Precipitações	Sulfetos, pirita	Sílica, anidrita, barita	Raros

53.2 O hidrotermalismo e a água do mar

Como a composição da crosta oceânica (Ficha 28) é muito diferente da água do mar, os fluidos que atravessam a crosta vão "livrar-se" de certos elementos químicos (sulfatos e magnésio) e enriquecer-se com compostos solúveis (lítio, potássio, cálcio, bário), com metais (ferro, cobre, zinco, magnésio) e gases dissolvidos (He, S, CH_4). No nível das fumarolas, as concentrações químicas, às vezes, são extremamente elevadas: por exemplo, os teores de manganês são um milhão de vezes mais elevados do que os da água do mar.

O balanço geoquímico do sistema oceânico melhorou muito com a descoberta desses sistemas. Até então, as "entradas" minerais (elementos e partículas) correspondiam aos aportes dos cursos d'água em geral (rios e outros), as "saídas" à sedimentação. Agora, o hidrotermalismo é considerado o terceiro vetor de importância para a composição química dos oceanos, com a erosão e a sedimentação.

53.3 Ecologia dos sistemas hidrotermais

As fontes hidrotermais são um lugar/ambiente especial de **fauna exuberante**, adaptada às condições de vida extremas: pressão das grandes profundezas, ausência de luz e fortes gradientes químicos e térmicos. A vida baseia-se num sistema de produção primária **quimiossintética** e na **simbiose** entre as bactérias e os invertebrados, os quais estocam nutrientes (adquiridos nos fluidos hidrotermais) das bactérias simbióticas, que, por sua vez, fornecem o carbono orgânico necessário ao seu desenvolvimento.

A vida no nível das fontes hidrotermais é estritamente fundamentada no funcionamento delas e, assim, concentra-se no nível das fumarolas ou nas fraturas do assoalho. Os gradientes químicos e térmicos são muito importantes, pois um afastamento de alguns metros da fonte é suficiente para extinguir qualquer forma de vida.

Esses oásis agrupam diversas formas vivas, endêmicas e, às vezes, de grande tamanho, dentre as quais as mais conhecidas são as vestimentíferas (*Riftia*), os bivalves gigantes do gênero *Caliptogênio* e *Bathymodiola*, ou os vermes brancos com tentáculos vermelhos chamados *Alvinella*.

53.4 Hidrotermalismo e placas oceânicas

Ao circular pelo assoalho oceânico (mais ou menos quente em função do afastamento da dorsal) (Ficha 32), a água do mar tem o papel de **líquido de resfriamento**. Esse fenômeno ocorre ao comparar os dados do fluxo de calor medidos na crosta e calculados por um modelo de capacidade de resfriamento unicamente por condução. No nível da dorsal, as duas curvas afastam-se; os valores medidos mostram um fluxo de calor real mais fraco do que aquele calculado em função da capacidade de resfriamento por hidrotermalismo.

53.5 Conclusão

As fontes hidrotermais são muito importantes para a compreensão da biologia e da química da água do mar. Sua descoberta permitiu, principalmente, o surgimento de novas teorias sobre a origem da vida, porque esses ambientes extremos são considerados análogos aos que reinaram na Terra primitiva (Ficha 59). Estima-se que de 0,3 a 9.10^7 g/ano de água do mar percola em fontes hidrotermais, ou seja, uma reciclagem completa dos oceanos no período de 5 a 6 Ma.

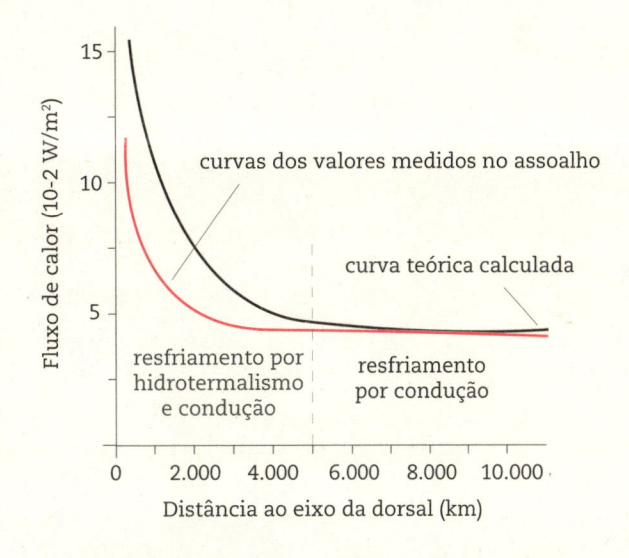

Fig. 53.1 *Evolução do fluxo térmico da litosfera oceânica e hidrotermalismo*

54 As geleiras e o relevo glacial

Palavras-chave
Criosfera – Erosão – Glaciação – Inlândsis – Periglacial – Permafrost – Till – Tilito

Enormes massas de água doce (24 milhões de km²) são estocadas nos polos em forma de gelo sólido, assim como nos relevos continentais em forma de geleiras. O volume de gelo flutua durante os tempos geológicos, deixando sua marca na paisagem.

54.1 O contexto glacial

Noventa e cinco por cento da **criosfera** está estocada nas calotas glaciárias concentradas nos polos, ou **inlândsis**. Uma parte desse gelo cai no mar e forma a banquisa, da qual se desprendem os *icebergs*. Durante a era Quaternária, a superfície gelada cobriu até 30% do globo terrestre. Hoje, 5% do gelo está estocado nos glaciais do tipo "alpino", centrados nos relevos. Essas geleiras têm uma morfologia muito particular, com línguas de gelo coalescentes, e é liquefeito a uma velocidade variável, de 10 a 100 m/ano. O gelo das geleiras "alpinas" é mais plástico do que o dos inlândsis, e flui com facilidade.

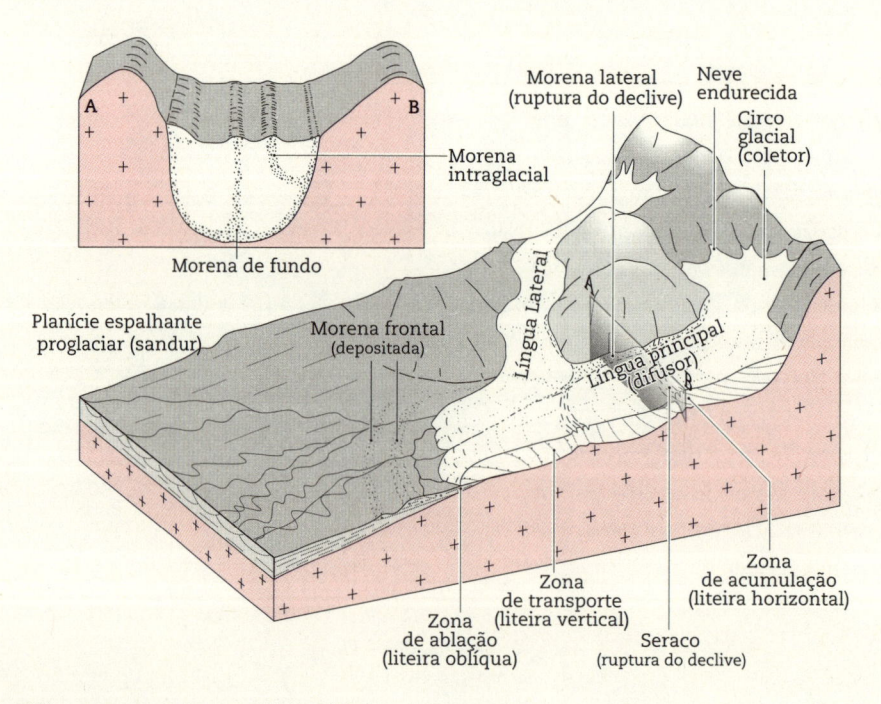

Fig. 54.1 *Diferentes partes de uma geleira alpina (M. Campy e J. J. Macaire, 2003)*

54.2 O relevo glacial

As geleiras deixam uma marca muito distinta na paisagem. O gelo tem um comportamento de fluido muito viscoso, e flui sob o efeito da gravidade, mas, principalmente, da massa. O perfil de erosão, muito característico, é constituído de declives e contradeclives.

A neve acumula-se e se compacta nos circos glaciais, onde, progressivamente, ela se transforma em gelo e, depois, sob o efeito do próprio peso, transborda e escorre.

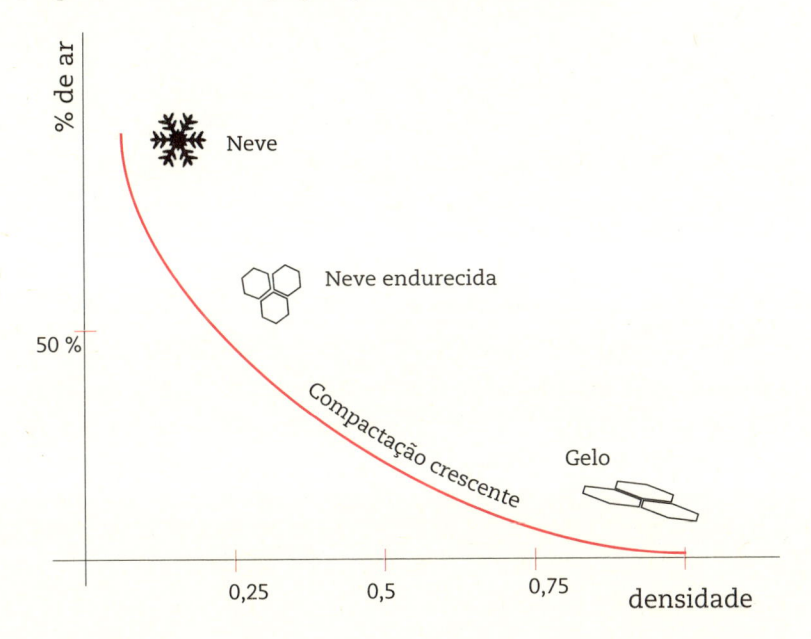

Fig. 54.2 *Transformação da neve em gelo*

As geleiras apresentam uma ação erosiva por causa do efeito conjunto dos choques térmicos que fragmentam as rochas, uma ação ablativa. O gelo expulsa os fragmentos e os arrasta, e uma ação abrasiva, devida às rochas morenas da base da geleira, estria, desgasta e encrespa o substrato rochoso. Sob a geleira, as vazões sazonais da água, provocadas pelo derretimento do gelo, cortam o relevo. A geleira recua, derrete e abandona sua carga rochosa: reconhecem-se os fios e os arcos de morenas frontais ou laterais, vales em U ou em calha, contornados por pilares de sustentação, circos glaciais de bordas abruptas e de relevo vigoroso, rochas polidas, caneluras e estriadas, assim como blocos erráticos de grande porte. Em vez de morena, prefere-se o uso da palavra "till" para qualificar os sedimentos glaciais: os tills são sedimentos não classificados, heterométricos, pouco ou nada alterados. Quando os tills são endurecidos, são chamados de tilitos. O derretimento das geleiras é caracterizado por reajustes por gravidade (Ficha 74) e sedimentares.

54.3 As formas de relevo periglacial

Na periferia das zonas glaciais, desenvolve-se um relevo caracterizado por grandes planícies de inundação (**sandur**), onde os rios de regime níveo-torrencial escoam trançados, carregando sedimentos morâinicos muito pouco evoluídos. Os solos frequentemente gelados (**permafrost**) são crioturbados e recortados por redes de fendas às vezes hexagonais. No solo, formam-se lentes decamétricas de gelo, os **hidrolacolitos**, ou **pingos**, que formam depressões circulares durante o derretimento dos gelos.

O vento encarrega-se das partículas finas e as acumula em forma de loess (silte, argila e areia) mais ou menos ricas em carbonatos.

Nas depressões, instalam-se lagos de forma sazonal, e pouco a pouco eles vão sendo preenchidos de sedimentos muito finos (areias siltosas e argilas), formando **varves**.

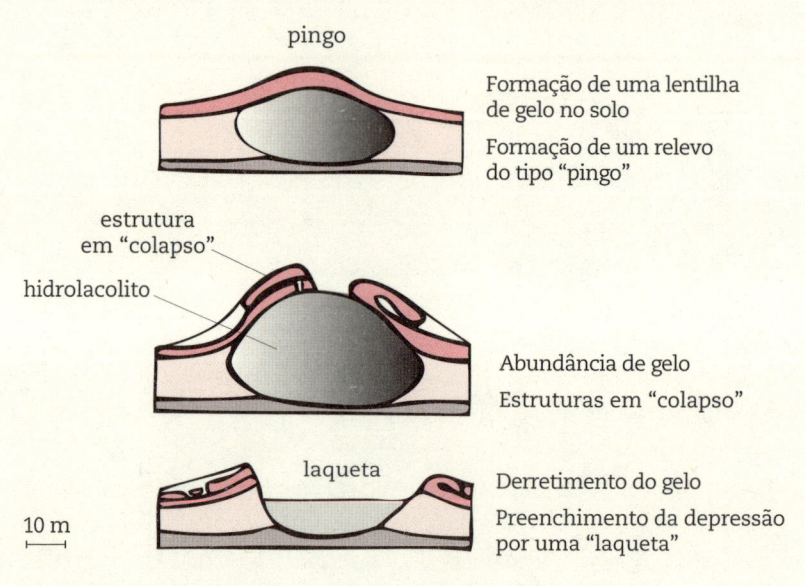

Fig. 54.3 *Evolução de um hidrolacolito e formação de uma laqueta*

54.4 Conclusão

As formas de erosão glacial, os sedimentos e as morfologias periglaciais demarcam as paisagens de forma marcante e permitem reconstituir as flutuações climáticas do passado.

Fig. 54.4 *Geleira de Argentière (Maciço de Mont-Blanc)*

As glaciações

55

Palavras-chave
Calotas glaciais – Ciclos de glaciação – Isótopos de oxigênio

A Terra está submetida a um regime contrastante de climas, que corresponde a um período interglacial. Ao longo do tempo, os parâmetros orbitais do planeta passam por flutuações periódicas de diferentes frequências (Ficha 10), correlatas às variações climáticas no decorrer dos tempos geológicos. A sucessão dos ciclos glaciais/interglaciais do Quaternário, evidenciada pela teoria astronômica dos paleoclimas, pode ser generalizada para épocas passadas.

55.1 As glaciações durante o Quaternário

Os geólogos alpinos reconheceram seis ciclos principais durante o período plioquaternário: Biber, Donau, Gunz, Mindel, Riss e Würm, definidos nos Alpes a partir do estudo dos terraços fluviais, dos preenchimentos cársticos e das morainas.

As paisagens e os depósitos sedimentares registraram fases de extensão glacial, mas essas fases também estão registradas nos gelos polares e na sedimentação oceânica. A análise isotópica desses ciclos correlatos às datações absolutas e relativas mostra uma grande complexidade, com flutuações cíclicas de diferentes ordens (Ficha 10). O último episódio significativo, o Dryas, ocorreu no hemisfério Norte, há 10.000 anos. Essas fases de glaciação têm papel importante na implantação da linhagem humana (Ficha 65), na ocupação do espaço e na disponibilidade dos recursos alimentares. No hemisfério Sul, menos continental, as glaciações mostram uma defasagem temporal com o hemisfério Norte, mas se encontram nos sedimentos marinhos em todo o globo.

As **paleotemperaturas** são estimadas, principalmente, por métodos isotópicos, a partir do relatório $\partial^{18}O$ dos isótopos estáveis do oxigênio, capturados nos gelos polares, ou pelos testes carbonatados e também por outros paleotermômetros, como o índice de insaturação das alquenonas.

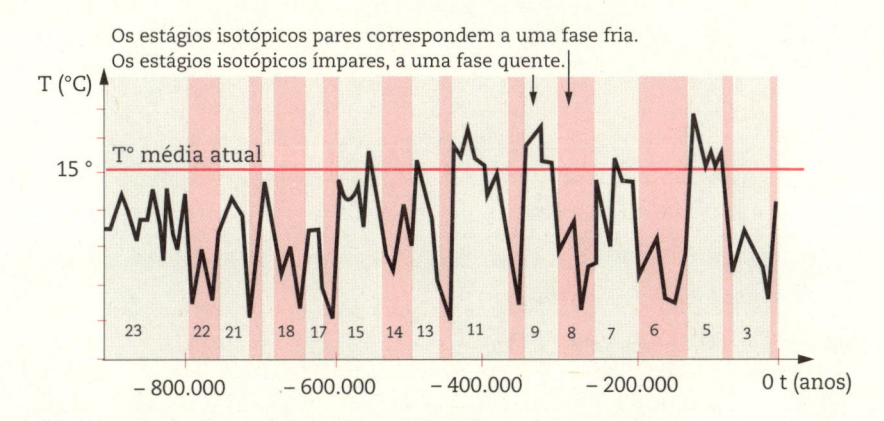

Fig. 55.1 *Curva das paleotemperaturas e dos estágios isotópicos no decorrer dos últimos 800.000 anos (os números indicados remetem aos estágios do Emiliano)*

A relação dos isótopos estáveis ^{16}O e ^{18}O está ligada à temperatura. Na água do mar, a relação

$$\partial^{18}Ow = [(^{18}O/^{16}O)_{ech}/(^{18}O/^{16}O)smow - 1] \times 1.000$$

(SMOW = Standart Mean Oceanic Water)

O $\partial^{18}O$ dos carbonatos é calculado pelo mesmo princípio, mas relacionado a um padrão PDB. A temperatura liga-se ao $\partial^{18}O$ dos carbonatos pela relação:

$$T = 16,9 - 4\,(\partial^{18}O\,carb - \partial^{18}O\,w)$$

Na verdade, essa relação varia, pois, em período frio, a evaporação preferencial do isótopo leve (^{16}O) enriquece a água do mar em ^{18}O e empobrece os gelos polares com isótopo pesado.

55.2 As antigas glaciações

a] As glaciações cenozoicas

O esfriamento periódico na origem das glaciações começou durante o Cenozoico, com o surgimento progressivo das calotas glaciais: há 35 Ma, a calota antártica; depois, há 15 Ma, os primeiros ciclos de glaciação, com o surgimento de sedimentos marinhos com fragmentos rochosos (IRD ou *Ice Rafted Debris*); e, enfim, há 3 Ma, a instalação permanente da calota ártica.

b] Os ciclos climáticos mesozoicos

O clima era globalmente mais quente e bastante estável. Não se conhecem muito bem as alternâncias climáticas mesozoicas, deduzidas de indícios isotópicos, assim como de indícios paleoecológicos: no fim do Cretáceo o clima passou por um esfriamento que culminou no final do Maestrichtiano (Ficha 64).

c] As glaciações paleozoicas e proterozoicas

A existência de depósitos de tilitos paleozoicos e proterozoicos demonstra as grandes fases de glaciação no fim do Devoniano, o Carbonífero e o Ordoviciano.

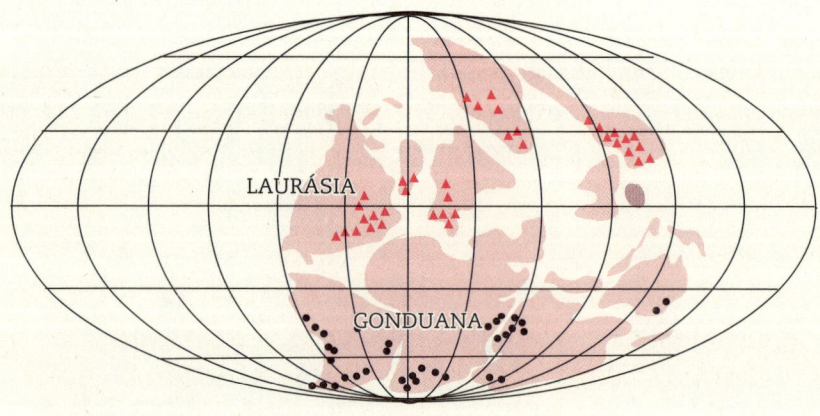

▲ depósitos de carvão
● tilitos (depósitos periglaciais)

Fig. 55.2 *Mapa das glaciações durante o Carbonífero*

Desde o Pré-cambriano, admite-se uma sucessão de fases glaciais (−2,4 a −2,2 Ga, fase huroniana; −950 Ma, 770 Ma, 600 Ma e talvez −545 Ma).

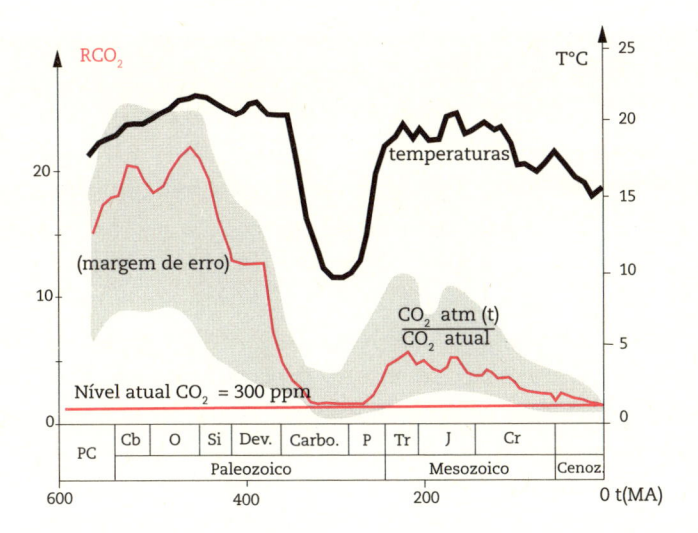

Fig. 55.3 *Escala dos tempos geológicos e fases de glaciações deduzidas da evolução da concentração atmosférica de CO_2 desde 600 Ma (modelo GEOCARB)*

A importância da extensão geográfica das antigas glaciações levou à hipótese, ainda controversa, de uma terra totalmente congelada diversas vezes (*Snow Ball Earth Theory*).

55.3 A origem dos ciclos glaciais

Nos períodos atuais, a correlação entre os ciclos astronômicos e a alternância de fases glaciais e interglaciais parece demonstrada. Para os períodos mais antigos, a terra parece ter oscilado entre os períodos globalmente frios (*Icehouse*), com calotas glaciais permanentes, e períodos quentes (*Greenhouse*). Podem-se ligar os períodos *icehouse* antigos a: uma diminuição do efeito estufa e da taxa atmosférica de CO_2 devido ao surgimento dos estromatolitos, no início dos movimentos das placas; à atividade vulcânica, assim como à distribuição das massas continentais que teriam modificado as movimentações oceânicas e atmosféricas.

Há o confronto de duas hipóteses: Walker propôs uma terra termostada, na qual a taxa atmosférica de CO_2 liga-se à temperatura por meio de mecanismos de retrocontrole.

Já a hipótese de Raymo faz a relação entre os grandes orógenos suscetíveis de sequestrar CO_2 e as glaciações.

55.4 Qual o clima amanhã?

A temperatura média aumentou 0,6°C durante o século XX. Atualmente, a tendência está no importante derretimento dos inlândsis e dos blocos de gelo, o que leva a uma diminuição do albedo e, portanto, da quantidade de energia reposta. Esse fenômeno amplia a tendência ao aquecimento global.

À luz do passado, é difícil prever uma evolução climática em curto prazo e afirmar algo sobre o futuro das calotas glaciais. As modificações antrópicas (emissões de gás de efeito estufa, desmatamento) opõem-se à tendência ao esfriamento ligado aos ciclos astronômicos.

As modificações antrópicas são suficientes para ampliar os ciclos naturais e modificar realmente a dinâmica climática terrestre? Estamos a caminho de um aquecimento inquestionável ou de uma nova glaciação?

Hidrogeologia

Palavras-chave
Aquífero – Iso-hipsos – Lei de Darcy – Nível freático – Permeabilidade – Poluição – Porosidade – Superfície piezométrica

A Hidrogeologia é o estudo das águas subterrâneas, de sua química e de seu escoamento. Na França, as reservas de água subterrânea são de 2.10^{12} m³ divididos em 450 aquíferos, que fornecem 7.10^{6} m³ de água, dos quais 60% são oriundos dos aquíferos aluviais.

56.1 Os aquíferos

A água subterrânea fica contida em rochas denominadas reservatório. Num reservatório saturado, a água escoa: trata-se do **aquífero**. A água subterrânea não está totalmente disponível: a água de constituição está aprisionada nas redes cristalinas dos minerais; há também a água retida pelas pressões eletrostáticas da superfície dos minerais (água capilar e água pelicular); a água retida por absorção (água higrostática); e

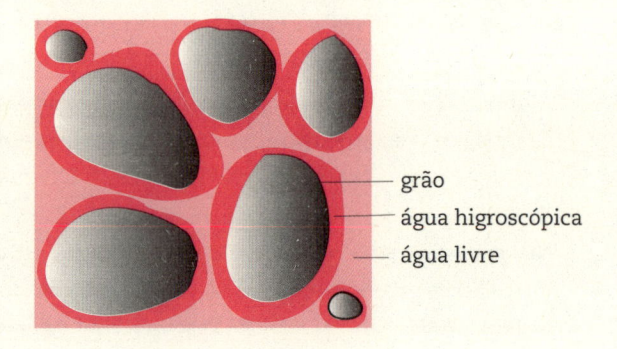

grão
água higroscópica
água livre

Fig. 56.1 *Água livre e retenção de uma rocha porosa*

a água livre, a única que pode circular no aquífero (água de percolação).
O topo do nível freático é chamado de **superfície piezométrica**: corresponde ao nível da água nos poços (pluvial). O bombeamento da água no aquífero modifica a superfície piezométrica.
Os níveis d'água dos aluviões têm relação direta com os cursos de água superficial.
Os níveis d'água superficiais, de fácil acesso, são chamados **freáticos**. Os depósitos de água contidos em rochas impermeáveis são chamados de **aquicludes**. Os aquíferos artesianos são confinados e têm a superfície piezométrica acima do solo: a água jorra dos **poços artesianos**.
Os aquíferos renovam-se por infiltração das águas superficiais.

56.2 O escoamento em um aquífero

A **porosidade** é a capacidade de uma rocha para reter determinada quantidade de água. Por fratura ou alteração, rochas pouco porosas no início ganham uma importante porosidade secundária.
A permeabilidade é a propriedade da rocha de se deixar atravessar pela água. Quando um volume de água Q escoa até a uma altura h numa rocha de uma dada seção, a velocidade de escoamento depende da permeabilidade K da rocha aquífera. K é dado pela lei de Darcy: $\mathbf{Q = k\ A\ h/l}$, na qual $\mathbf{Q}$ = quantidade de água que atravessa o meio (m³ · s⁻¹); A é a superfície (m²); h, a diferença de altura; e l (m), o comprimento percorrido. A rocha é chamada aquífera quando $K > 10$ m⁻⁴ · s⁻¹.

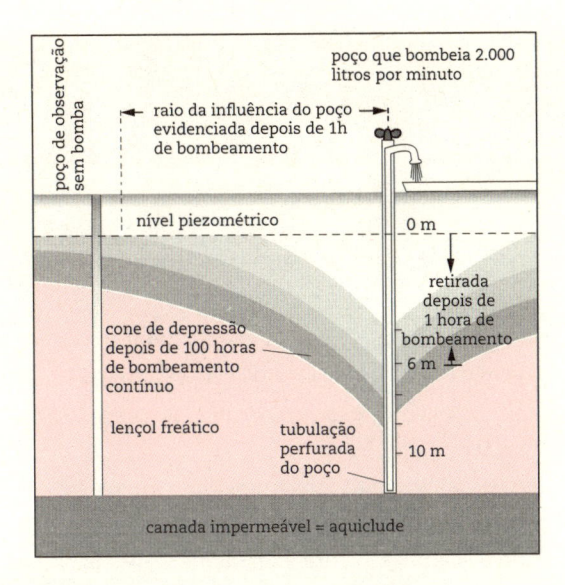

Fig. 56.2 *Cone de depressão durante o bombeamento de um aquífero*

Natureza da rocha	K, permeabilidade (cm · s⁻¹)
Areia	10^{-1} a 10^{-4}
Silte	10^{-6} a 10^{-7}
Argila calcária	10^{-7} a 10^{-8}
Argila plástica	10^{-8} a 10^{-9}

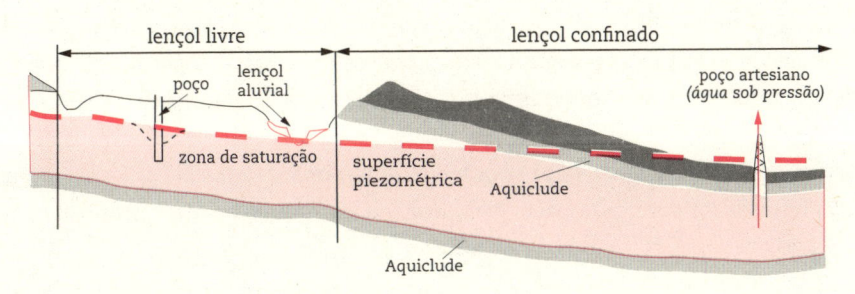

Fig. 56.3 *Esquema dos aquíferos livres e confinados*

As rochas mais permeáveis são rochas não consolidadas, não cimentadas, como as areias, os conglomerados. As águas escoam no aquífero por gravidade. O aquífero é definido pelas curvas de nível (interseção de um plano horizontal com os limites do aquífero), e a direção de escoamento é perpendicular às curvas de nível.

56.3 Conclusão

O conhecimento dos aquíferos, da qualidade e da disponibilidade da água é um dos desafios do século XXI: os aquíferos são explorados ativamente de poços ou captações para fornecer água a uma população sempre crescente. É preciso proteger os recursos hídricos das poluições, assim como administrar a exploração, para garantir sua perenidade.

57 Os recursos minerais

Palavras-chave
Anomalia – Clark – Código de mineração – Exploração – Jazidas – Prospecção – Reciclagem

As jazidas minerais sempre forneceram aos homens aquilo que satisfaria suas necessidades técnicas e tecnológicas. O que é uma jazida e como ela se forma?

57.1 Noção de jazida e de exploração

As substâncias minerais presentes na litosfera apresentam um teor médio (Clark). Eventos geológicos e geodinâmicos concentram determinados elementos com teores superiores à média: é uma **anomalia**. Quando o teor e o volume são suficientemente altos, chama-se **jazida**. A exploração de uma jazida depende de fatores econômicos: a distribuição espacial do metal, a acessibilidade, a dificuldade técnica e a dificuldade de tratamento. A exploração varia conforme o mercado mundial e sua demanda. A prospecção mineira visa identificar as jazidas potenciais a fim de estimar seus recursos. Ela recorre ao mapeamento geológico, ao sensoriamento remoto e à prospecção geoquímica. Quando as encaixantes da jazida são reconhecidas, uma fase mais precisa começa, para aprofundar o conhecimento da jazida, com o uso de sondagens e análises mais precisas.

57.2 Minas e pedreiras

O Código Brasileiro de Mineração estabelece que as riquezas do subsolo são propriedade da União. Ela concede o direito de sua exploração a quem demonstrar capacidade técnica e econômica para fazê-lo. O concessionário paga *royalties*, que em princípio serviriam para financiar a pesquisa geológica básica e assim fornecer subsídios para a descoberta de novas jazidas.

De modo geral, no Brasil, classificam-se os recursos minerais em metálicos ferrosos (Fe, Mn, Co e Ni), não ferrosos (os demais metais), preciosos (Au, Pt, Pd), radioativos, minerais industriais, águas, pedras preciosas, rochas ornamentais e agregados para construção civil.

57.3 Recursos não renováveis

As matérias-primas minerais, assim como os recursos energéticos, não são renováveis: percebe-se no mercado atual o papel cada vez mais importante da reciclagem. Assim, 13% da produção anual de cobre vêm da reciclagem. Estima-se em dois milhões de toneladas a quantidade de ouro contido nos microprocessadores dos computadores nos EUA, enquanto 69,2 bilhões de latinhas de alumínio foram recicladas em 1996. O Brasil é o país do mundo com maior intensidade de reciclagem de embalagens de alumínio. A exploração dos resíduos e dos rejeitos das antigas extrações é uma fonte nada desprezível de mineral: para isso, utilizam-se bactérias para extrair o ouro e o cobalto.

57.4 Tipologia das jazidas minerais

Uma jazida é o resultado de uma conjunção de fatores excepcionais, já que é possível classificá-las em função de sua idade. Assim, as formações ferríferas bandadas e as lavas ultrabásicas

57 | Os recursos minerais

de pirrotita e pentlandita arqueanas, assim como os *greenstone belts* (cinturão de rochas verdes ultramáficas) não podem se produzir mais. No Arqueano, a geotermia era bem mais alta e as condições de oxidorredução eram muito diferentes da situação atual.

Elemento	Teor médio	Produção	Ano	Principais países produtores
Ferro (Fe)	5%	614.000.000 t	1995	Brasil, Austrália, China, EUA, Índia, Canadá, África do Sul, Suécia
Níquel (Ni)	80 ppm	872.000 t	1994	Rússia, Canadá, Nova Caledônia, Indonésia, Austrália, China, República Dominicana
Cobre (Cu)	5 ppm	109.120.000 t	1996	Chile, EUA, Canadá, Indonésia, Austrália, Rússia, Peru, Zâmbia
Zinco (Zn)	80 ppm	7.192.000 t	1996	Canadá, China, Austrália, Peru, EUA, México, Irlanda
Chumbo (Pb)	16 ppm	2.850.000 t	1996	Canadá, China, Austrália, Peru, México, Suécia
Antimônio (Sb)	0,1 ppm	89.338 t	1994	China, Bolívia, Austrália, México
Ouro (Au)	5 ppb	2.346 t	1996	África do Sul, Austrália, EUA, Canadá, China
Urânio (U)	3-4 ppm	34.600 t	1996	Canadá, Austrália, Nigéria, Namíbia, Uzbequistão, Rússia, África do Sul
Alumínio (Al)	8%	124.667.000 t	1996	Austrália, Guiné, Jamaica, Brasil, China, Índia, Venezuela

Pode-se também traçar uma tipologia das jazidas em função da origem dos elementos e dos fatores de concentração. Os elementos de origem profunda do manto sobem à superfície por convecção e magmatismo, concentrados por fenômenos geodinâmicos, os pórfiros de cobre das margens ativas, onde os fluidos da placa subdúctil percolam as rochas do manto e dissolvem os elementos litosféricos da encaixante. Essas jazidas acompanham as intrusões magmáticas das margens ativas. Às vezes, em contato com as intrusões, os calcários são metamorfizados, formando os mármores e, quando a rocha intrusiva está mais afastada, mantos menos metamorfizados.

O conhecimento das fontes hidrotermais das dorsais (Ficha 53) permitiu explicar a formação dos chapéus de ferro de sulfetos com pirita, calcopirita, bornita, blenda e galena.

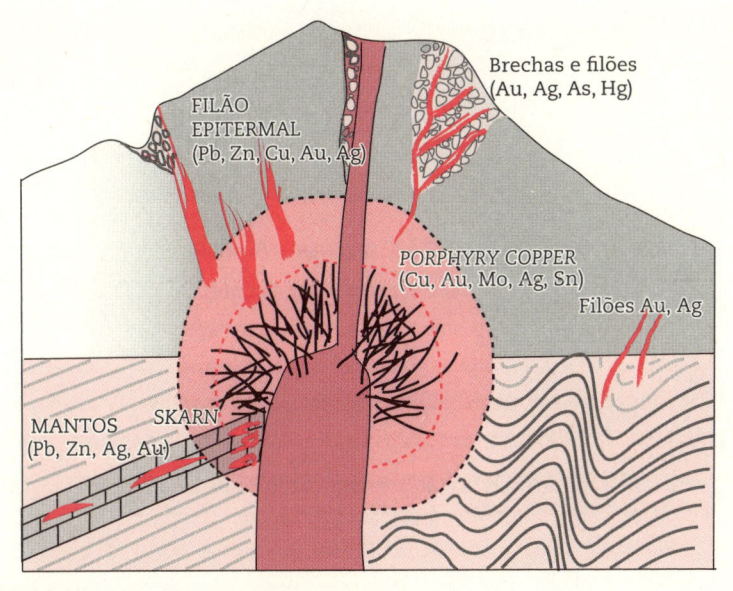

Fig. 57.1 *Jazidas hidrotermais e metassomáticas*

O quadro que segue agrupa de forma sintética a maioria das jazidas de substâncias minerais, em função de sua origem.

Origem magmática	Cumulados ultrabásicos	Cromititos acamados e montes podiformes (Great Dyke, Zimbábue, Nova Caledônia) EGT: platinas litadas (Bushweld)	Cr, Pt, Pd, Ni
	Intrusões	Kimberlitos de diamantes	C, Zr, Nb, terras raras,
		Carbonatitos	Be, Li, Sn, Rb, Cs,
		Pegmatitos	Nb, Ta, U
	Escoamentos	Komatiítos: derrames ultrabásicos de sulfetos maciços	Ni, Cu, Fe, Co
	Meteorito	Sudbury (sulfetos)	Ni, Cu
Origem hidrotermal metassomática	Metassomatose	"Pórfiros" cupríferos Chuquicamata (Chile) Pórfiros de molibdênio (Bingham, EUA) Pórfiros argentíferos e estaníferos (Cerro Potosi, Peru)	Cu, Pt, Au, Mo, Sn, W
		"Mantos", montes de sulfetos maciços (Zacatecas, México)	Cu
		Filões "sulfato-ácido" (Julcani, Peru) Filões de sericita-adulária (Comstock)	Au, Ag, As
	Skarns	Metamorfismo de contato (granito/rocha carbonatada) (Trás os Montes, Portugal; Salau, França)	W, Mo, Au, Co, Sn, Bi, Be, B
	Singenéticos montes sulfetados	Abitibi – cinturões de rochas verdes	Cu, Zn
		Kuroko – exalante	Cu, Zn, Pb
		Chipre (Troodos)	Cu, Zn
	Sedimentares exalativos (sedex)	Brocken Hill	Pb, Zn, Ba
	Filões	Quartzo	Au, Ag, Pb, Zn
	Chapéu de ferro ou *gossan*	Filões de soclo cobertura (Chaillac, França) Fendas na extensão Carstes mineralizados (Mouthmoumet, França)	Pb, Zn, Ag, Ba, F, Cu, Sb, As
Origem diagenética	Impregnação diagênese	*Red Beds* cupríferos (faixa cuprífera do Zaire)	Cu, platinoides, Co Ag
		Mississipi Valley	Pb, Zn, Ag, Ba, F, Cu, Sb, As, Sr
		Arenitos plumbíferos (Latgentières, França)	Pb, Sn
		Urânio (frente de oxidorredução) arenitos uraníferos, calcretes	U
	Lateritos niquelíferos	Jazidas de níquel da Nova Caledônia (Goro)	Ni, Co
Origem sedimentar	Estratiformes	Manganês sedimentar (Nikopol)	Mn
		Fosforitos	P
	Evaporitos	Salárias	N, Li
		Chótis	Na
		Diapiros e *cap rocks*	Ba, Sr, Fe, Pb, Zn
	Carstes mineralizados	Bauxitas de Provence	Al
	Ferro estratificado	BIF (*Banded Iron Formation*) Minete de Lorraine (ferro oolítico)	Fe
	Pláceres e neopláceres	Pedras preciosas (Sri Lanka) Diamante (Namíbia) Ouro (Guiana) Cromita (Nova Caledônia)	Au, C, Be, Sn, Cr

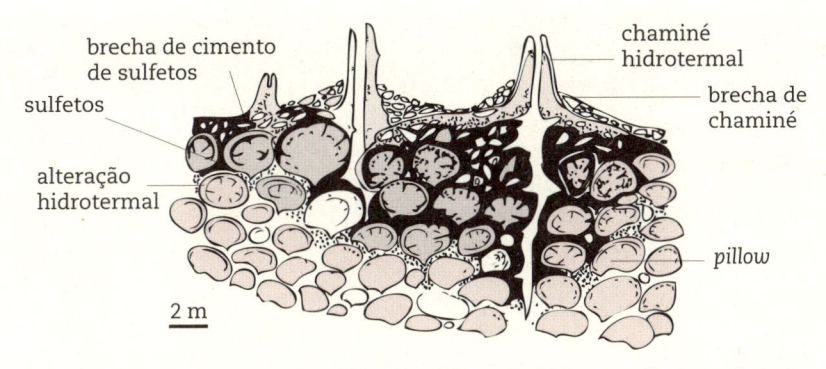

57 | Os recursos minerais

Fig. 57.2 *Formação de sulfetos hidrotermais*

A todos esses processos de depósito e de concentração sobrepõem-se as deformações tectônicas, que modificam a geometria dos corpos mineralizados e que os expõem à erosão. Nos processos sedimentares, os elementos minerais concentram-se por fenômenos físicos (gravidade) e podem ser concentrados ou removidos por processos diagenéticos (Ficha 52). A alteração pode mobilizar e concentrar elementos, como no caso das incrustações com garnierita da Nova Caledônia, que representam 30% das reservas mundiais de níquel.

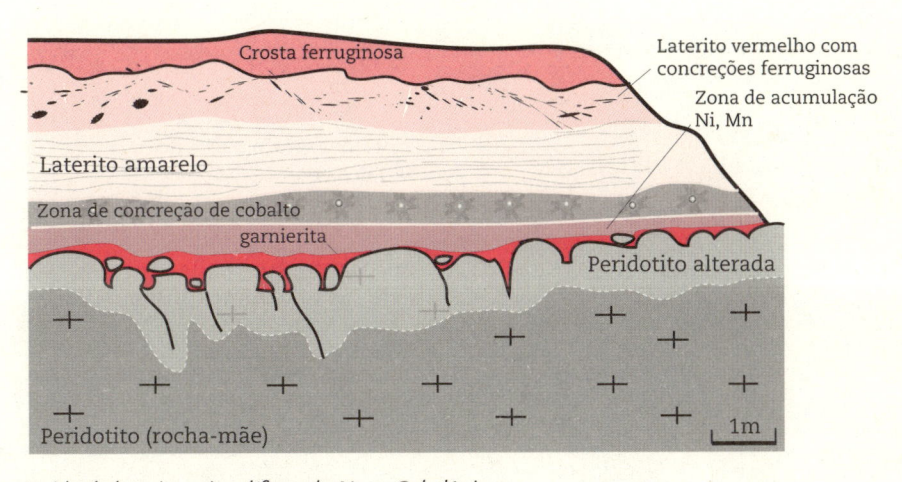

Fig. 57.3 *Jazida de lateritos niquelíferos da Nova Caledônia*

57.5 As jazidas extraterrestres

Os planetas e os asteroides encerram recursos minerais que poderiam ser explorados pelos projetos humanos no espaço. Na verdade, por causa do alto custo dos lançamentos, é mais interessante explorar recursos in situ. Nessa categoria, entram as rochas e o regolito, para isolar uma base lunar ou marciana; e os óxidos, para extrair oxigênio. A exploração de ^{3}He, um isótopo do hélio preso nas partículas do regolito, a partir do vento solar, é proposta como recurso energético para a fusão nuclear. A exploração em Marte mostrou rochas diferenciadas e processos de concentração mineral. A prospecção dos recursos de Marte pode servir de base para uma ocupação humana do planeta vermelho.

58 Da matéria orgânica ao petróleo

Palavras-chave
Maturação – Migração – Armadilhas – Preservação – Rocha-mãe

O petróleo (como o gás) é um recurso energético combustível chamado "fóssil". Trata-se de um composto natural rico em micromoléculas muito polimerizadas. Esgotado nos reservatórios geológicos naturais, o petróleo resulta da sucessão de diversos fenômenos geológicos ocorridos numa longa e complexa história.

58.1 A matéria orgânica: acumulação e preservação

Como todos os compostos sedimentares ricos em matéria orgânica, o petróleo faz parte da família das **rochas carbonosas** (Ficha 25). A primeira condição necessária à formação do petróleo é o acúmulo de grande quantidade de matéria orgânica (MO) numa bacia sedimentar.

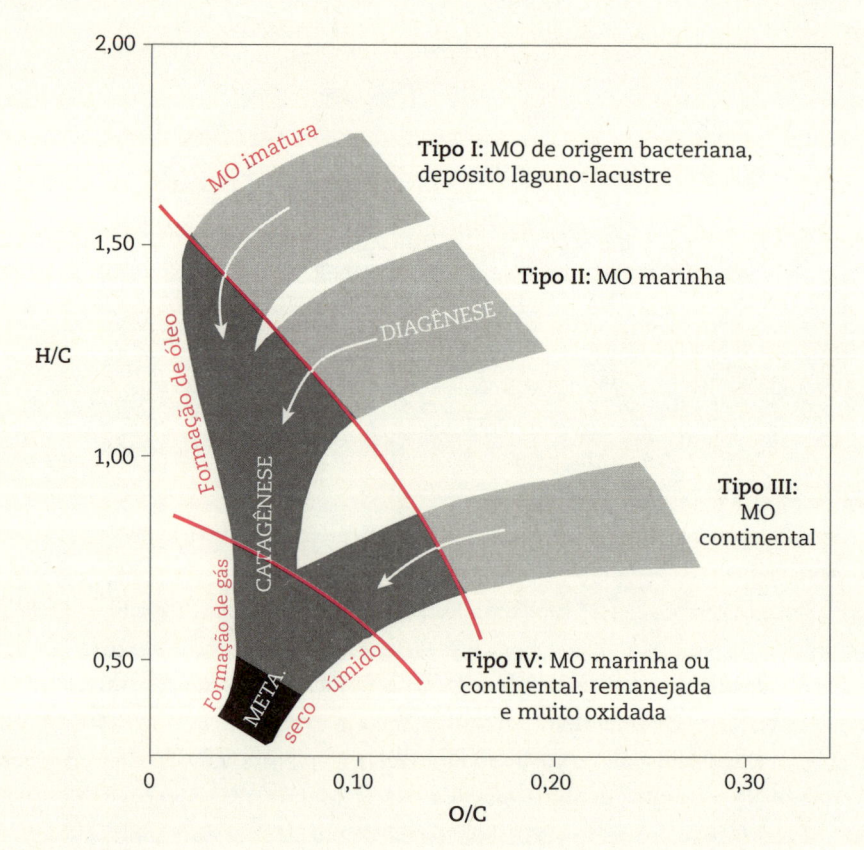

Fig. 58.1 *Evolução da matéria orgânica (MO) durante o enterramento das rochas (diagrama de Van Krevelen)*

58 | Da matéria orgânica ao petróleo

Essa matéria orgânica tem duas origens: **continental** (fragmentos de vegetais superiores transportados pelos rios) e/ou **marinha** (fito e zooplanctônica, bacteriana). Ela é constituída de proteínas, lipídios, açúcares e lignina (para as plantas terrestres) e se acumula nos sedimentos de forma particular. Estima-se que apenas 1% da matéria orgânica produzida fossiliza, enquanto o restante é degradado pelas bactérias na coluna de água ou nos sedimentos. Em geral, a preservação da matéria orgânica residual é explicada por diversos fenômenos, como a **adsorção** nos minerais argilosos, a **sulfurização natural** ou a preservação seletiva.

As análises químicas mostram que 99% da matéria orgânica é constituída de C, H, O, S e N (abundâncias decrescentes). A medição das relações atômicas H/C e O/C permite caracterizar a matéria orgânica (MO) e sedimentá-la em quatro tipos principais: I, II, III, IV.

58.2 Evolução e maturação da matéria orgânica fóssil

Depois de depositada e preservada, a matéria orgânica é recoberta por sedimentos e, com o tempo, vai ser soterrada cada vez mais profundamente. O gradiente geotérmico aumenta com a profundidade, e a MO evolui termicamente: é a maturação que modifica as estruturas químicas em três etapas sucessivas:

Etapa	Evolução química	Transformação
1- **Diagênese**: 0 a 2.000 m de prof. T°$_{máx}$ = 60 °C	O/C diminui	A MO transforma-se em querogênio, proto-petróleo e CH_4 bioquímico
2 – **Catagênese**: 1.000 m a 4.000 m de prof. T°$_{máx}$ = 150 °C	H/C diminui	O querogênio transforma-se em hidrocarbureto (óleo e gás)
3 – **Metagênese**: acima de 4.000 m e de 150 °C	H/C continua a diminuir	Só subsistem gases secos e carvão residual (antracito, depois grafite)

Chama-se **janela de óleo** a zona profunda onde ocorre a transformação dos querogênios em hidrocarburetos. A rocha que contém a MO evoluída (o petróleo, por exemplo) é chamada de **rocha-mãe**.

58.3 Migração e armadilha dos hidrocarburetos

No começo, o petróleo acumula-se durante a catagênese nas partes mais porosas da rocha-mãe, mas como não é miscível na água e pouco denso, ele acaba deixando naturalmente a rocha-mãe: é a **migração primária** ou **expulsão**. Então, sua tendência é subir e se diluir nas zonas mais superficiais. Para evitar essa dispersão, é preciso:
- um **teto impermeável** (uma camada argilosa, por exemplo) a fim de evitar que o petróleo não suba à superfície;
- uma **formação porosa** (areia, psamito, rocha granular) que permita ao petróleo circular lateralmente.

Essas duas condições juntas permitem a **migração secundária**. Assim, os hidrocarburetos podem percorrer várias dezenas de quilômetros antes de encontrar uma estrutura geológica que pare sua migração: a **armadilha** ou **reservatório** (diapiros, grandes anticlinais, falhas onde o plano de falha é colmatado por argila, discordância etc.).

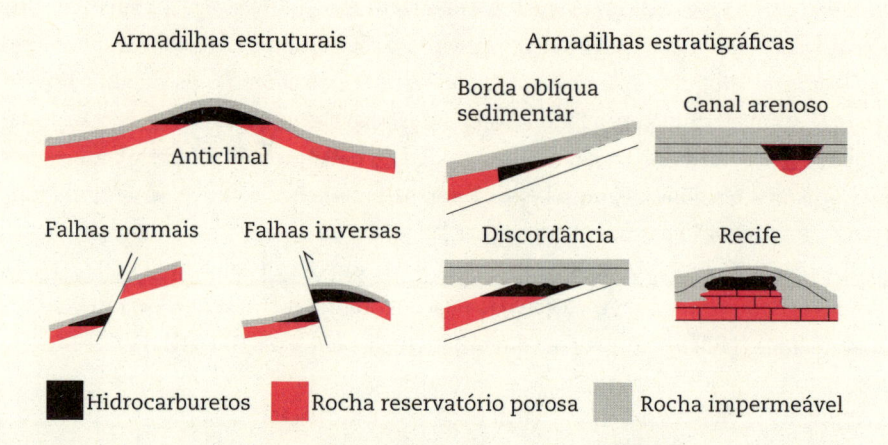

Fig. 58.2 *Exemplos de armadilhas para hidrocarburetos (estruturais e estratigráficas)*

4 Conclusão

A presença e a qualidade do petróleo (ou gás) resultam da sucessão de várias etapas, cuja duração acumulada pode chegar a vários milhões de anos: acumulação e preservação de MO em quantidade suficiente, evolução térmica, contexto geológico favorável à migração e às armadilhas. Antes de ser usado, o petróleo deve ser refinado (destilação, refinação, dessulfurização) de forma mais ou menos significativa, em função da qualidade original do petróleo bruto.

As hipóteses sobre a origem da vida 59

Palavras-chave
Fotossíntese – Protobiontes – Sopa primitiva – Estromatolitos

Ao constatar que todas as divisões das espécies estão presentes nos mares desde o Cambriano (−540 Ma), falta explicar como a vida apareceu e se diversificou desde a criação da Terra, há mais de 4.500 Ma (Ficha 1). Os primeiros argumentos são extraídos do local: primeiras rochas sedimentares (−3.800 Ma, *Isua*, na Groenlândia) e mais antigas estruturas orgânicas reconhecíveis (microesferas datadas −3.000 Ma, *North Pole*, na Austrália). A descoberta desses primeiros indícios é acompanhada de hipóteses e de experiências em laboratório, que recriam as condições da Terra primitiva.

59.1 Os primeiros traços fósseis

Pequenas estruturas orgânicas foram descobertas na formação siliciosa de *North Pole*, na Austrália. Esses fósseis, de 3.000 Ma, têm três formas:

Cocoides	Conchas ovoides, que lembram as bactérias cocos, ricas em matéria orgânica carbonosa. Encontram-se isoladas ou agrupadas em cachos e filamentos.
Esferoides	Formas esféricas com uma parede muito nítida e, no interior, uma mancha preta bem visível, chamada piloma (espécie de poro).
Estromatolitos	Estruturas biossedimentares compostas de laminações regulares muito finas, ligadas a uma atividade cianobacteriana.

Outras jazidas forneceram traços fósseis de células procariotas: Fortescue (Austrália, −2.800 Ma) e Gunflint (Canadá, −2.000 Ma). O reconhecimento das maiores células (diâmetro > 20 μm) demonstra a presença de células com núcleo ou eucariotas em torno de −2.000.

59.2 A origem das primeiras moléculas orgânicas

A vida depende exclusivamente da presença de compostos orgânicos, cujo surgimento na Terra pode ser explicado por meio de três hipóteses diferentes.

a] A "sopa primitiva quente"

Os componentes da atmosfera primitiva (CO_2, N, NH_3, SO_2, CH_4, NCH), em solução nos mares da Terra primitiva, combinaram-se sob o efeito da radiação UV (ausência de camada de ozônio). É a hipótese de Oparin e Haldane (1924), checada em laboratório por Miller (1953).

b] As fontes hidrotermais

Nos mares primitivos, em contato com fontes hidrotermais produtoras de H_2S, a atividade bacteriana sulfo-oxidante gerou compostos orgânicos idênticos ($C_6H_{12}O_6$) aos da fotossíntese.

c] A panspermia

É a única hipótese em que a vida não aparece nos mares. Postula uma semeadura da superfície terrestre por compostos orgânicos extraterrestres durante o intenso bombardeamento meteorítico nas primeiras horas da Terra.

59.3 A evolução pré-biológica

As primeiras moléculas orgânicas são compostos simples (os monômeros), que evoluíram para compostos mais complexos: os polímeros. Em uma célula viva, essa polimerização realiza-se graças às enzimas. Na Terra primitiva, a energia necessária a essa etapa foi fornecida pelo calor ou pelos minerais, como as argilas e a pirita, que contêm áreas elétricas carregadas (ligações com os monômeros) e átomos metálicos, que liberam elétrons para catalisar as reações. Os polímeros produzidos inorganicamente são os proteinoides, que se agrupam espontaneamente para formar os protobiontes, dotados de uma membrana e capazes de seletividade e de troca química com o meio ambiente. As experiências em laboratório permitiram formar três tipos: as microsferas (experiência de Fox); os coacervatos (experiência de Oparin) e os lipossomas.

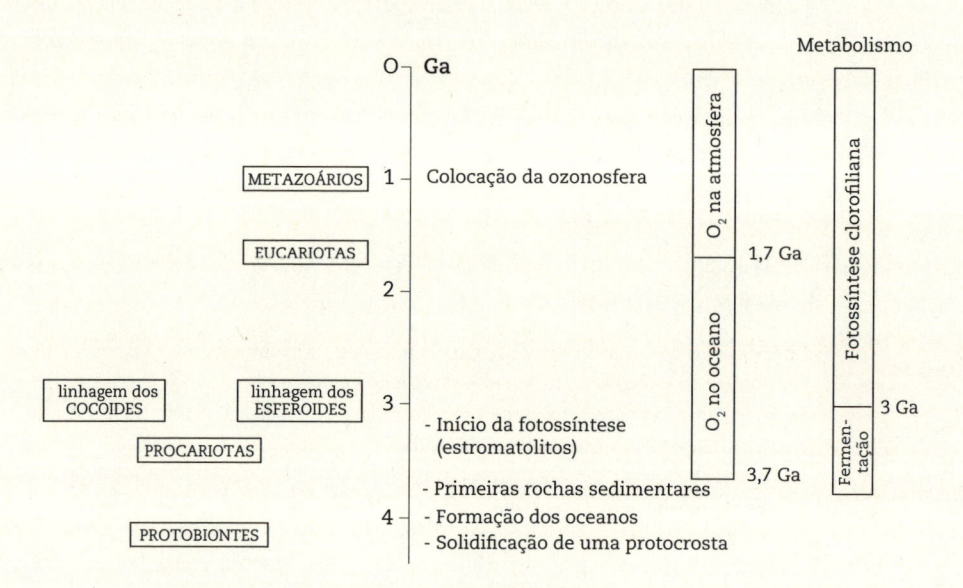

Fig. 59.1 *Evolução esquemática da biosfera (Ga = bilhões de anos)*

59.4 Conclusão

Os protobiontes evoluíram até se tornarem verdadeiras células. A evolução torna-se biológica (surgimento da replicação) desde os procariotas heterótrofos (fermentação anaeróbica) até a autotrofia (químio-, depois fotossíntese), seguida da heterotrofia, com respiração celular.

A carta do tempo geológico 60

Palavras-chave
Estágio – GSSP – Estratotipo – Unidade cronoestratigráfica

A Geologia é uma disciplina histórica que precisa estabelecer uma cronologia dos eventos ou dos processos registrados nas rochas e séries geológicas da superfície da Terra. As ferramentas litológicas e paleontológicas (litoestratigrafia e bioestratigrafia, Ficha 4) associadas aos métodos radiocronológicos (Ficha 5) permitiram elaborar as escalas estratigráficas (Ficha 75) sucessivas e subdividir o longo tempo (desde 4,6 Ga) com a ajuda de eventos marcantes, cuja duração pode ser estimada.

60.1 O estabelecimento da escala estratigráfica

A cronoestratigrafia é um ramo da estratigrafia que estuda o recorte, em **unidades cronoestratigráficas**, dos terrenos, processos e fenômenos geológicos registrados durante determinado intervalo de tempo (**unidade geocronológica**), os quais se sucedem na história da Terra.

a] As unidades fundamentais da escala: estágio e estratotipo

Na hierarquia dos termos cronoestratigráficos, o **andar** é a menor unidade que se pode identificar, de forma **universal**, por um conjunto de critérios paleontológicos, litológicos ou estruturais. Os andares são definidos a partir de um corte de referência (**estratotipo**) situado numa localidade tipo. A **idade** (unidade geocronológica) é o intervalo de tempo que corresponde ao andar. Em princípio, o nome do andar é o da localidade tipo, seguido pelo sufixo –*iano*.

b] Os principais recortes estratigráficos

A prática geológica consagrou uma terminologia tanto cronoestratigráfica quanto geocronológica, cujos termos mais usuais aparecem em itálico no quadro a seguir.

Unidades cronoestratigráficas (subdivisão sedimentar)	Unidades geocronológicas (subdivisão temporal)
Eonotema	*Éon*
Erátema	*Era*
Sistema	*Período*
Série	*Época*
Andar	Idade

60.2 As subdivisões da escala estratigráfica

Os critérios paleontológicos permitem distinguir eras que seguem os terrenos pré-cambrianos, caracterizados pela ausência de fósseis. Essas eras constituem o éon Fanerozoico (período da "vida visível"):

- a era primária ou era Paleozoica, limitada na base por uma crise de surgimento de fósseis de testáceos e conchas, acaba com um pico de extinção (95% das espécies fósseis, dentre elas as trilobitas e alguns grandes foraminíferos bênticos) no limite Permotriássico;
- a era secundária ou Mesozoica caracteriza-se pelo desenvolvimento das amonites e dos grandes répteis e, no auge, pela extinção desses dois grupos de animais no limite do Cretáceo-Terciário;
- a era terciária ou era Cenozoica marca o surgimento de outros foraminíferos e a diversificação dos mamíferos e das plantas com flores. A era Quaternária, que só era assinalada pelo surgimento do homem e das grandes glaciações, agora está integrada à era Cenozoica.

Os tempos anteriores ao éon Fanerozoico também foram subdivididos em éons (Háden, Arqueano e Proterozoico), cujos limites correspondem às modificações geológicas maiores (mas sem parâmetros fósseis) e as datas fixadas arbitrariamente por valores radiocronológicos (por exemplo, o começo do Arqueano, em 3.800 Ma, corresponde às mais antigas rochas conhecidas e ainda preservadas na Terra).

Às vezes, o tempo pode ser subdividido em intervalos que correspondem à criação das cadeias de montanhas ou à evolução de ciclos orogênicos marcados por intensas fases de deformações: orogêneses cadomiana, hercínica, alpina.

Fig. 60.1 *Recorte estratigráfico do registro geológico e subdivisões cronológicas*

Se o tempo é contínuo, o mesmo não ocorre com a sedimentação, e pode deturpar a definição exata de um estratotipo. A fim de melhorar a definição dos estágios, os estratígrafos procuram propor parâmetros precisos, concretos e fixos, correlatos em grandes distâncias e que correspondam a duas unidades cronoestratigráficas: é o estratotipo de limite. No afloramento ou corte escolhido como estratotipo de limite, de valor internacional, esse limite é identificado pela sigla em inglês: GSSP (*Global Boundary Stratotype Section and Point*).

60.3 Conclusão

A sucessão no tempo das diferentes unidades de distintos níveis hierárquicos (estágios com éon) constitui a escala cronoestratigráfica mundial (Ficha 75). As unidades dessa escala englobam todos os terrenos formados durante determinado intervalo de tempo e cujos limites são contemporâneos em todos os lugares. O conteúdo paleontológico e as características físicas desses terrenos permitem elaborar escalas "temáticas" (biocronológica, magnetoestratigráfica, Ficha 75, e numérica) que, combinadas, fornecem o quadro na escala dos tempos geológicos.

Os fósseis 61

Palavras-chave
Biocronologia – Bioestratigrafia – Classificação – Fóssil –
Pale-ecologia – Filogenia

Em grande parte, o estabelecimento da escala dos tempos geológicos (Ficha 60) baseia-se no reconhecimento e na evolução do conteúdo paleontológico das camadas sedimentares. A **paleontologia** é, literalmente, a ciência que estuda a vida antiga e, mais precisamente, os organismos desaparecidos que deixaram traços de sua existência e de sua atividade nos terrenos sedimentares, graças aos mecanismos da fossilização (Ficha 62). Esses vestígios ou traços de organismos preservados, frequentemente transformados e, enfim, preservados em rochas sedimentares, são chamados de fósseis.

61.1 O que é um fóssil?

Os fósseis são os restos (conchas, testáceos, esqueletos, ossos, dentes etc.) completos ou parciais de organismos, os traços de sua existência ou de sua atividade (pegadas, dejetos, tocas), enterrados nos sedimentos, depois de sua morte (o processo pode ser mais ou menos rápido). Os fósseis são importantes porque:
- estão presentes nos sedimentos tanto do domínio continental quanto do meio marinho;
- são o registro de uma história biogeológica muito antiga, de mais de 3,5 Ga (Ficha 59);
- constituem grande parte da produção sedimentar (principalmente carbonatada e siliciosa);
- permitem a reconstituição dos ambientes de depósitos e dos climas antigos;
- permitem estabelecer uma cronologia relativa dos depósitos sedimentares (Ficha 4);
- permitem testar as teorias da evolução da vida (Ficha 59).

Geralmente, os fósseis são classificados em duas categorias: os **macrofósseis**, que designam fósseis animais (macrofauna) ou vegetais (macroflora) de grande porte (superior a 5 mm), em oposição aos **microfósseis**, que designam fósseis unicamente vistos com lupa ou material de microscopia (óptica, Ficha 21, ou MEV, microscópio eletrônico de varredura). O estudo dos microfósseis com estruturas minerais corresponde à micropaleontologia, e o estudo dos microfósseis com parede orgânica, à palinologia.

61.2 Utilização dos fósseis

a] Classificação e sistemática

A classificação dos fósseis, como a dos seres vivos, é chamada de **taxionomia** ou **taxonomia**. Para dar um nome a um fóssil, existem três casos básicos:
- quando o fóssil encontrado corresponde a um organismo desconhecido, então o nome atribuído segue a nomenclatura binominal: o Gênero (com maiúscula), seguido da espécie (em minúscula);
- quando o fóssil encontrado corresponde a um organismo conhecido e os critérios morfológicos e outros parâmetros são idênticos a uma espécie já catalogada. Então, ele é colocado na mesma espécie;

- quando o fóssil encontrado corresponde a um elemento do organismo (por exemplo, ovos de dinossauro, conodontes, icnofósseis, coprólitos). Os paleontólogos usam a parataxonomia, que corresponde ao estabelecimento de uma classificação própria em função de critérios do elemento considerado.

b] Os fósseis marcadores da evolução

A evolução dos seres vivos associa processos genéticos e ambientais que permitem organizar os organismos atuais e fósseis (princípio do atualismo) em unidades fundamentais que se classificam em espécie. As espécies evoluem com o tempo e passam por uma ou várias modificações. O estudo da variabilidade e do estado dos caracteres (essencialmente morfológicos), graças a diversas técnicas (estatística etc.), permite expressar as **relações filogenéticas** das espécies fósseis no decorrer do tempo.

c] Os fósseis marcadores do tempo

A paleontologia estratigráfica baseia-se no estudo de grupos muito abundantes (cefalópodes, bivalves, ouriços-do-mar ou, então, artrópodes e braquiópodes) bem mais abundantes do que os fósseis de vertebrados. Um fóssil estratigráfico caracteriza-se por: uma grande distribuição geográfica (que depende do modo de vida do fóssil em questão) e uma relativa fraca extensão vertical nos depósitos (significa que sucessivas gerações de organismos definidos por determinada forma povoaram o meio de formação do sedimento durante um lapso de tempo geologicamente curto). Os fósseis respondem a esses critérios espaço-temporais (noção de **biozona**), que permitem estabelecer as **escalas bioestratigráficas** (Ficha 4).

d] Os fósseis marcadores do ambiente

Um fóssil pode se limitar a uma litologia, o que significa que o organismo fóssil só vivia num ambiente bem definido. Assim, ele pode fornecer múltiplas informações sobre as condições físico-químicas, paleoambientais e paleoecológicas do meio em que vivia, do local geográfico e do período. A descrição de um fóssil ou de um acúmulo de fósseis num afloramento caracteriza-se por vários critérios:
- definição da composição taxonômica, isto é, se o acúmulo fossilífero é marcado pela presença de um organismo majoritário (assembleia monotípica) ou de vários organismos diferentes (assembleia politípica);
- determinação da geometria, do arranjo tridimensional e da orientação preferencial dos fósseis;
- estimativa também sobre a energia do meio ambiente do depósito, identificação dos critérios de polaridade (que permitem saber se a camada sedimentar não sofreu inversão, Ficha 3) e das deformações morfológicas que indicam a direção das pressões tectônicas.

Os traços fósseis (icnofósseis) junto ao comportamento ou à ação dos organismos (locomoção, habitat, alimentação, reprodução) são estudados pela **paleoicnologia**.

61.3 Conclusão

Os fósseis são os restos ou os traços de seres vivos contidos nas rochas sedimentares. Sua determinação permite situar um terreno numa escala de tempo relativa a partir das sucessões paleontológicas (biocronologia) e relacionar diferentes terrenos geograficamente afastados (bioestratigrafia). A presença ou ausência de fósseis nos diferentes terrenos pode ter importantes consequências nas reconstituições paleogeográficas e geodinâmicas.

A fossilização e suas modalidades

62

Palavras-chave
Anoxia – Conservação – Epigenia – Partes duras – Partes moles – Tafonomia

Os **fósseis** são formas de seres vivos desaparecidos no decorrer dos tempos geológicos (Ficha 61). A **fossilização** corresponde ao conjunto dos processos físico-químicos que permitem a conservação total ou parcial dos organismos ou de sua existência nas rochas sedimentares.

62.1 Fósseis e fossilização

Os fósseis são os restos (conchas, testáceos, esqueletos, ossos, dentes, folhas, esporos) de organismos, os traços de sua existência ou de sua atividade (pegadas, dejetos, tocas), enterrados nos sedimentos depois de sua morte.

a] Noção de tafonomia

O termo **tafonomia** designa o conjunto dos estudos dedicados aos **processos de fossilização**. Numa acepção mais ampla, a tafonomia envolve o exame de todas as transformações desde a morte do organismo até a coleta do objeto fossilizado. A fossilização ainda é um fenômeno excepcional nas séries sedimentares e depende de inúmeros fatores, como:
- a constituição do organismo vivo;
- as condições do soterramento e a natureza do sedimento encaixante;
- a rapidez de consolidação do sedimento;
- as transformações químicas no sedimento;
- a deformação dos objetos fossilizados pela tectônica.

b] Os objetos fósseis

De modo geral, os organismos vivos são constituídos de matéria orgânica (as **partes moles** com pouco potencial de fossilização) com ou sem concha ou esqueleto mineralizado (as **partes duras** com grande potencial de fossilização). Pela composição do organismo original, diferentes modos de fossilização podem intervir para a melhor preservação do objeto fossilizado nos sedimentos das rochas.

62.2 As condições da fossilização

a] Os fatores ambientais

Nem todos os ambientes são igualmente favoráveis à fossilização. O meio continental é menos propício à conservação do que o meio marinho. No entanto, as condições variáveis dos parâmetros físicos, químicos (**oxigenação**) ou biológicos (**bioturbação**) do meio marinho podem perturbar o registro dos fósseis nas rochas. O transporte dos organismos mortos, a ação de outros organismos perfurantes ou necrófagos e certas soluções mineralógicas prejudicam a fossilização. Em contraposição, os acúmulos de testáceos ou de conchas ou a anoxia do ambiente são considerados fatores favoráveis à fossilização.

b] Diagênese dos fósseis

Os fósseis resultam de muitas transformações: físicas, químicas, precoces, mais tardias e progressivas (compactação, dissoluções, epigenias, recristalizações etc.) dos seres vivos, o que leva a sua conservação nas rochas sedimentares.

62.3 Os mecanismos da fossilização

Modos de fossilização	Exemplo	Fossilização das partes moles	Fossilização das partes duras
Carbonificação	Vegetais (folhas, samambaias) na origem dos carvões	X	
Permineralização	Substituição da matéria orgânica por uma substância mineral Madeira silicificada Fosfatização	X	
Inclusão	Âmbar (inseto)	X	X
Congelamento	Gelo (mamute)		
Mumificação	Turfeira, lamas	X	X
Conservação	Composição mineralógica preservada do organismo original		X
Epigenia	Substâncias minerais originais substituídas molécula por molécula • Calcita substituída pela sílica • Calcita substituída pela pirita • Concha de aragonita transformada em calcita		X
Molde interno	Preenchimento da parte interna de uma concha que será posteriormente dissolvida		X
Molde externo	A concha vazia deixa sua marca no sedimento antes de desaparecer por dissolução (contra-molde)		X
Conservação de traço de atividade	Deslocamento (rastejar, marca de passo) Modo de vida (pistas, tocas) Alimentação (pastagem, coprólitos)		X

62 | A fossilização e suas modalidades

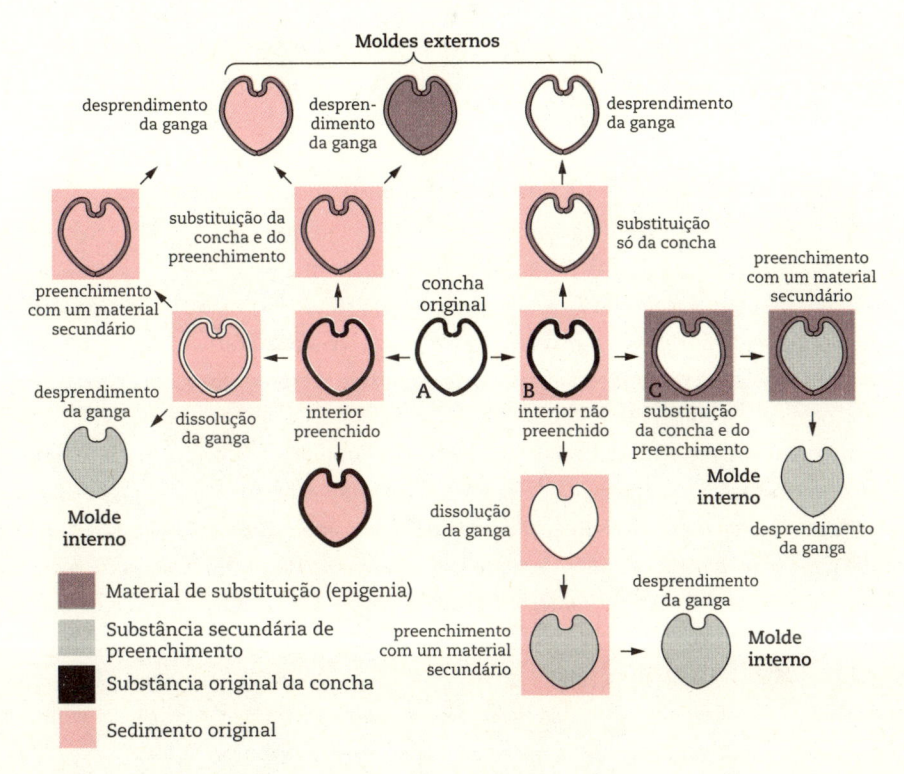

Fig. 62.1 *Principais modos de fossilização a partir de uma concha original*

63 As grandes etapas da evolução

Palavras-chave
Colonização – Metazoários – Radiação cambriana – Esqueletos

Os primeiros estágios da vida na Terra são essencialmente "moleculares" (Ficha 59). O surgimento da ozonosfera, em torno de 1.000 Ma, protegeu a Terra dos raios cósmicos, mas não permitiu a síntese de novas formas orgânicas. O material necessário ao desenvolvimento de uma forma de vida complexa está presente e agora percorrem-se as etapas marcantes da evolução da vida na Terra.

63.1 Os sítios fossilíferos de Ediacara, de Tommot e de Burgess

O sítio fossilífero de **Ediacara** (Austrália, 630 Ma) revela animais de organização complexa (na maioria, celenterados e anelídeos). É um sítio importante na evolução da vida na Terra, porque esses fósseis são os primeiros traços dos metazoários. Sua origem é ainda incerta (em torno de −1.000 Ma) e sua filiação com os organismos mais recentes é difícil. Alguns pesquisadores estimam que os fósseis de Ediacara correspondem a uma tentativa abortada de explosão da vida sob uma forma evoluída.

A fauna **tomotócica** (530 Ma, Sibéria) apresenta as primeiras evidências de mineralização de esqueletos de metazoários. Em torno de 528 Ma (base do Cambriano inferior), os xistos canadenses de **Burgess** forneceram espécimes fósseis em quantidade excepcional. Os organismos, todos marinhos, são providos de esqueleto e representam o ponto de partida das radiações evolutivas de todas as ramificações. São as "**radiações cambrianas**".

63.2 A vida fora da água

Inicialmente, a vida desenvolveu-se na hidrosfera, onde se encontrava o oxigênio. Estima-se que, para o surgimento de organismos providos de esqueleto, a concentração de O_2 deve ser superior a 1 mg/l. Com a atividade de algas fotossintéticas clorofilianas, o oxigênio satura a água e passa progressivamente à atmosfera (a partir de 1.700 Ma). A fotólise do oxigênio na atmosfera forma a ozonosfera (−1.000 Ma). Em torno de **400 Ma**, a concentração de O_2 atmosférico tornou-se suficiente, e os organismos foram dotados de pulmões, e, assim, a vida saiu da água e colonizou os meios aéreos. Os primeiros traços dessa colonização são vegetais (Pteridófitas do gênero Rínia, Siluriano-Devoniano), depois animais (anfíbios e batráquios no fim do Devoniano), provavelmente acompanhados de artrópodes (aracnídeos).

63.3 As principais etapas da evolução

Além da saída das águas, na era **Paleozoica** surgiram os primeiros peixes (ágnatos, placodermos e cartilaginosos). Os anfíbios e os batráquios precedem os vertebrados terrestres, os amnióticos, que põem seus ovos na terra e não na água e aparecem no Carbonífero. No fim do Paleozoico, desenvolveram-se grandes florestas de gimnospermas, origem das jazidas hulhíferas do Carbonífero.

63 | As grandes etapas da evolução

No Mesozoico, os mares são povoados de recifes, de **amonitas** e de **belemnitas**. Os **grandes sáurios** dominam o meio continental e, progressivamente, os pássaros colonizam o meio aéreo (primeiro pássaro: arqueópterix, Jurássico superior). Surgem as primeiras angiospermas e os mamíferos, mas o Mesozoico permanece a era das gimnospermas e dos répteis.

O **Cenozoico** marca o evento dos **mamíferos** e das **angiospermas**. No Neogêneo, as gramíneas espalham-se junto aos **herbívoros**. No **Mioceno**, as linhagens de macacos sem rabo (gorilas e chimpanzés) separam-se do hominídeo (Ficha 65). O **homem** moderno surge durante o **Quaternário** e suas glaciações, há aproximadamente 100.000 anos.

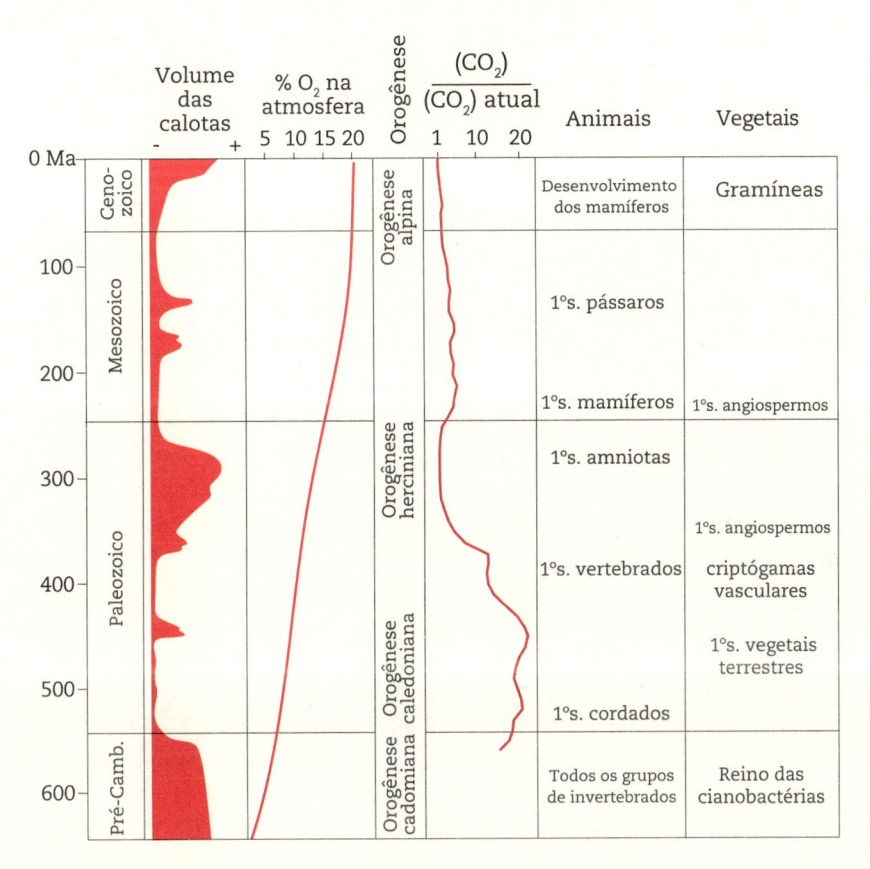

Fig. 63.1 *Evolução biológica, climática e tectônica desde 650 Ma*

63.4 Conclusão

Desde o surgimento dos primeiros esqueletos ou carapaças, passaram-se menos de 600 Ma. Essa evolução e diversidade morfológica seguem um período de quase quatro bilhões de anos, durante o qual a vida surgiu para só "levar aos" primeiros metazoários. A história geológica do planeta e a evolução aparecem muito ligadas: evolução da hidrosfera e da atmosfera, fases orogênicas, evolução climática. São tantos parâmetros, que é difícil dissociá-los da história biológica, pontuada por crises biológicas (menores e maiores), até formar a biosfera, tal como se conhece atualmente (Ficha 64).

64 As crises biológicas

Palavras-chave
Biosfera – Evolução – Extinção – Fósseis

A evolução da biosfera continental e marinha não é regular. Ela é marcada por fases de diversificação (exploração de novos nichos ecológicos, novas formas de adaptação) envoltas por períodos de crises biológicas (ou bioeventos), durante os quais se aceleram as **extinções** de grupos.

64.1 A noção de crise

Apenas os 540 últimos Ma (Fanerozoico) são levados em consideração quando se estudam as crises que afetaram o mundo vivo. Foi no Cambriano que apareceram os "esqueletos" e, portanto, os dados disponíveis (fósseis) nos arquivos geológicos. Reconhecer e estimar uma crise consiste em estudar uma linhagem no tempo, ou até mesmo a diversidade taxonômica de conjuntos ou de grupos biológicos. A fim de hierarquizar as crises biológicas, em função da taxa de extinção, foram definidas:
- as crises **principais** ou em **massa**, que são definidas por três critérios: o desaparecimento de táxons (no mínimo famílias); uma queda significativa da biodiversidade, e um desencadeamento rápido. Geograficamente, elas são quase globais;
- as crises **intermediárias**, que afetam essencialmente a diversidade específica e genérica, assim como algumas famílias ou um grupo;
- as crises **menores**, que são representadas pelo desaparecimento de gêneros ou espécies. Frequentemente, elas coincidem com os limites dos andares ou dos subandares.

Além dessa terminologia, há um *continuum* entre as crises maiores e as menores. Mostrou-se em detalhes que quase 40% de todos os desaparecimentos de espécies no Fanerozoico ocorreram por causa de pequenas (mas numerosas) crises. As crises maiores só provocaram 4% das extinções.

64.2 As principais crises biológicas

No Fanerozoico, é possível identificar aproximadamente sessenta crises, das quais cinco são consideradas maiores ou em massa: no **Ordoviciano terminal** (–436 Ma), no **Devoniano superior** (limite Frasniano/Fameniano, –365 Ma), no limite **Permiano/Triássico** (–250 Ma), no **Triássico superior** (–203 Ma, Rhaetiano) e no limite **Cretáceo-Terciário** (–65 Ma). A crise do Permiano terminal é a mais importante, porque se nota o desaparecimento de mais de 50% das famílias (ou seja, quatro vezes mais do que no limite Cretáceo/Terciário), de cerca de 80% de gêneros e em torno de 90% de espécies marinhas.

64.3 As causas

Na maioria dos casos, a evolução da biosfera depende da conjunção de vários fatores. Por isso, há estudos tanto de cenários quanto de crises, o que alimenta muitas discussões entre os especialistas ainda hoje. Se as extinções intermediárias e menores aparecem ligadas a períodos de

64 | As crises biológicas

disoxia/anoxia das águas de fundo e a regressões (em domínio marinho – Ficha 51), é preciso examinar os fenômenos mais globais (chamados de fatores extrínsecos globais) para explicar as crises maiores, dentre as quais estão:

- o vulcanismo;
- os impactos de corpos extraterrestres;
- as variações climáticas;
- as variações físico-químicas dos oceanos;
- as reorganizações paleogeográficas;
- as variações do nível marinho;
- as inversões no campo magnético terrestre.

		Ordoviciano terminal	Devoniano superior	Permiano/ Triássico	Triássico superior	Cretáceo/ Terciário
Causas Prováveis	Meteoritos	?	x	?	xx	xx
	Campos Magnéticos		?	x		x
	Regressão	xx	xx	xx	x	x
	Clima	xx	xx	xx	?	x
	Química dos oceanos	xx	xx	xx	x	
	Paleogeografia	x	x	x	x	x
	Vulcanismo	?	x	?	xx	xx
% de táxons desaparecidos (estimativas)		~ 23% das famílias ~ 55% dos gêneros ~ 85% das espécies marinhas	~ 21% das famílias ~ 53% dos gêneros ~ 75% das espécies marinhas	~ 53% das famílias ~ 77% dos gêneros ~ 90% das espécies marinhas	~ 22% das famílias ~ 47% dos gêneros ~ 76% das espécies marinhas	~ 15% das famílias ~ 45% dos gêneros ~ 76% das espécies marinhas

64.4 A reconquista

Após cada crise, a biosfera, "aliviada" de parte de suas espécies, continua sua evolução. As espécies foram definitivamente extintas (ou exterminadas), numa irreversibilidade da evolução, mas alguns táxons resistiram e partiram para a reconquista de nichos ecológicos vagos. Antes da crise, os pré-adaptados tinham particularidades fisiológicas que lhes permitiam resistir à extinção. Os generalistas ecológicos (ou seja, oportunistas) eram pouco especializados, portanto, tolerantes às modificações do meio ambiente. Enfim, os táxons "lázaros" desapareceram em meios "refúgio", à espera da volta das condições mais favoráveis.

64.5 Conclusão

As crises da biosfera, incluídas as extinções em massa, levam a uma renovação dos táxons e favorecem a reorganização dos sistemas metabólicos.

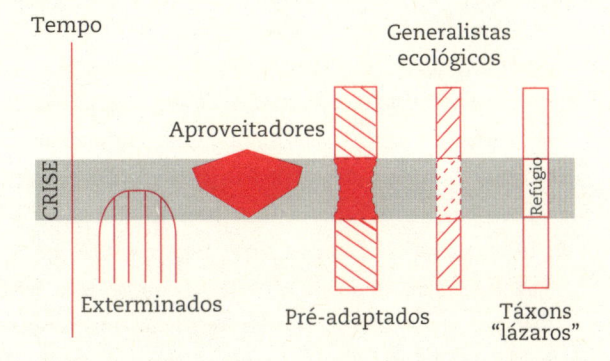

Fig. 64.1 *Comportamento de determinados táxons durante uma crise biológica (modificado de Lethiers, 1998)*

65 O surgimento do homem

Palavras-chave
Bifaces – Bipedalidade – *Choppers* – Evolução arborícola – Hominização – Linhagem humana

O homem é o representante atual de uma linhagem arborícola surgida há aproximadamente sete milhões de anos. A história da linhagem humana e da hominização é fragmentada, ligada à raridade e ao mau estado de conservação das descobertas paleontológicas.

65.1 A origem da linhagem humana

A linhagem humana individualizou-se a partir de um conjunto de grandes primatas caracterizados pelos polegares oponíveis, unhas achatadas e ausência de cauda. A separação entre a linhagem humana e os atuais chimpanzés remonta há aproximadamente oito milhões de anos. As características derivadas, próprias à linhagem humana, são: a regressão da face, o aumento do volume craniano e a aptidão ao bipedalismo mais ou menos permanente.

Todos os fósseis encontrados até hoje provêm da África. O período mais fértil em descobertas corresponde a um período de instabilidade climática, com a alternância de fases glaciais (Ficha 53) que repercutiram na paisagem e no biótopo, que passou das fases com cobertura florestal para fases de savana mais ou menos arborizada, e que favoreceram a emergência de espécies que não eram exclusivamente arborícolas.

O primeiro fóssil ligado à linhagem humana, *Sahelanthropus tchadensis* (Tumai) viveu há 7 Ma numa paisagem de savana úmida. Seu crânio mostra uma face muito reta, caninos reduzidos e uma cavidade occipital em 90°, compatível com uma bipedalidade avançada. O *Orrorin tugenensis* (–6 Ma) tinha um fêmur alongado, cuja cabeça era esférica, indício do bipedalismo.

Nas pegadas de Laetoli, na Tanzânia, conservadas numa camada de cinzas vulcânicas de –3,7 Ma, é possível reconhecer duas séries de pegadas de tamanhos diferentes. Os vestígios, atribuídos a australopitecos, mostram uma bipedalidade indiscutível, mas o formato do pé é mais parecido com o dos grandes macacos, chimpanzés ou gorilas, com um polegar oponível. Os numerosos fósseis de australopitecos (*Australopithecus afarensis*, apelidados de Lucy, *A. africanus*, *A. bahrelghazali*, *A. anamensis*), encontrados na África e que são do período entre –3 e –1,8 Ma, mostram uma capacidade craniana de 380 a 430 cm³, uma bacia larga e curta, fêmures oblíquos e membros superiores capazes de braquiação. Em diferentes graus, as espécies mostram um dimorfismo sexual. Os caninos são reduzidos. Contemporâneos dos australopitecos, as espécies *Paranthropus robustus* (–2,2 Ma) e *Paranthropus boisei* (2,4 a 1,2 Ma) tinham uma estrutura muito robusta e dentes potentes.

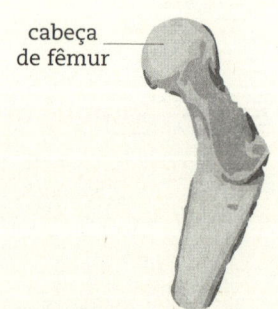

Fig. 65.1 Fêmur de *Orrorin tugenensis* (-6 Ma)

cabeça de fêmur

65 | O surgimento do homem

65.2 Surgimento do gênero *Homo*

Associam-se ao gênero *Homo* as ferramentas líticas, seixo talhado ou *chopping tools*, que mostram uma técnica elaborada e um aprendizado social. Os *Homo habilis* (2,5 a 1,6 Ma), baixos (1,30 m), apresentam volume craniano de 550 a 680 cm³ e uma locomoção rápida. A África conheceu a radiação dos *Homo rudolfensis*, maiores e de crânio mais volumoso, e os *H. ergaster*, entre −1,9 e −1 Ma, de estrutura mais delgada e esbelta.
A ferramenta lítica é mais elaborada (indústria olduvaiana) e encontrada associada a bifaces do *Homo ergaster*, ferramentas de corte, que marcam o início do Aquileano. Na Ásia, encontraram-se traços da indústria lítica olduvaiana, que indicam uma migração muito precoce da população de *Homo ergaster*.

pedra arrumada ou *chopper* (olduvaiano)

biface aquileana

Fig. 65.2 Chopper *e biface*

Há 1 Ma, os homens antigos desapareceram, com exceção do *Homo erectus*, que tinha uma capacidade craniana de 1.000 cm³, usava ferramentas variadas, possuía um modo de vida nômade de caçador e coletor e vivia em grupos pela Ásia e Europa. As grandes variações climáticas trouxeram as glaciações e diversos níveis marinhos, os quais, aos poucos, isolaram e reuniram a população *Homo*, cujos últimos representantes pareciam ser asiáticos e são datados de −40.000 anos. O crânio do *Homo erectus* é muito característico, com uma crista acima da arcada da sobrancelha e uma testa inclinada para trás. Na Europa e na Ásia menor, o *Homo heidelbergis* (−0,8 a −0,3 Ma) apresentava crânio mais volumoso (1.000 a 1.300 cm), mas conservava uma arcada supraciliar forte e uma testa inclinada para trás.
Há 550.000 anos, o *Homo erectus* dominou o fogo. Isso se deu na África, Ásia e Europa de forma quase simultânea, o que pressupõe uma comunicação eficaz. Dominar o fogo modificou o comportamento social e a alimentação.

65.3 Os tempos modernos

Na Europa e na Ásia menor, há 120.000 anos, viviam homens muito robustos e atarracados, de crânio volumoso (de 1.550 a 1.750 cm³) e testa inclinada para trás: os homens de Neandertal, que coexistiram com os primeiros *Homo sapiens*. A análise do DNA mitocondrial mostra que essas duas espécies, geneticamente muito distantes, não puderam se misturar, mas essa afirmação é questionada cada vez mais. A cultura humana deu um salto prodigioso: as ferramentas especializaram-se, e os primeiros ornamentos e vestimentas enfeitavam os corpos sepultados, conforme os rituais religiosos.

ponta de flecha

pendente de esteatita

Fig. 65.3 *Ferramenta e ornamento do Paleolítico superior*

As paredes das cavernas foram ornadas com gravuras e pinturas abstratas ou figurativas. Há 32.000 anos, o homem de Neandertal desaparecia, enquanto na Ásia extinguiam-se os últimos *Homo erectus*. Na ilha indonésia de Flores, o *Homo sapiens* parece ter coabitado com um homem muito pequeno de crânio de 380 cm^3, o *Homo floriensis*. Os fósseis de Flores são aparentados aos *Homo erectus* e associados a ferramentas muito evoluídas (lâminas, furadores, raspadeiras).

	Datação idade	Volume craniano	Forma do crânio	Forma da bacia	Ferramentas
Sahelanthropus thcadensis	7 Ma	380–430 cm^3	Face achatada, sem testa	?	Nenhuma
Australopithecus afarensis	4,1–2,9 Ma	400–500 cm^3	Prognatismo acentuado Testa estreita e inclinada para trás Dobra menor	Curta e dilatada	Nenhuma
Paranthropus robustus	2,2–1 Ma	550–680 cm^3	Prognatismo grande Testa reduzida Crista sagital	Larga e aberta	Nenhuma
Homo habilis	2,5–1,6 Ma	650–700 cm^3	Prognatismo Testa inclinada, estreita	Curta	Seixos talhados (*choppers*)
Homo rudolfensis	2,4–1,7 Ma	800–950 cm^3	Face reduzida Testa inclinada para trás		
Homo ergaster	1,9–1 Ma	900–1.100 cm^3	Face reduzida Ranhura pós-orbital	Curta	*Choppers*
Homo erectus	1 Ma –40.000 anos	1.550–1.750 cm^3	Face reduzida Maças do rosto salientes Testa muito inclinada para trás Dobra supraorbital grossa Constrição	Curta, em depressão	Raspadeiras, bifaces, lâminas retocadas
Homo neanderthalensis	120.000 – 32.000 anos	380 cm^3	Testa inclinada para trás Tórulo em dois arcos	Curta	Bifaces, lâminas, furadores, pérolas de osso, vestimentas
Homo floriensis	80.000 – 12.500 anos	1.350 cm^3	Testa inclinada para trás Dobra supraorbital grossa	Curta	Talhadas
Homo sapiens	100.000 anos – atual		Testa curva Crânio bolhoso Sem dobra supraorbital	Em depressão	Pedra talhada, pedra polida, metais

65.4 Conclusão

A linhagem humana surgiu na África, e o *Homo sapiens* é o único sobrevivente, que conquistou a terra toda. Com uma população de mais de seis bilhões de indivíduos em constante evolução, será ele o último representante?

65 | O surgimento do homem

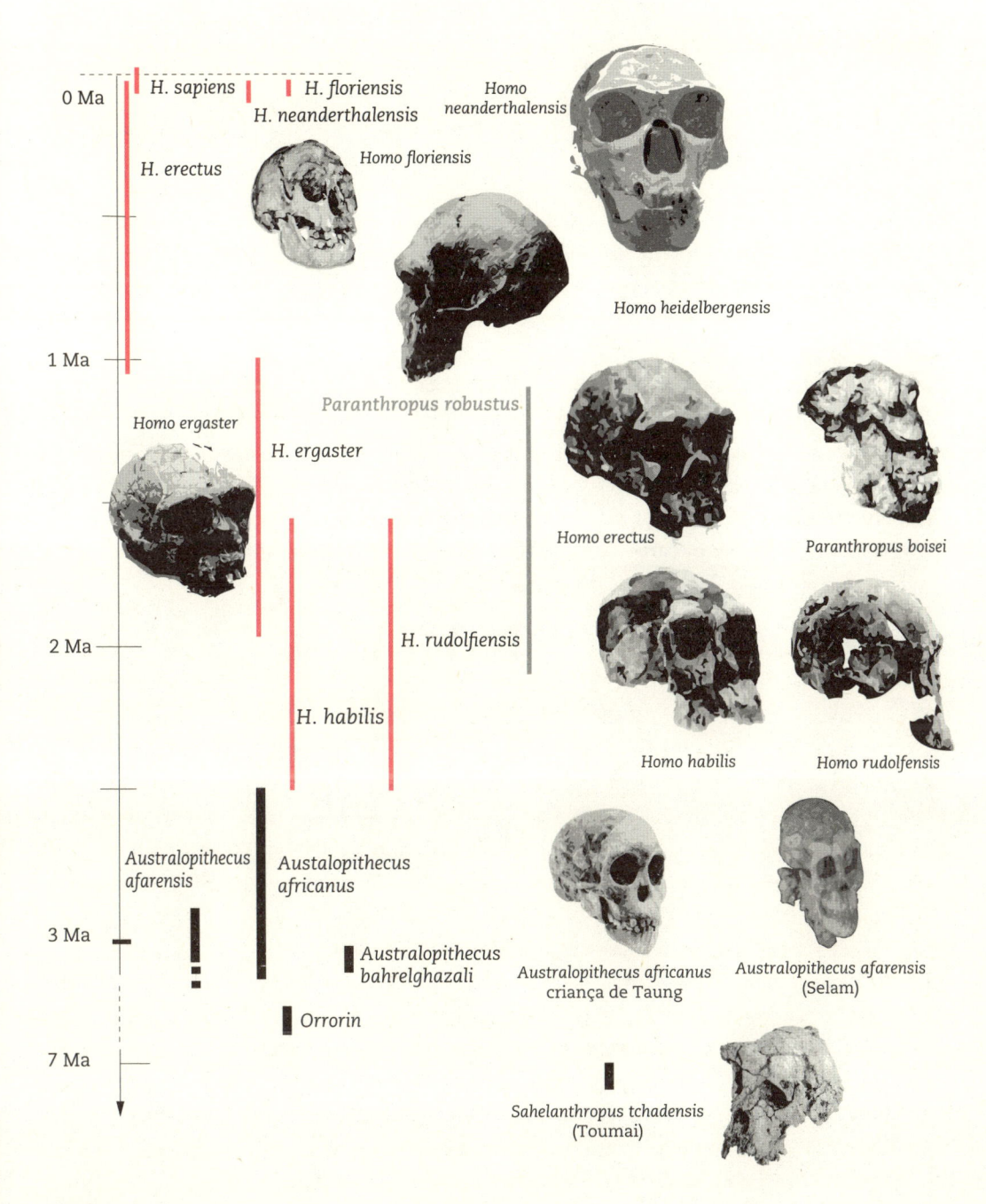

Fig. 65.4

66 Os meteoritos

Palavras-chave
Condros – Impactitos – Isótopos – Sistema solar

Os **meteoritos**, ou pedras caídas do céu, nos ajudam a compreender a formação do sistema solar e a esclarecer a estrutura interna do globo (Ficha 15). Todo ano, mais de 1.000 t de material extraterrestre cai na Terra, essencialmente em forma de poeiras.

66.1 A origem dos meteoritos

A maioria dos meteoritos vem dos cinturões de asteroides resultantes da fragmentação de pequenos corpos planetários, principalmente situados entre Marte e Júpiter (Ficha 1). Os objetos celestes são quentes e, às vezes, volatilizados (estrelas cadentes) durante a travessia na atmosfera. As quedas de grandes blocos sobre a terra são excepcionais. Uma família de acondritos SNC (Schergotty, Nakhla, Chassigny), datados de 1.300 Ma, apresentam composição isotópica compatível com uma origem em Marte. Da mesma forma, alguns meteoritos de estrutura brechada, e muito diferenciados quimicamente, têm origem lunar.

66.2 Crateras e impactos

a] As crateras de impacto

O impacto dos meteoritos (cuja velocidade chega varia entre 10 e 20 m/s) na litosfera origina as estruturas circulares chamadas crateras de impacto, com a formação de brechas e rochas de pressão muito alta (*shatter cones*). Encontram-se também minerais de alta pressão (stishovita, forma de quartzo lamelar, coesita e badeleíta, um zircão de alta temperatura). Na Terra, a tectônica e a erosão apagam os traços das crateras mais antigas. Em outros planetas, de atmosfera menos densa e tectonicamente inativa, as crateras são abundantes e preservadas, mas essa abundância decresce com o tempo.

b] Os impactitos e outras rochas associadas aos impactos de meteoritos

O estudo das crateras mostra a existência de crateras brechadas, de matriz vítrea, que englobam minerais chocados denominados **impactitos**. Os **tectitos** são ejectos resultantes da vitrificação das rochas impactadas com assinatura isotópica. Sua forma deve-se ao resfriamento rápido no ar. Os tectitos, australitos ou lágrimas de dragão (0,7 Ma), os vidros de Líbia, as moldavitas (14,7 Ma) e os bediasitos dividem-se em vastos "campos" elípticos ao redor do impacto presumido.

66.3 Uma classificação dos meteoritos

Os meteoritos classificam-se de acordo com sua natureza petrográfica e sua composição mineralógica em: sideritos (ou ferrosos); **siderólitos** (metálico-rochoso) e aerólitos (rochosos). Noventa por cento dos meteoritos rochosos são **condritas** formadas de esferolitas silicatadas numa matriz opaca, frequentemente recristalizada. Os acondritos são rochas silicatadas mais diferenciadas.

As litosideritas (palasitas e mesossideritas) contêm elementos silicatados e ferro-níquel em proporções iguais. As sideritas ou meteoritos ferrosos são os mais abundantes e classificadas de acordo com o seu teor de níquel. Elas apresentam figuras características (de Widmanstätten), devido a fenômenos de exsolução.

Classificação	Tipo		Características mineralógicas	Exemplo
Meteoritos Ferrosos	Hexaedritos		5 a 6% de Ni	
	Octaedritos		7 a 15% de Ni	
	Ataxitas		Ni > 16%	
Siderólitos	Palasitas		Olivina gema numa matriz FeNi	
	Mesossiderita		FeNi, piroxênio e plagióclase	Chinguetti
	Lodranitos		FeNi, olivina, piroxênio	
Aerólitos	CONDRITOS	EI	Ferro > 12%	
		EH	Ferro > 12%	
		H	*High metal*, bronzita e olivina	
		L	*Low iron*, hiperstênio e olivina	
		LL	*Low Low iron*, 30% de olivina	L'Aigle
	CONDRITOS CARBONADOS	CI	3 a 5% C	Orgueil
		CM	0,6 a 2,9% C	
		CO	1 a 0,2% C	
		CV	C < 0,2%	Allende
	ACONDRITOS	Ricos em Ca	Angritos (ANG) Eucritos (EUC) Hovarditos (HOV) Diogenitas (DIO)	
		Pobres em Ca	Ureilitos (URE) Aubritos (AUB)	
			SNC	Chassigny

66.4 As três idades dos meteoritos

a] A idade de formação

As datações absolutas (Ficha 5) realizadas nos meteoritos condríticos menos diferenciados, cuja composição está mais próxima da composição química primitiva do sistema solar, fornecem a idade de 4,566 Ga, o que permite datar a formação do sistema solar. Os meteoritos diferenciados apresentam idade semelhante (de 4,56 a 4,40 Ga). A análise de elementos filhos de isótopos de vida curta permite restringir o intervalo de formação do sistema solar.

Além disso, o estudo isotópico permite encontrar traços de fracionamento isotópico, relíquias de processos anteriores de nucleossíntese à formação do sistema solar.

b] Duração da exposição

O estudo dos isótopos dos meteoritos ($^{21}Ne/^{24}Mg$) permite conhecer a duração da exposição à irradiação cósmica, que age sobre o núcleo dos átomos do meteorito e cria isótopos estáveis e radioativos (espalação). Essa reação termina no momento do impacto. Assim, calcula-se a idade de exposição: de 100 Ma para os condritos e, às vezes, de 2.000 Ma para os sideritos.

c] Idade do impacto

A terceira idade dos meteoritos é a do impacto com a Terra: métodos isotópicos permitem datar a maioria dos meteoritos encontrados e atribuir uma idade às crateras de impacto. Nesse momento, de novo, são as sideritas que apresentam a idade mais importante.

67 Os tsunamis

Palavras-chave
Deslizamento do terreno submarino – Onda – Sismo

Tsunami é uma palavra de origem japonesa que significa, ao pé da letra, "onda portuária". É um fenômeno catastrófico e muito destruidor.

67.1 A origem dos tsunamis

Os tsunamis são grandes ondas ligadas a deslizamentos de terrenos submarinos, sismos (Ficha 37), erupções vulcânicas (Ficha 24), degelos glaciais (Ficha 54) ou impactos de meteoritos (Ficha 66).
O tsunami ocorrido em dezembro de 2004 foi desencadeado por um sismo de magnitude 9,3, de forma imprevista, ao longo de uma falha ligada à subducção (Ficha 34) da placa indiana. O movimento da massa de água propagou-se com uma velocidade que ultrapassou 800 km/h. Pouco perceptível no mar, onde a onda costuma ser de menos de um metro, o fenômeno se ampliou por ressonância com a proximidade das costas, e o mar invadiu a terra centenas de metros durante longos minutos, em ondas sucessivas. A maior onda de tsunami observada ocorreu no Alasca, em 1958, depois de um deslizamento do terreno: ela levantou-se mais de 500 m, as suas consequências foram apenas duas vítimas.

Data	Origem	Localização	Altura da onda	N° de vítimas
1883	Erupção do Krakatoa	Ilhas de Sonda	40 m	300.000 mortos
1972	Deslizamento do terreno	Japão	?	15.000 mortos
17/7/1998	Sismo, magnitude 7,1	Nova Guiné	10 a 15 m	15.000 mortos
26/12/2004	Sismo, magnitude 9,3 (?)	Indonésia	30 m	200.000 mortos
9/7/1958	Deslizamento do terreno	Lituya (Alasca)	500 m	2 mortos
22/5/960	Sismo, magnitude 9,5	Chile	25 m	5.000 mortos

67.2 Características de um tsunami

Um tsunami pode se comportar como a propagação de uma onda num líquido, e caracteriza-se por uma energia (E), um comprimento de onda (l) e um período (T). Como o fenômeno é amortecido com a distância, convém usar o termo pseudo-período. A onda do tsunami propaga-se em grande velocidade, entre 500 e 1.000 km/h. Como a profundidade do oceano é $h < \lambda/2$, trata-se de uma *shallow water* wave (onda de água pouco profunda), em que a velocidade é aproximadamente dada pela relação

$$v = \sqrt{(g \cdot h)},$$

67 | Os tsunamis

Em que g é a aceleração do peso, e h, a profundidade do oceano. Em um *tsunami* de origem tectônica, a velocidade é de 870 km/h a uma profundidade de 6 km. O comprimento da onda é grande para uma periodicidade (T) de 10 min a 1 h. Quando a profundidade diminui, a velocidade diminui, assim como λ. Com a quantidade de energia conservada, a altura das ondas lentas aumenta e a água invade as terras emersas. Na base das ondas, criam-se correntes e contracorrentes horizontais e frequentemente violentas. Esses fenômenos amplificam-se pela geometria das costas e do fundo. A onda pode chegar bem longe sobre a terra, destruindo tudo com sua passagem.

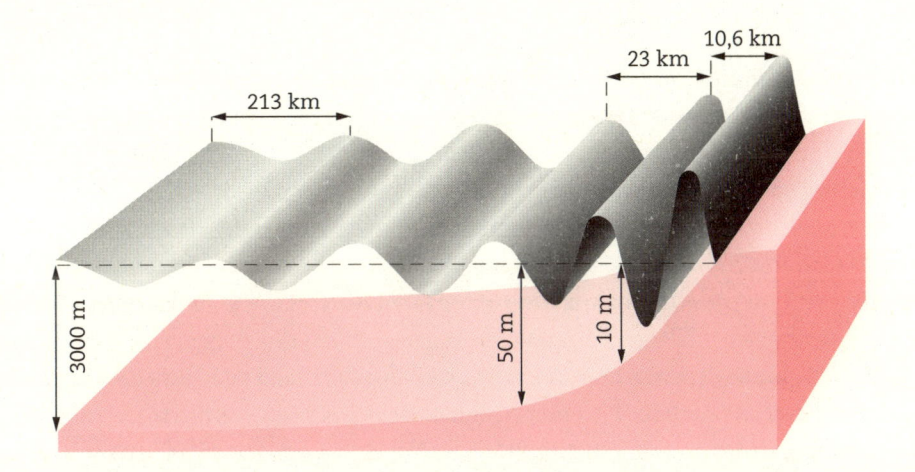

Fig. 67.1 *Relação entre profundidade e comprimento da onda do* tsunami
Energia do tsunami = $E_{cinética}$ *(velocidade)* + $E_{potencial}$ *(altura da onda)* = $E_1 + E_2$
- *Quando a profundidade é grande, a velocidade aumenta, E1 aumenta e E2 diminui: os navios não sentem nada.*
- *Quando a profundidade diminui, a velocidade das ondas diminui, e ocorre a transferência de E1 para E2; E2 aumenta e a altura das ondas aumenta: o efeito é devastador.*

67.3 Previsão e vigilância

A maioria dos *tsunamis* ocorre no oceano Pacífico, onde há uma rede de vigilância (Ficha 68). Um dos centros de comando está no Havaí, outro em Palmer, no Alasca. Depois do *tsunami* de 26 de dezembro de 2004, a rede de vigilância estendeu-se ao oceano Índico. Há uma grade de gráficos de marés e medidores de *tsunamis* integrados às observações aéreas e navais, assim como a rede de vigilância sísmica e vulcânica. Ainda não são utilizados os satélites de observação da Terra por causa da duração do processamento de dados, mas os dados por satélite são utilizados para a cartografia das áreas de risco. A prevenção é um elemento essencial do dispositivo, pois mais da metade da população mundial vive em uma orla costeira de 200 km de largura, potencialmente ameaçada pelos *tsunamis*.

68 As catástrofes naturais: prevenção e previsão

Palavras-chave
Catástrofe natural – Geocruzador – Lahar – Norma parassísmica – Rede de vigilância – Satélites – Sismógrafo – *Tsunami*

As catástrofes naturais (terremotos, erupções vulcânicas, *tsunamis*, deslizamentos de terra) cobram um preço alto das populações. Como nem todos os fenômenos são previsíveis, o desenvolvimento de redes de observação e de vigilância, assim como os sofisticados dispositivos de alerta, permitem salvar muitas vidas.

68.1 Previsão e prevenção

É difícil prever uma catástrofe natural com exatidão. É possível fazer algumas previsões em longo prazo, mas prever a hora de uma erupção ou o começo de um deslizamento de terra exatamente é um exercício muito delicado. Quando não é possível prever uma catástrofe natural, aplicam-se medidas preventivas pontuais. Primeiro, é preciso identificar as zonas de risco e avaliar o impacto da catástrofe, analisar o contexto e a história geológica (dinamismo das erupções, natureza dos depósitos de cinzas, níveis das cheias etc.).

As medidas preventivas são difíceis de instalar em países emergentes e de alta demografia.

68.2 As redes de vigilância e de alerta

a] O risco sísmico

A prevenção do risco sísmico passa por várias redes de vigilância na escala de um país (Sismalp) ou de vários países (Dom Tom, Antigua e Trindad). As redes de sinalizadores são ligadas a uma estação que centraliza os dados colhidos. Quando ocorre um sismo, as ondas são registradas ns estações e os dados coletados são enviados às estações centrais das diferentes redes que localizam e calculam a magnitude do sismo.

Pode-se prever um terremoto?

Os dados registrados pelo satélite Demeter indicaram forte atividade da ionosfera antes dos sismos: esses sinais precursores podem ser um meio de prever um terremoto e tsunamis (Ficha 70). Assim, quando o satélite passou pelo Japão em 29 de agosto de 2004, mostrou importantes perturbações ionosféricas, interpretadas como sinais precursores de um terremoto de magnitude 7, que ocorreu em 5 de setembro.

b] As erupções vulcânicas

Os vulcões ativos e potencialmente perigosos estão sob vigilância: redes de captações sísmicas e distanciômetros equipam a maioria dos vulcões e emitem sinais de atividade e de deformação devidas à ascensão de uma coluna de magma. Não é simples decifrar os sinais da mensagem de uma erupção vulcânica e de mandar evacuar a população. Na Indonésia, por exemplo, os vulcões mais perigosos (Merapi, Pinatubo) estão em áreas densamente povoadas, nas quais uma evacua-

68 | As catástrofes naturais: prevenção e previsão

		Evolução do risco	Medidas preventivas
Risco sísmico	Cartografia das zonas sísmicas	Liquefação dos terrenos Ruptura de canalizações Desabamentos Desmoronamentos Danos em instalações nucleares e químicas	Aplicação de normas parassísmicas Reforço das instalações industriais e energéticas Reforço das redes de distribuição
Risco vulcânico	Identificação de vulcões potencialmente perigosos	Chuva de cinzas Cerrações ardentes Derrames de lavas Explosões Lahars (escoamento de lamas)	Aplicação das normas de urbanismo Delimitação de perímetros seguros
Tsunamis	Cartografia das zonas de risco	Inundações Destruições de habitações e de infraestruturas Destruição de plantações (solos salgados)	Não urbanizar áreas de alagamento Construção de diques Educar a população
Deslizamento do terreno Desmoronamento	Identificação dos afloramentos perigosos	Destruições de habitações e de infraestruturas	Construir muros de proteção Reforçar as redes de distribuição Respeitar as normas de urbanismo
Inundação	Cartografia das zonas alagadiças	Destruições de habitações e de infraestruturas	Construção de diques e sistemas de contenção Respeitar as normas de urbanismo

ção significa o deslocamento de dezenas de milhares de pessoas, com todos os riscos humanos que isso acarreta.

c] Sistemas de alerta *tsunami*

No Pacífico, depois da catástrofe ocorrida no Chile, em 1960 (Ficha 67), instalou-se uma rede de alerta que envolve 28 países: compreende 69 estações sísmicas e 65 estações de marés. O Centro de Alerta Internacional (ITWS) fica em Honolulu. A rede detecta primeiro as ondas sísmicas, depois, os marégrafos registram as variações da coluna de água. Os dados são centralizados, e

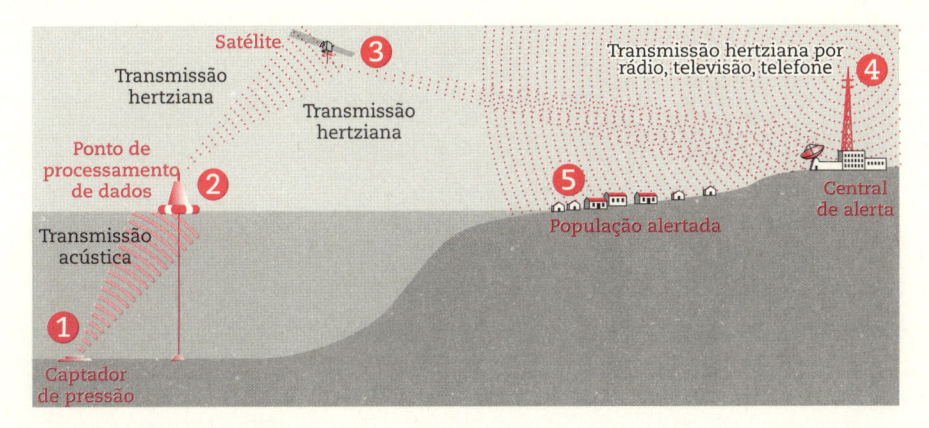

Fig. 68.1 *A rede de vigilância* tsunami

o alerta é enviado algumas horas antes da chegada das ondas. Esse sistema opera no Pacífico e deve ser estendido ao Oceano Índico.

d] Deslizamentos de terra

Os locais potencialmente perigosos são equipados de captadores e vigiados à distância: a aceleração dos micromovimentos ou de fatores externos (chuvas fortes, sismos) podem acionar o alarme e a evacuação das populações é providenciada. Na França, eles são ligados à central da polícia: a previsão é rápida.

e] Impactos de meteoritos

O risco de colisão com um asteroide geocruzador (cuja trajetória cruza a da Terra) não pode ser negligenciado. A Nasa instalou um centro de vigilância que faz o censo dos asteroides e avalia a probabilidade de um impacto.

As pedras preciosas 69

Palavras-chave
Cristal – Quilate – Gema – Kimberlito

Ourives e joalheiros trabalham com gemas e minerais, cujo brilho e beleza são traduzidos em valor comercial. Entre as gemas, quatro minerais são qualificados como pedras preciosas: o diamante, a esmeralda, o rubi e a safira. As outras pedras, menos cotadas, são qualificadas de semipreciosas. A unidade de peso das pedras preciosas é o quilate (5 quilates = 1 g).

69.1 O diamante

O diamante é um mineral cúbico, constituído de carbono (C). Sua dureza é 10 na escala de Mohs.

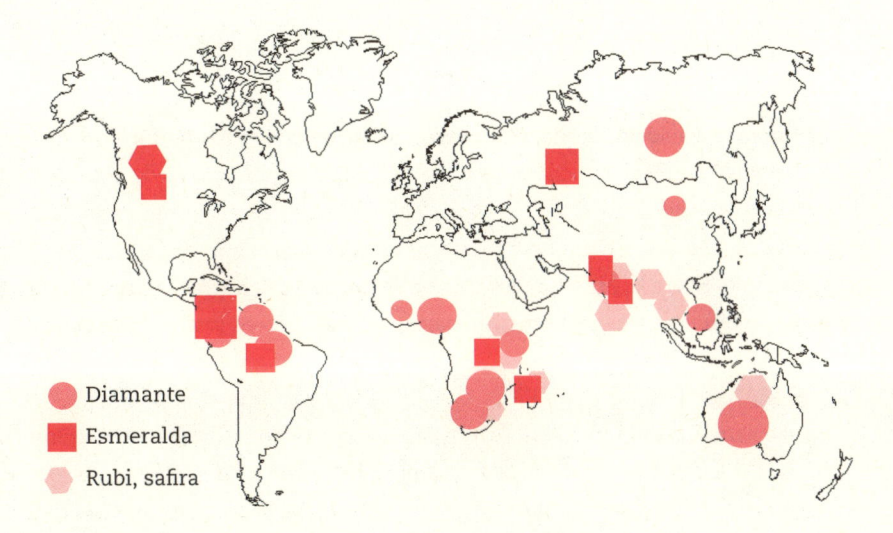

Fig. 69.1 *Os principais países produtores do mundo de pedras preciosas*

Um diamante deve ser perfeitamente límpido e isento de impurezas. Seu **índice de refração** varia conforme os comprimentos de onda, daí seu brilho, também chamado de "fogo", valorizado por uma técnica de corte muito precisa. As jazidas de diamantes encontram-se em "chaminés" (*pipes*) de **kimberlito**, filões de rochas ultrabásicas do tipo peridotito, que recortam zonas cratônicas estáveis. Eles se formam em condições de alta pressão e alta temperatura (Ficha 27). Também são encontrados em pláceres ou aluviões remanescentes de desmoronamento de diques ou de chaminés de kimberlitos.

	Composição	Substituições	Sistema cristalino	Massa específica	Dureza	Índice de refração	Cor
Diamante	C	Nenhuma	Cúbico	3,52	10	2,417	Incolor, variedade preta, amarela, vermelha, rosa, azul
Esmeralda (berilo)	Al_2Be_3 (Si_6O_{18})	Cr_3^+, V_3 e Mg_2^+, Fe_3^+ Li ou Si	Hexagonal	2,68-2,72	7,5	1,60	Verde
Safira (coríndon)	Al_2O_3	Fe, Ti, Va (variedade violeta)	Romboédrico	3,9-4,1	9	1,77-1,76	Azul Variedade violeta
Rubi (coríndon)	Al_2O_3	Cr_3^+	Romboédrico	3,9-4,1	9	1,77-1,76	Vermelha Variedade sangue de pombo

69.2 A esmeralda

A esmeralda é uma variedade do berilo. É um ciclossilicato de berílio Al_2Be_3 (Si_6O_{18}), que cristaliza no sistema hexagonal. Os seis tetraedros de sílica estão ligados por átomos de alumínio e berílio, com numerosas substituições (Cr_3^+, V_3 e Mg_2^+, Fe_3^+ Li ou Si). A estrutura cristalina aprisiona elementos estranhos, ou inclusões, que formam "geadas", às vezes apreciadas. Existem dois tipos de jazida: as flogopíticas em lentes desenvolvidas no contato com as intrusões graníticas nas rochas ultrabásicas (caso do Brasil), ou os *shales* carbonatados metamórficos (caso da Colômbia).

69.3 Safira e rubi

Safira e rubi são variedades de coríndon (Al_2O_3). Quando o cromo (Cr) substitui o alumínio (Al) no rubi, confere-lhe a cor vermelha escura, enquanto a coloração azul da safira liga-se à presença de ferro (Fe) e Titânio (Ti). Os rubis formam-se em **cipolinos**, mármores metamórficos que se desenvolvem nos calcários dolomíticos em contato com intrusões graníticas. As safiras cristalizam nos mármores e em filões de pegmatite ou de basalto. Esses minerais estão concentrados nas jazidas aluvionares.

69.4 Os cristais artificiais

A raridade das pedras preciosas torna-as caras. Fabricam-se pedras artificiais para aplicações comerciais, industriais ou militares. Utilizam-se técnicas de crescimento cristalino em soluções saturadas a partir de germes de crescimento. Para a esmeralda, cita-se a cristalização por dissolução hidrotermal ou, então, a dissolução anídrica. O diamante é obtido em recintos com temperatura de 1.300 a 2.000°C e pressões de 10^{10} Pa. Os diamantes são utilizados em altas tecnologias, por suas qualidades de semicondutor (diamante em camadas finas), sua dureza (microescalpelos) ou para fabricar bigornas de diamante (Ficha 26). Os rubis, antigamente usados na relojoaria, são a base das tecnologias a *laser* e são utilizados nos circuitos integrados.

Os satélites nas ciências da Terra 70

Palavras-chave
Altimetria – Geodésia – GPS – Relógio atômico – Órbita – Radar

Os satélites de observação em órbita ao redor da Terra tornaram-se ferramentas inestimáveis de detecção, observação e cartografia. As aplicações são inúmeras em todas as áreas das Ciências da Terra.

70.1 Sensoriamento remoto

Os satélites são equipados com sensores que medem as radiações emitidas pela superfície terrestre. Os satélites meteorológicos são lançados em órbita geoestacionária, a 35.680 km. Outros satélites, de altitude mais baixa, percorrem sua órbita e cobrem o conjunto do Planeta num ritmo próprio. Os sensores embarcados podem ser de aparelhos fotográficos normais ou radiômetros especializados em comprimentos de onda visíveis, micro-ondas ou infravermelho. As aplicações das imagens de satélites de observação em geologia são numerosas, tanto para a cartografia quanto para acompanhar fenômenos dinâmicos (erupções, inundações, modificações das orlas dos rios). Depois do processamento, a escolha de uma gama de comprimentos de onda ressalta os dados úteis, como a higrometria ou os fluxos de calor.

Em 2002, o satélite Envisat sucedeu o ERS 1 e 2, e permitiu acompanhar as poluições, os fenômenos de inchaço ou subsidência que podem ocorrer no meio industrial ou doméstico depois do trabalho. Acompanharam-se também as modificações do subsolo das antigas minas em Lorraine ou ao norte, e as deformações do subsolo parisiense.

A possibilidade de uma imagem estereoscópica torna o satélite uma ferramenta que completa, em grande escala, a cobertura aérea. A repetição das imagens cria arquivos temporais muito valiosos que registram um fenômeno no tempo. Os dados por satélite podem se superpor aos dados coletados em terra para formar um sistema de informação geográfica (SIG).

70.2 Altimetria

Um altímetro é um radar que emite impulsos de alta frequência (13 kHz) e recebe de volta o sinal refletido pela superfície do oceano, o que permite conhecer a distância entre o satélite e a superfície. Para que a medição seja correta, é preciso conhecer a posição exata do satélite em relação a uma elipsoide de referência. Para o satélite Jason-1, essa posição é calculada pelo sistema Doris (desenvolvido pelo Centro Nacional de Estudos Espaciais da França, CNES). Cinquenta transmissores no solo, com indicação muito precisa, permitem localizar o satélite com o uso do efeito Doppler e reduzir as perturbações provocadas pela travessia da troposfera e da ionosfera. A precisão dos dados é de 3 cm. Jason-1 é um satélite oceanográfico que faz medições altimétricas. Ele está em órbita a 1.336 km, com uma órbita inclinada em 66°, e passa pelos mesmos pontos a cada dez dias.

A altura medida é a resultante do relevo sob a ação do campo de gravidade terrestre (Ficha 16) e da topografia dinâmica, isto é, das correntes marinhas e deformações criadas pelos ventos, por exemplo. São inúmeras as aplicações na oceanografia, que permitem seguir as deformações da superfície do mar e os fenômenos, como "el Niño".

No entanto, os dados altimétricos não se aplicam perto das costas; nessas regiões, as medições altimétricas têm outra aplicação: ao inverter o cálculo, evidenciam-se as variações do relevo submarino e obtêm-se os mapas batimétricos com grande precisão ao relacioná-los às medições topográficas dos navios oceanográficos.

70.3 Localização e sincronização por satélite

Os mapas topográficos são relacionados por coordenadas GPS (Ficha 71). O sistema GPS comporta uma constelação de 24 satélites em órbita, em 20.200 km. O projeto europeu Galileo usa uma constelação de 30 satélites equipados com relógios atômicos sincronizados. Para indicar a posição, o sistema calcula a defasagem da hora de chegada do sinal por meio de três satélites. Com quatro satélites, a precisão é maior ainda. Os possíveis erros devem-se às perturbações da ionosfera e da troposfera. A precisão melhora de modo diferencial: pontos geodésicos fixos, perfeitamente diferenciados, permitem calcular o erro e corrigi-lo.

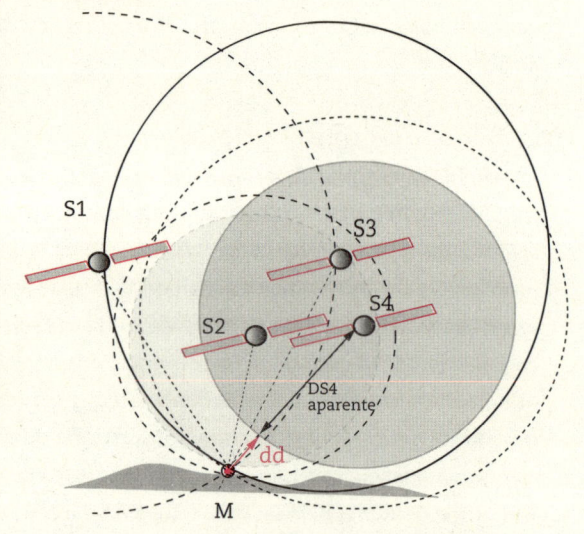

Fig. 70.1 *Princípio do posicionamento por GPS*
A posição do ponto M é dada pela distância $D_{Si-M} = D_{aparente\ Si-M} + \delta d$, no qual δd = erro de sincronização do relógio do receptor. A posição do ponto M é fornecida por triangulação.

As aplicações são inúmeras, tanto na vigilância de áreas tectonicamente ativas (Ficha 68), como nas falhas do sistema de San Andreas (oeste dos EUA), ou dos vulcões (Píton de la Fouraise, Merapi). Assim, observa-se o movimento das placas tectônicas ou evidencia-se a regressão glacial devido à fusão das calotas glaciais (Ficha 18).

70.4 Os satélites e a geofísica

As aplicações científicas dos satélites são numerosas. O microssatélite Demeter, desenvolvido pelo CNES supervisiona as perturbações naturais e de origem humana da ionosfera terrestre. As medições mostram correlações entre as perturbações ionosféricas e alguns sismos, o que constitui uma etapa na previsão dos sismos (Ficha 68).

Os satélites gravimétricos (Champ, Grace) medem com grande precisão as anomalias da aceleração da gravidade (g) ligadas à heterogeneidade da Terra. As medições realizadas permitiram aperfeiçoar as medições do campo de gravidade terrestre e evidenciar as perturbações globais do geoide (não apenas ao nível dos oceanos, como ocorre com os satélites altimétricos). Entre todos os resultados científicos, ressalta a falha de Sumatra, responsável pelo tsunami de 26 de dezembro de 2004.

O mapa topográfico 71

Palavras-chave
Coordenadas – Escala – Planimetria – Relevo

O mapa topográfico é a base do mapa geológico, permitindo a localização precisa de um local ou objeto, a definição de direções, além de explicar a evolução do relevo de determinada área. A seguir estão algumas dicas para a leitura e compreensão de um mapa topográfico, onde tudo é descrito e projetado em um plano.

71.1 Apresentação do mapa

O mapa é um documento (dobrado ou não) com:
- um **título**: geralmente, o nome de uma comunidade situada no mapa;
- um quadro com a superfície cartográfica (desenho) e as **coordenadas** X e Y;
- a **escala** e a **legenda** com a explicação de todos os símbolos do mapa.

Na superfície cartográfica, representam-se:
- a **toponímia** (nome dos lugares);
- os dados **urbanos** (construções, vias de circulação);
- a **hidrografia** (vales, rios, lago, tanques, poços);
- a orografia ou o **relevo** (curvas de nível e pontos cotados).

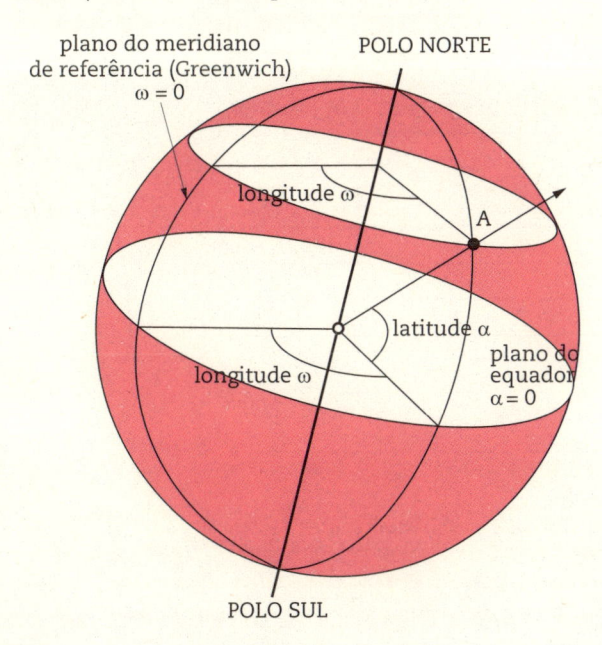

Fig. 71.1 *Longitude e latitude*
O ponto A situa-se na interseção dos círculos de latitude α e de longitude ϖ

71.2 Como se localizar no mapa

Para localizar-se num mapa, basta ler as coordenadas **geográficas** ao redor do quadro gráfico (unidades angulares, nas quais X = latitude e Y = longitude, expressas em graus, escalas ou radianos) ou as coordenadas **retangulares** (comprimento, nas quais X e Y estão em metros). Elas são fornecidas em relação às referências "equador" e "Greenwich".

A escala permite transformar as distâncias medidas no mapa em distâncias horizontais reais. Por exemplo, em uma escala de 1:25.000, 1 cm no mapa equivale a 25.000 cm no local (ou seja, 1 cm = 250 m). Se o terreno não for plano, é preciso considerar a inclinação (portanto, o relevo) e fazer uma construção geométrica para obter a distância "absoluta".

71.3 Os dados do relevo

No mapa, as informações relativas ao relevo (variações de altitude do solo) são representadas pelas **curvas de nível**, que correspondem à interseção entre uma sucessão de planos horizontais equidistantes entre si e o relevo. Todas essas curvas são projetadas no plano do mapa. Portanto, as curvas de nível estão contidas nos **planos horizontais**.

Com a altitude indicada sobre algumas curvas de nível e levando-se em conta a equidistância (marcada com **e**) entre as curvas (indicadas na legenda do mapa), uma simples subtração das curvas sucessivas permite chegar a uma estimativa da altitude de determinado ponto no mapa. Além disso, a altitude de alguns pontos notáveis (picos) é indicada: são os pontos de cota.

Uma sucessão de curvas de nível reunidas significa um relevo escarpado; quando há um espaçamento entre elas, as variações de altitude são mais progressivas.

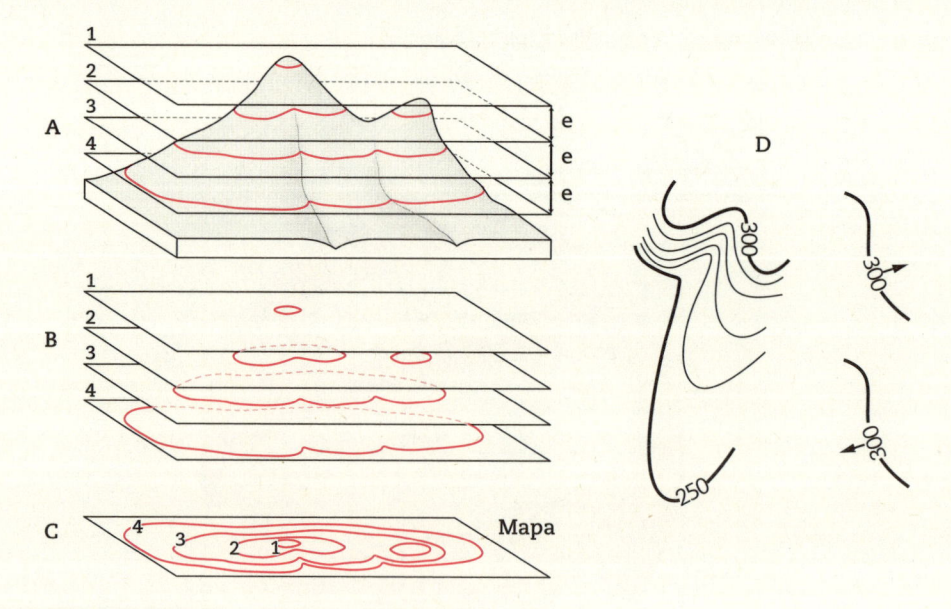

Fig. 71.2 *As curvas de nível*
A = *interseções de planos horizontais equidistantes com o relevo;*
B = *curvas de nível;*
C = *projeções sobre o fundo do mapa;*
D = *a distribuição das curvas no mapa permite estimar a inclinação do terreno (equidistância e = 10m)*

O mapa geológico 72

Palavras-chave
Corte e história geológica – Falhas – Mergulhos – Dobras – Estratigrafia – Topografia

O mapa geológico é a ferramenta indispensável do geólogo. Ele integra os dados do mapa topográfico (Ficha 71), complementados pelos dados geológicos obtidos nas observações do terreno. Graças à realização de **cortes geológicos**, sua leitura e compreensão permitem ao geólogo visualizar em profundidade as estruturas geológicas e, assim, depreender a história geológica de determinado setor ou de uma região.

72.1 Apresentação geral do mapa geológico

Assim como o mapa topográfico, o mapa geológico é um documento, mas, à primeira vista, distingue-se por ter muitas **cores** e **figuras** correspondentes aos dados geológicos.

a] Os dados estratigráficos

As cores correspondem, principalmente, às **idades** das formações geológicas encontradas na zona cartografada. Por convenção, cada período ou estágio geológico (Ficha 60) corresponde a uma cor, e sua subdivisão, às gradações dessas cores. Sobrepõe-se à cor uma letra ou um número (chamado índice), a fim de facilitar a leitura. As idades (cores e índices) estão discriminadas na legenda do mapa com pequenos retângulos dispostos em ordem cronológica, com a mais nova legenda no alto, à esquerda. No fundo do mapa, a largura de uma cor não corresponde à espessura da formação geológica, mas à interseção desta com a topografia. Consequentemente, a igualdade largura/espessura da formação geológica só é verificada nas formações verticais.

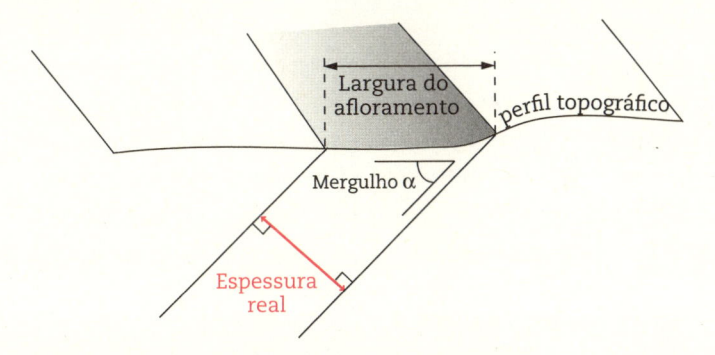

Fig. 72.1 *Espessura real e espessura aparente de uma formação geológica*

b] Os dados da tectônica

As informações tectônicas estão superpostas aos dados estratigráficos. Elas permitem ilustrar as diferentes formações geológicas (falhas, dobras, inclinações, sobreposições) sobre um documento plano com os dados geométricos em três dimensões. O conjunto dos sinais e figuras chama-se **símbolo** e seu significado é explicado na legenda do mapa.

c] Os dados do metamorfismo e das estruturas intrusivas

Uma formação metamórfica é representada pela cor correspondente a sua idade e, sobre ela, sobrepõe-se uma notação (pontilhado, hífen etc.) que mostra o grau de metamorfismo. As formações intrusivas (corpo granítico, por exemplo) têm cor forte e viva (como o vermelho) acompanhada de uma notação e de um índice característico.

Na legenda, acrescentam-se também os minerais e as rochas características do metamorfismo ou da intrusão.

72.2 Caracterização de um plano no espaço

As notações dos contornos geológicos (limites entre as formações, traços pretos finos) e das falhas (traços pretos grossos) correspondem à interseção entre dois planos: o geológico e a superfície topográfica representada pelas curvas de nível (Ficha 71). Portanto, é preciso interpretar esses dados geométricos representados em duas dimensões (planos) para uma informação em três dimensões. Como os planos geológicos são potencialmente inclinados, a primeira etapa consiste em caracterizar esses planos no espaço, ou seja:

- **orientar** o plano ou uma das horizontais em relação ao Norte;
- definir a inclinação do plano geológico em relação à horizontal: a **inclinação** α é expressa em **graus**;
- fornecer o **sentido do mergulho** ("na direção em que mergulha a camada") em relação aos pontos cardinais.

O dado de base é fornecido pela topografia: por definição, as curvas de nível são as interseções de planos horizontais com o relevo.

Um plano geológico (limite de formações ou falhas) paralelo às curvas de nível é um plano horizontal (plano 1, Fig. 72.2). Quando ele não se orienta, sua inclinação é nula, portanto, sem sentido de mergulho.

Um plano geológico retilíneo, que recorta as curvas de nível sem se curvar, é um plano vertical (plano 2, Fig. 72.2). O traço (fino ou grosso) que o representa indica sua direção em relação ao Norte. Sua inclinação é de 90°, sem direção, por ser perpendicular ao plano cardinal.

Entre esses dois casos "particulares", encontram-se os planos inclinados ($0 < \alpha < 90°$). Uma construção geométrica simples permite caracterizar esses planos (plano 3, Fig. 72.2).

1 Traçar uma reta que liga dois pontos de interseção entre o plano geológico e uma curva de nível.
2 Repetir a operação em outra curva de nível. As duas retas são horizontais e pertencem a um mesmo plano, mas com altitudes diferentes. Portanto, no plano, elas são paralelas e permitem orientar o plano em relação ao Norte.
3 Traçar uma reta perpendicular às duas horizontais. Medir no mapa e converter o dado na escala: é um comprimento no solo marcado com **L**.
4 A inclinação α da camada ou do plano é obtida por:

$$\operatorname{tg} \alpha = \Delta h / L$$

Em que Δh corresponde à diferença de altitude entre as duas horizontais escolhidas.

O sentido do mergulho pode ser determinado com a ajuda da regra empírica do "V no Vale", que consiste em observar sobre o mapa a forma de um contorno geológico ou de uma falha no nível de um vale ou de um rio. Quando um plano inclinado recorta a topografia nesse local, seu limite no plano "deforma-se", para formar um "V" (mais ou menos aberto em função da inclinação). A ponta do "V" segue a direção do mergulho.

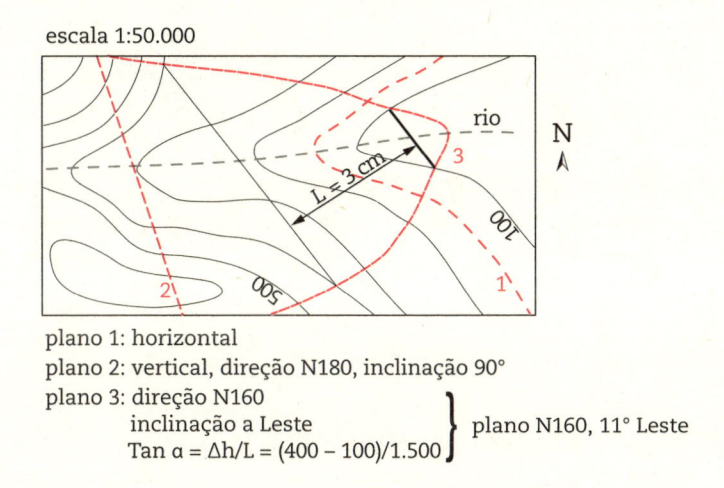

plano 1: horizontal
plano 2: vertical, direção N180, inclinação 90°
plano 3: direção N160
　　　　　inclinação a Leste
　　　　　Tan α = Δh/L = (400 − 100)/1.500 } plano N160, 11° Leste

Fig. 72.2 *Exemplos de orientação de planos geológicos representados no mapa*

72.3 As falhas e as dobras

As falhas são representadas por traços pretos grossos. De modo geral, quanto mais retilíneo for o traço, mais alta é a inclinação do plano da falha. Quando a falha gera movimentos verticais (falha normal ou inversa, Ficha 35), é preciso verificar primeiro a idade relativa (Ficha 3) das formações geológicas de cada lado. Determinada a inclinação da falha, se o terreno mais antigo estiver sobre o mais jovem, a falha é inversa (ou sobreposta). A altitude relativa (de cada lado da falha) dos limites das formações horizontais, como a defasagem de todo tipo de parâmetro, também são bons argumentos para determinar o movimento de uma falha.

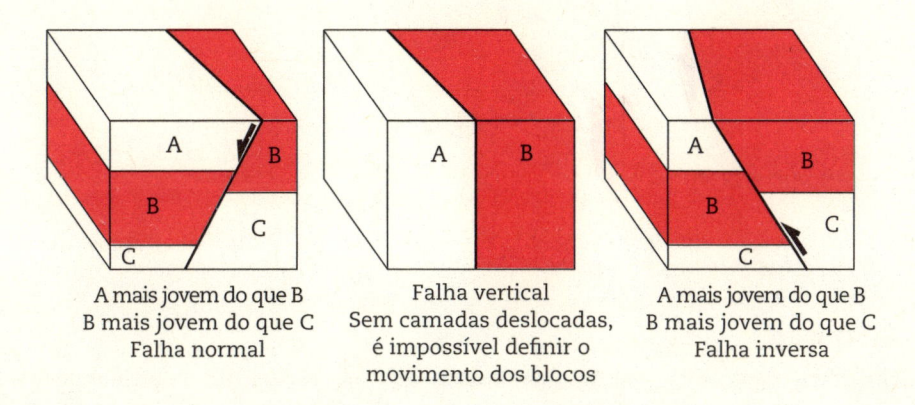

A mais jovem do que B
B mais jovem do que C
Falha normal

Falha vertical
Sem camadas deslocadas,
é impossível definir o
movimento dos blocos

A mais jovem do que B
B mais jovem do que C
Falha inversa

Fig. 72.3 *Inclinação das falhas e idade relativa das formações geológicas*

As dobras são evidenciadas pela repetição de cores de forma simétrica em relação ao eixo da dobra. Ao relacioná-las à coluna estratigráfica, determina-se a idade da formação axial. Quando ela é mais antiga do que as camadas periféricas, então a dobra é anticlinal; caso contrário, uma formação axial mais jovem mostra a presença de uma dobra sinclinal (Ficha 36).

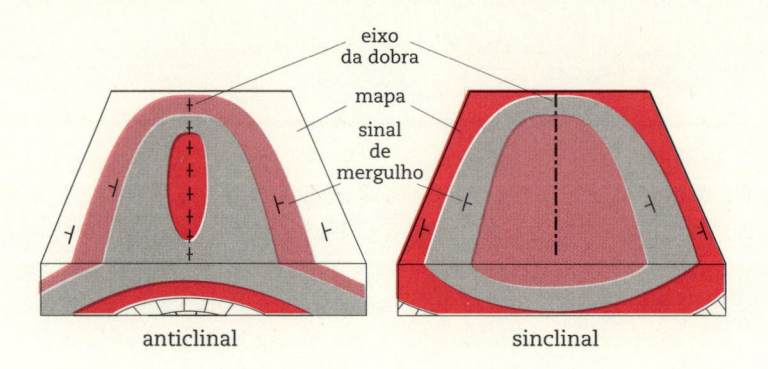

Fig. 72.4 *Representação esquemática das estruturas dobradas no mapa*

72.4 Corte geológico e esquema estrutural

O conjunto das informações impressas no mapa geológico permite realizar cortes geológicos, que consistem em traçar um perfil em profundidade das estruturas encontradas. Para isso, escolhem-se dois pontos no mapa, entre os quais se traça uma linha geralmente perpendicular às principais estruturas. Entre esses pontos, faz-se o perfil topográfico (pontos de interseção entre a linha de corte e as curvas de nível), isto é, um traçado da superfície, considerando o relevo. A geometria das estruturas geológicas em profundidade é deduzida pelas diferentes informações (notações, símbolo, mergulho) representadas no mapa ao lado da linha de corte.

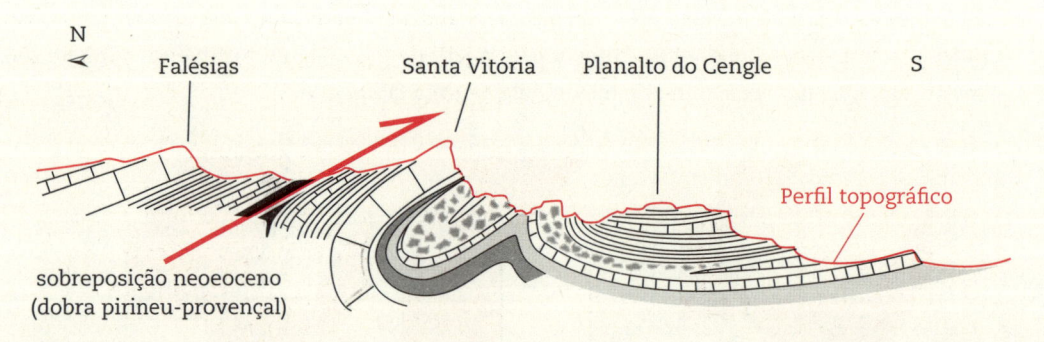

Fig. 72.5 *Corte geológico da montanha de Santa Vitória (segundo Aubouin, Brousse, Lehmann, Dunod, 1975)*

72.5 Conclusão

Geralmente, o mapa geológico é acompanhado de um corte esquemático, de um esquema estrutural e de uma nota explicativa que detalha as formações e a história geológica da região. É um documento rico em informações, e sua compreensão assim como a realização de cortes geológicos envolvem inúmeras sessões de trabalhos práticos.

A magnetoestratigrafia 73

Palavras-chave
Magnetização – Inversão do campo magnético – Magnetocronos

As rochas (vulcânicas e sedimentares) têm as características magnéticas do seu ambiente de formação. Há parâmetros como a direção e a intensidade da **magnetização remanente natural** (MRN), nas quais se pode medir a **suscetibilidade magnética**. O estudo desses parâmetros numa série estratificada (portanto, em função do tempo) chama-se **magnetoestratigrafia**.

73.1 Nomenclatura utilizada

A partir das medições das magnetizações primárias das rochas, é possível definir as sucessões (ou sequências) das inversões de polaridade do campo magnético terrestre (normal, inversa, normal). Por associação de dados obtidos na análise do assoalho oceânico, de séries sedimentares e de erupções vulcânicas, estabeleceu-se uma **escala de polaridade magnética** de referência, com o uso de uma nomenclatura própria, composta de:

- **magnetozonas**, isto é, períodos em que o campo magnético terrestre era idêntico (magnetozonas **normais**, pintadas de preto) ou invertido (magnetozonas inversas, pintadas de branco) em relação ao de hoje. A sucessão de magnetozonas normal/inversa corresponde a um **magnetocrono** ou **cron**. Escreve-se de C_1 (cron atual) a C_{34} (Aptiano), depois M_0 a M_{25} (Kimmeridgiano) seguido da letra **n** ou **r** se o período for, respectivamente, normal ou inverso (*reverse* em inglês). Por exemplo, o cron C_{33} do Cretáceo superior (Campaniano) é subdividido em $C_{33}r$ (inverso) e $C_{33}n$ (normal);
- eventos de polaridade magnética (ou **submagnetocronos**) correspondentes a curtas inversões do campo magnético em uma magnetozona normal ou inversa. Para as idades recentes (Plioceno à atual), os eventos levam nomes que correspondem aos locais onde foram definidos: Jamarillo, Olduvai, Reunião etc.;
- **horizontes** de inversão de polaridade magnética correspondentes, no limite entre dois conjuntos de polaridades distintas. Ao se levar em conta a brevidade de uma inversão de polaridade (inferior a 10.000 anos), na verdade, esses horizontes raramente se evidenciam nas séries sedimentares.

73.2 A magnetização remanente natural (MRN)

A MRN é o reflexo do próprio campo magnético terrestre definido pela sua declinação e inclinação (Ficha 2) em qualquer ponto do globo. Nas séries sedimentares, por exemplo, sua análise permite identificar as **inversões de polaridade** do campo magnético. No hemisfério Norte, uma rocha com uma imantação remanente virada para o Norte e com uma inclinação positiva (portanto, em direção do interior do globo) vai registrar uma polaridade normal. A MRN não é o reflexo exato do campo magnético dominante durante a formação das rochas. Uma "poluição magnética" impõe-se à **magnetização primária** no decorrer da história geológica dos depósitos. Felizmente, essas magnetizações "parasitas" são pouco estáveis e, portanto, podem ser anuladas ao se combinar uma desmagnetização térmica (aquecimento crescente) e uma desmagnetização por campo magnético alternativo das amostras.

73.3 Escala da polaridade magnética

As sequências magnetoestratigráficas das séries sedimentares devem ser datadas pela bioestratigrafia ou pela radiocronologia. De forma esquemática, os magnetocronos e os submagnetocronos têm durações variáveis, de 1 a 10 Ma, e de 100 Ka a 1 Ma, respectivamente.

A escala magnetoestratigráfica está em constante evolução. Ela foi bem documentada até o cron M25. Para os tempos **pré-Jurássicos**, não há mais assoalho oceânico que possa ser analisado. Portanto, os estudos referem-se exclusivamente às séries sedimentares, mas que precisam ser divididas em vários pontos de estudo, já que se encontram muito espalhadas pelo globo e em paleoambientes variados. Nos terrenos antigos, é cada vez mais difícil extrair algum sinal original, mas há dados disponíveis para o Toarciano e alguns estágios do Trias.

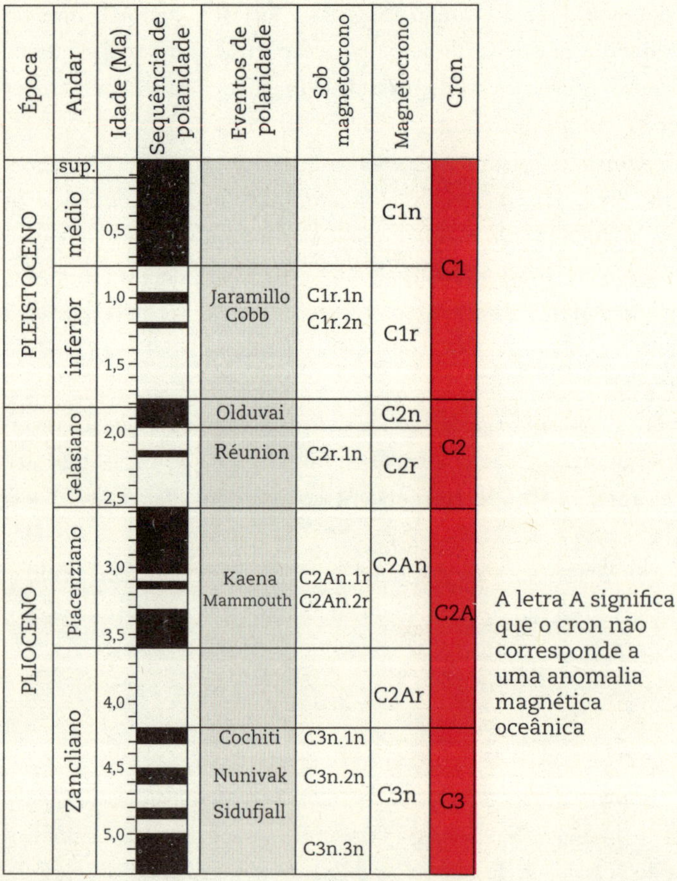

73.4 Conclusão

A magnetoestratigrafia fornece dados cronológicos precisos, independentes da paleogeografia e do meio ambiente. Os dados obtidos de séries sedimentares são acessíveis e independem da ausência de crosta oceânica antiga. Além disso, a magnetoestratigrafia é uma ferramenta de correlação atuante, mas que precisa de uma escala de polaridade de referência e de meios de datação atualizados (Ficha 4).

Época	Andar	Idade (Ma)	Sequência de polaridade	Eventos de polaridade	Sob magnetocrono	Magnetocrono	Cron
PLEISTOCENO	médio	sup.				C1n	C1
		0,5					
	inferior	1,0		Jaramillo Cobb	C1r.1n C1r.2n	C1r	
		1,5					
PLIOCENO	Gelasiano	2,0		Olduvai		C2n	C2
		2,5		Réunion	C2r.1n	C2r	
	Piacenziano	3,0		Kaena Mammouth	C2An.1r C2An.2r	C2An	C2A
		3,5					
	Zancliano	4,0				C2Ar	
		4,5		Cochiti Nunivak Sidufjall	C3n.1n C3n.2n	C3n	C3
		5,0			C3n.3n		

A letra A significa que o cron não corresponde a uma anomalia magnética oceânica

Fig. 73.1 *Trecho de uma escala de polaridade magnética e a nomenclatura associada*

74 Geomorfologia

Palavras-chave
Carste – Modelado – Morfogênese – Relevo monoclinal – Relevo enrugado

A geomorfologia é o estudo das formas da superfície e de sua evolução. A geomorfologia estrutural estuda o relevo e sua formação, enquanto a geomorfologia climática interessa-se particularmente pelo modelado do terreno.

74.1 Geomorfologia estrutural

O traçado do relevo resulta da interação dos fatores externos (vento, chuva, neve, inundações) com o substrato rochoso. A paisagem fica diferente de acordo com a sua natureza e estruturação. Numa mesma litologia, as camadas monoclinais, com ou sem inclinação, não evoluem como estratos enrugados ou falhados.

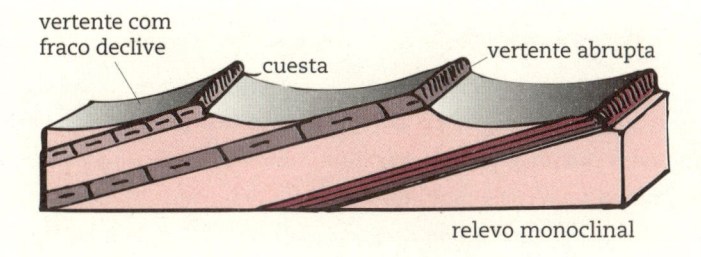

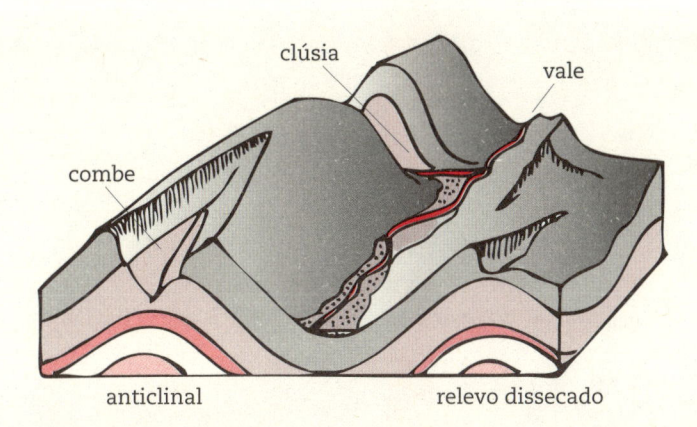

Fig. 74.1 *Relevo monoclinal e relevo dissecado*

Os relevos estão associados à natureza litológica do substrato rochoso. As rochas carbonatadas (calcárias e dolomíticas) e as rochas evaporíticas, facilmente solúveis, evoluem para um relevo do tipo cárstico, no qual o principal fenômeno é a dissolução do substrato. Essas rochas também

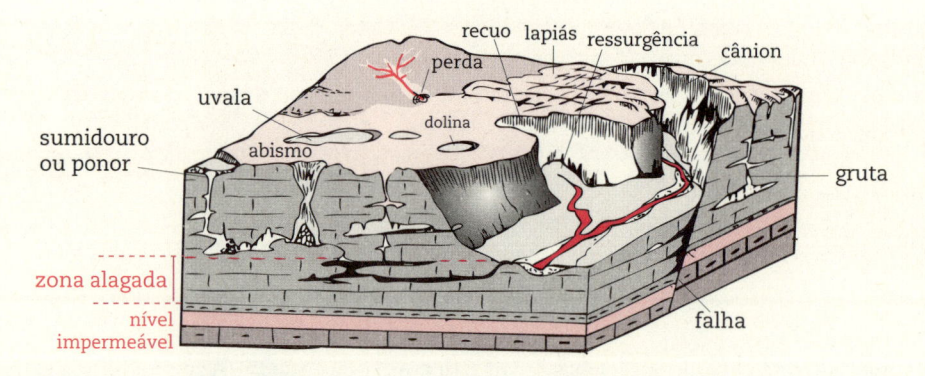

Fig. 74.2 *Modelado do relevo cárstico*

são um aquífero (Ficha 56) muito peculiar, no qual a água ganha uma circulação muito rápida ligada às precipitações. Nas zonas saturadas, ocorrem fenômenos de dissolução e de precipitação. A palavra **carste** originou-se numa região da Eslovênia, perto de Trieste. Encontram-se relevos cársticos na França, em Larzac, Causses e Provença.

Os substratos menos solúveis, como os arenitos e os granitos, evoluem a partir das diáclases e da fraturação. A alteração e a erosão (Ficha 46), característica dessas rochas, formam espessos e complexos perfis.

74.2 Geomorfologia climática

A influência do clima e dos fatores geodinâmicos externos sobre o modelado do relevo já foi abordada. Os relevos glaciais e periglaciais são bons exemplos (Ficha 54). Submetidos a um clima desértico, com grandes diferenças de temperatura, uma esporádica mas violenta inundação e uma forte erosão eólica, os relevos graníticos evoluem de formas muito diferentes: os domos graníticos, por exemplo, sofrem desgaste e formam *inselbergs*, enquanto os flancos são recobertos por um talude não selecionado de fragmentos angulosos (pedimento). Os solos evoluem em crostas calcárias ou de gipsos, e os blocos são desgastados pela abrasão dos grãos de areia. O relevo é tabular, com desertos de cascalhos (**reg**) e de zonas de acúmulo arenoso eólico (**erg**).

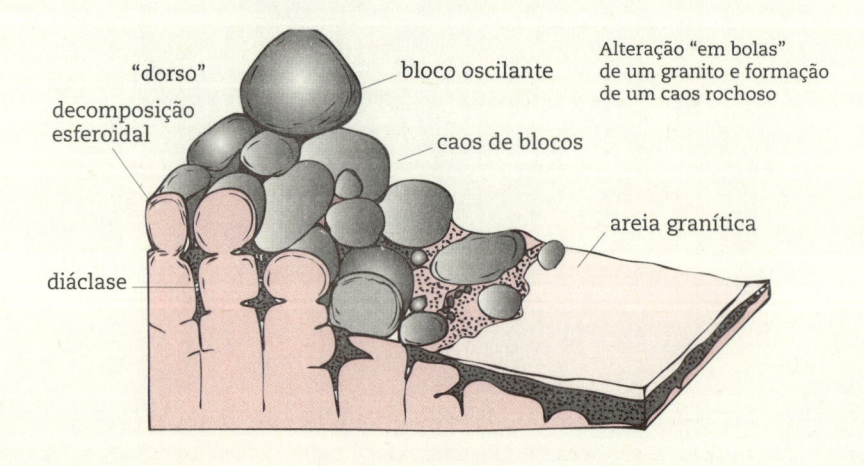

Fig. 74.3 *Morfologia em meio desértico*

74 | Geomorfologia

Episodicamente, as depressões são preenchidas com águas saturadas em íons dissolvidos. Essas depressões endorreicas evoluem para lagos salgados (*chott* e *sebkha*).

Em meio tropical úmido, os carstes evoluem rapidamente para formas de cones cársticos (baía de Hong, Indonésia).

Fig. 74.4 *A baía do Rio de Janeiro: evolução de vários granitos em forma de pão de açúcar em meio tropical*

75 O ciclo das rochas

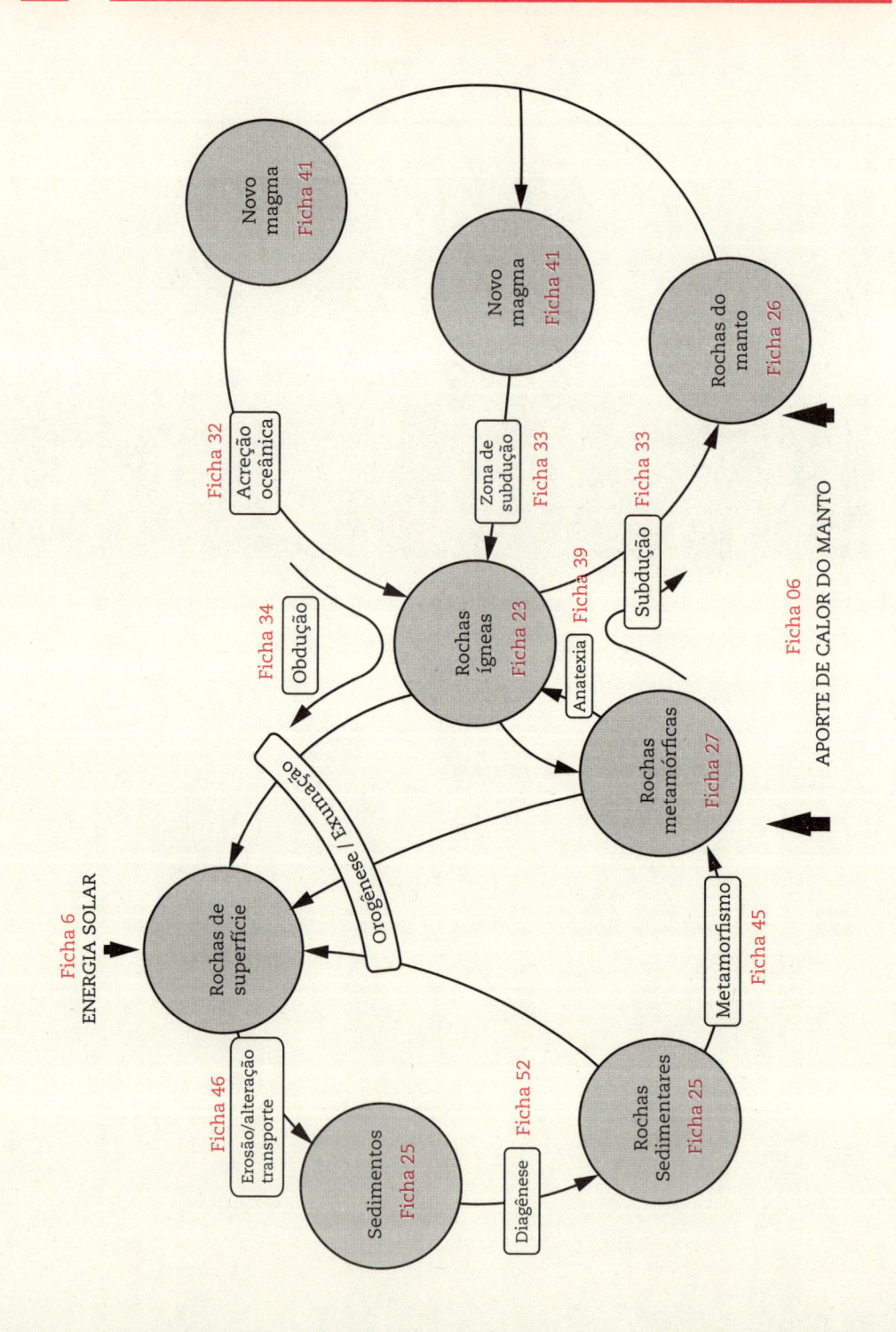

A escala estratigráfica 76

Idade (Ma)	Era	Sistema	Subsistema Época	Estágio			Os grandes eventos da história da Terra		
							Ciclos orogênicos	Fases orogênicas	Grandes etapas da vida na Terra
		QUATERNÁRIO							10.000 anos Homo sapiens sapiens moderno
1,8			PLIO-CENO	Piacenziano				• valaco • rodaniano • ático	
5		NEÓGENO		Zancleano					
			MIOCENO	Messiniano					8 Ma Primeiros hominídeos
11	CENOZOICO = terciário			Tortoniano				• estireno	
				Serravalliano					
16				Langhiano					
				Burdigaliano					
24				Aquitaniano				• save	
			OLIGO-CENO	Chattiano					
34		PALEÓGENO		Rupeliano					
37			EOCENO	Priaboniano				• pireneia	60 Ma Primeiros primatas
				Bartoniano					
49				Lutetiano					
55				Ypresiano					
			PALEO-CENO	Thanetiano					
				Selandiano					
65				Daniano					
			SUPERIOR	Maastrichtiano				• laramiano	65 Ma Crise Cretácea / Terciária Diversificação dos mamíferos
		CRETÁCEO		Campaniano					
				Santoniano					
89				Coniaciano					
				Turoniano					
100				Cenomaniano				• austrino	100 Ma 21% de O_2 atmosférico
			INFERIOR	Albiano					
125	MESOZOICO = secundário			Aptiano					
				Barremiano			CICLO ALPINO		
				Hauteriviano					
				Valanginiano					
145				Berriasiano				• neocimério	
			SUP.	Tithoniano					150 Ma Primeiros pássaros
				Kimmeridgiano					
161		JURÁSSICO		Oxfordiano					
			MÉD.	Calloviano					
				Bathoniano					
175				Bajociano					
				Aaleniano					
			INF.	Toarciano					200 Ma Primeiros mamíferos e primeiros angiospermas
				Pliensbachiano					
				Sinemuriano					
200				Hettangiano					
			SUP.	Rhaetiano		Rhaetiano		• eô-cimério	
				Noriano		Keuper			
228		TRIÁSSICO		Carniano	Trias alpino		Trias germânico		
			MÉD.	Ladiniano		Muschelkalk			250 Ma Crise Permo-Trias Subcontinental Pangea
				Anisiano					
250			INF.	Olenekiaono		Buntsandstein			
				Induano					

Idade (Ma)	Era	Sistema	Subsistema Época	Andar			Os grandes eventos da história da Terra		
							Ciclos orogênicos	Fases orogênicas	Grandes etapas da vida na Terra
250	Paleozoico = primário	PERMIANO	Lopingiano	Changhsingiano			CICLO HERCINIANO (ou variscano)	• palatina	
260				Wuchiapingiano					280 Ma Primeiros répteis
			Guada-lupiano	Capitaniaono				• saaliano	
				Wordiano					
270				Roadiano					370 Ma Primeiros anfíbios e batráquios Primeiros gimnospermos 460 Ma
			Cisuraliano	Kunguriano				• asturiano	
				Artinskiano					
				Sakmariano					
299				Asseliano					
		CARBONÍFERO	Pensil-vaniano	SUP.	Gzheliano			• sudeta	Primeiros vegetais terrestres
					Kasimoviano				
				MÉD.	Moscoviano				
				INF.	Bashkirian				
318			Missis-sippiano	SUP.	Serpukhoviano				
				MÉD.	Viseano				
				INF.	Tournaisiano				
360		DEVONIANO	SUP.	Fameniano				• bretão	540 Ma Todas as ramificações presentes. Primeiros artrópodes e primeiros vertebrados (peixes)
385				Frasniano					
			MÉD.	Givetiano					
400				Eifeliano					
			INF.	Emsiano					
				Pragiano					
415				Lochkoviano				• ardenês	630 Ma Fauna de Ediacara
		SILURIANO	Pridoli						
			Ludlow	Ludfordiano					1 Ga Primeiros organismos pluricelulares metazoários e metáfitos
				Gorstiano					
425			Wenlock	Homeriano			CICLO CALEDONIANO		
				Sheinwoodiano					
			Llando-veriano	Telichiano					
				Aeroniano					1,5 Ga Primeiros eucariotas
				Rhuddaniano					
445		ORDOVICIANO	SUP.	Hirnatiano				• taconica	
				Katiano					2,5 Ga Início de acumulação de O$_2$ atmosférico
460				Sandbiano					
			MÉD.	Darriwiliano					
				Dapingiano					
			INF.	Floiano					
				Tremadociano					
490		CAMBRIANO	Furongiano	Estágio 10				• sardica	
				Jiangshaniano					
				Paibiano					
500			Séries 3	Guzhangiano					
				Drumiano					
510				Estágio 5					
			Séries 2	Estágio 4					
				Estágio 3					2,5 Ga Primeiras moléculas características de eucariotas e de cianobactérias
			Terreneu-viano	Estágio 2					
540				Fotuniano				• cadomiano	
		Subsis./Époc.		Subsistema/Época	França				
1.000	Pré-cambriano	PROTERO-ZOICO		Neoproterozoico	Brioveriano		Numerosas fases orogênicas		3 Ga Surgimento dos esferoides saídos dos cocoides e primeiros solos e crostas bacterianas em meio emergente
1.600				Mesoproterozoico	Pentevriano				
2.500				Paleoproterozoico					
2.900		ARQUEANO		Neoarqueano	Icartiano				3,5 Ga Surgimento da fotossíntese e dos primeiros estromatólitos
				Mesoarqueano					
				Paleoarqueano					
				Eoarqueano					3,8 Ga Surgimento da vida
3.800									
4.560		Hadeano							4,6 Ga Formação da Terra

Mapa da sismicidade mundial

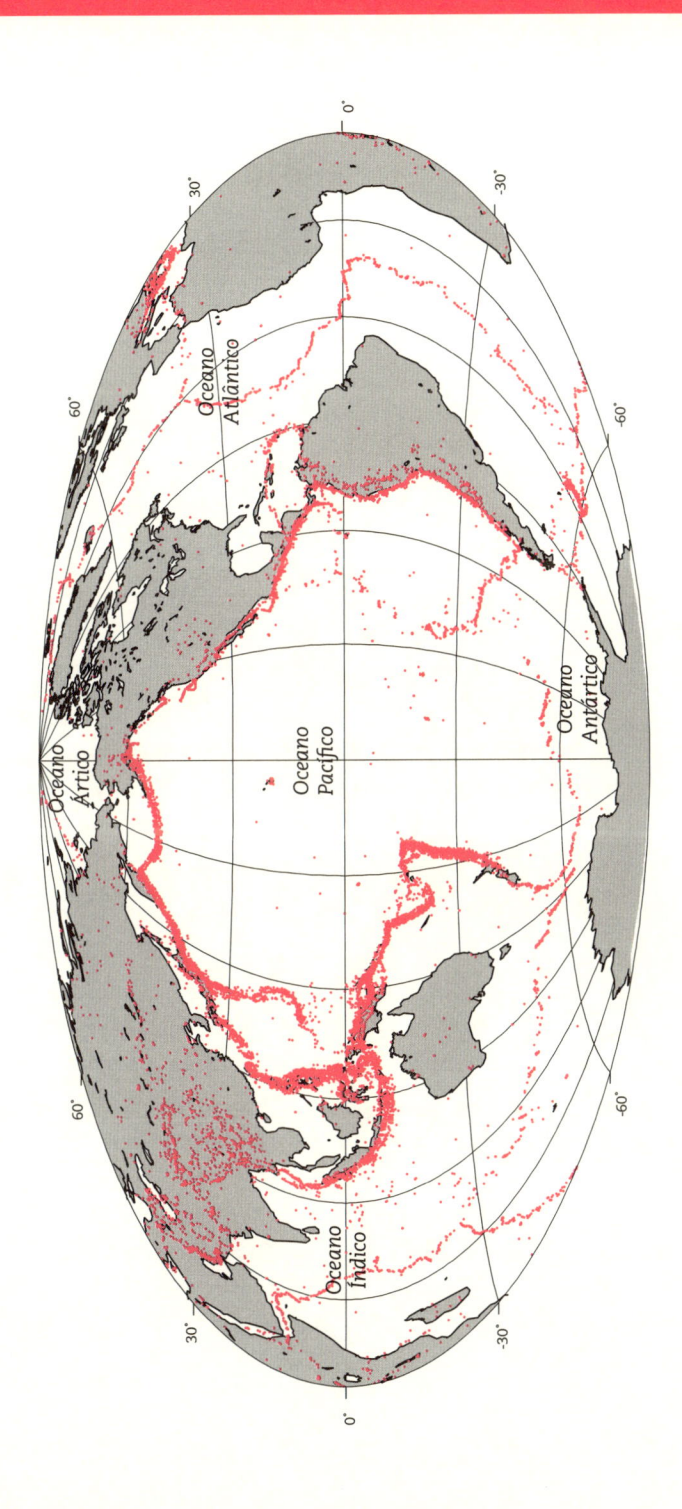

78 As principais placas e tipos de margens

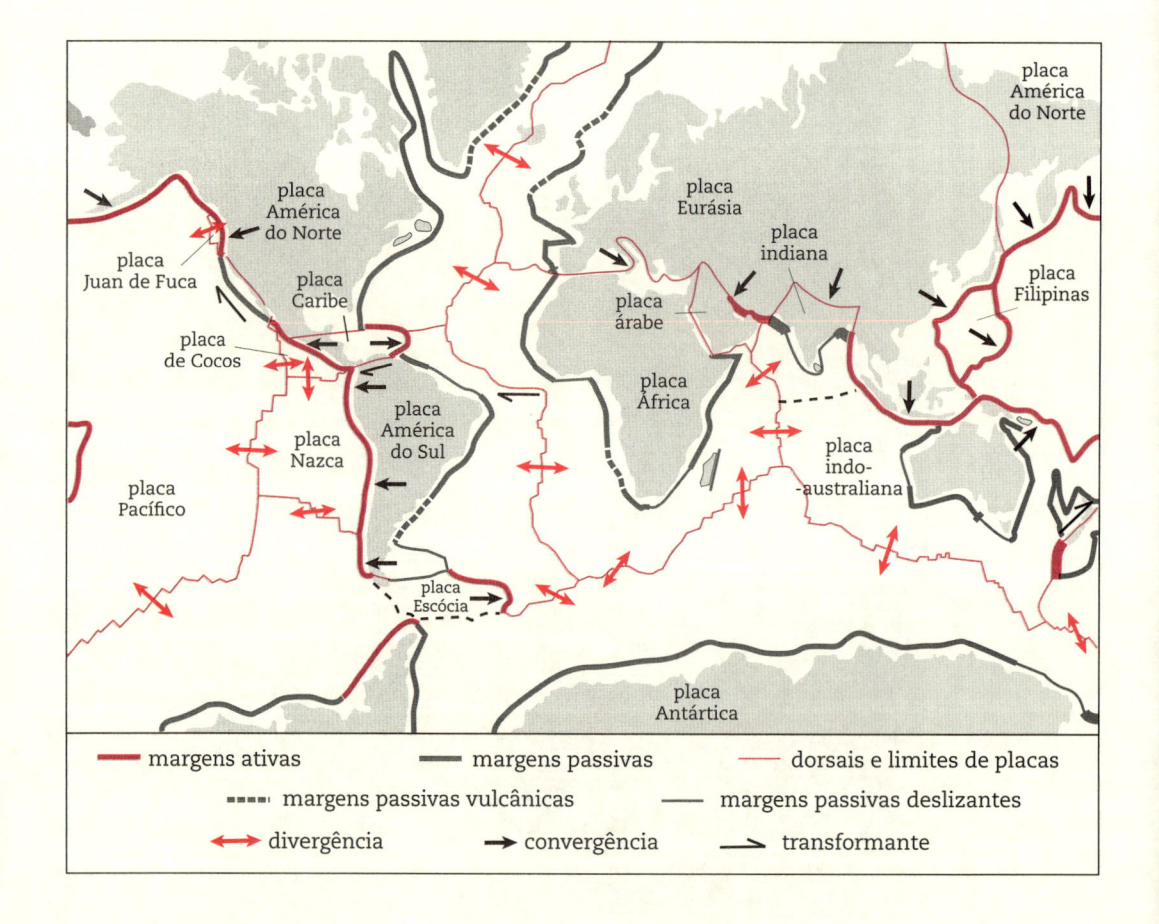

- placa América do Norte
- placa Juan de Fuca
- placa Caribe
- placa de Cocos
- placa Nazca
- placa Pacífico
- placa América do Sul
- placa Escócia
- placa Eurásia
- placa árabe
- placa África
- placa indiana
- placa Filipinas
- placa indo-australiana
- placa Antártica

Legenda:
- —— margens ativas
- —— margens passivas
- —— dorsais e limites de placas
- ----- margens passivas vulcânicas
- —— margens passivas deslizantes
- ⟷ divergência
- → convergência
- ↪ transformante

79. Mapa das idades dos fundos oceânicos, deduzidas as anomalias magnéticas

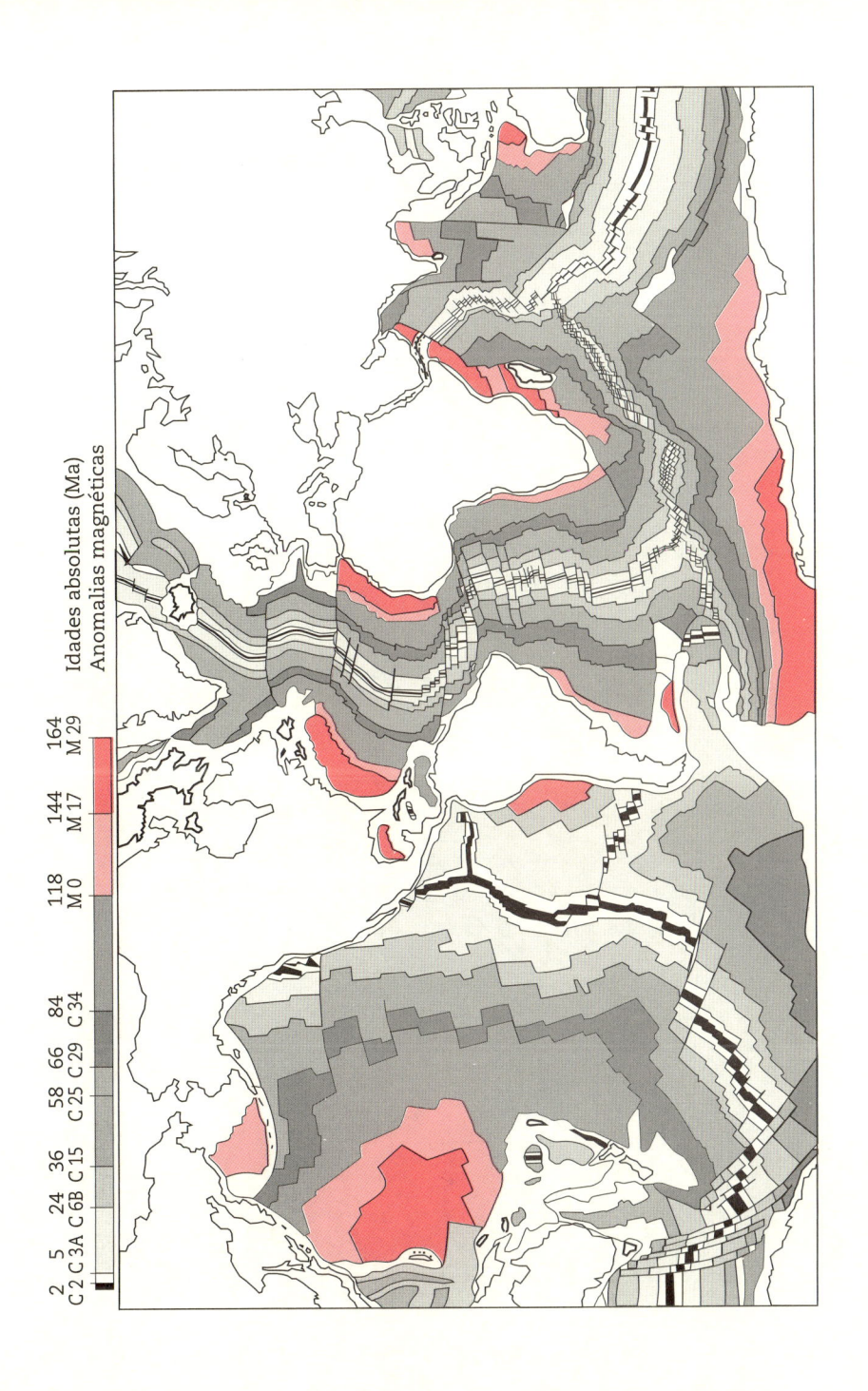

80 Mapa do deslocamento das placas

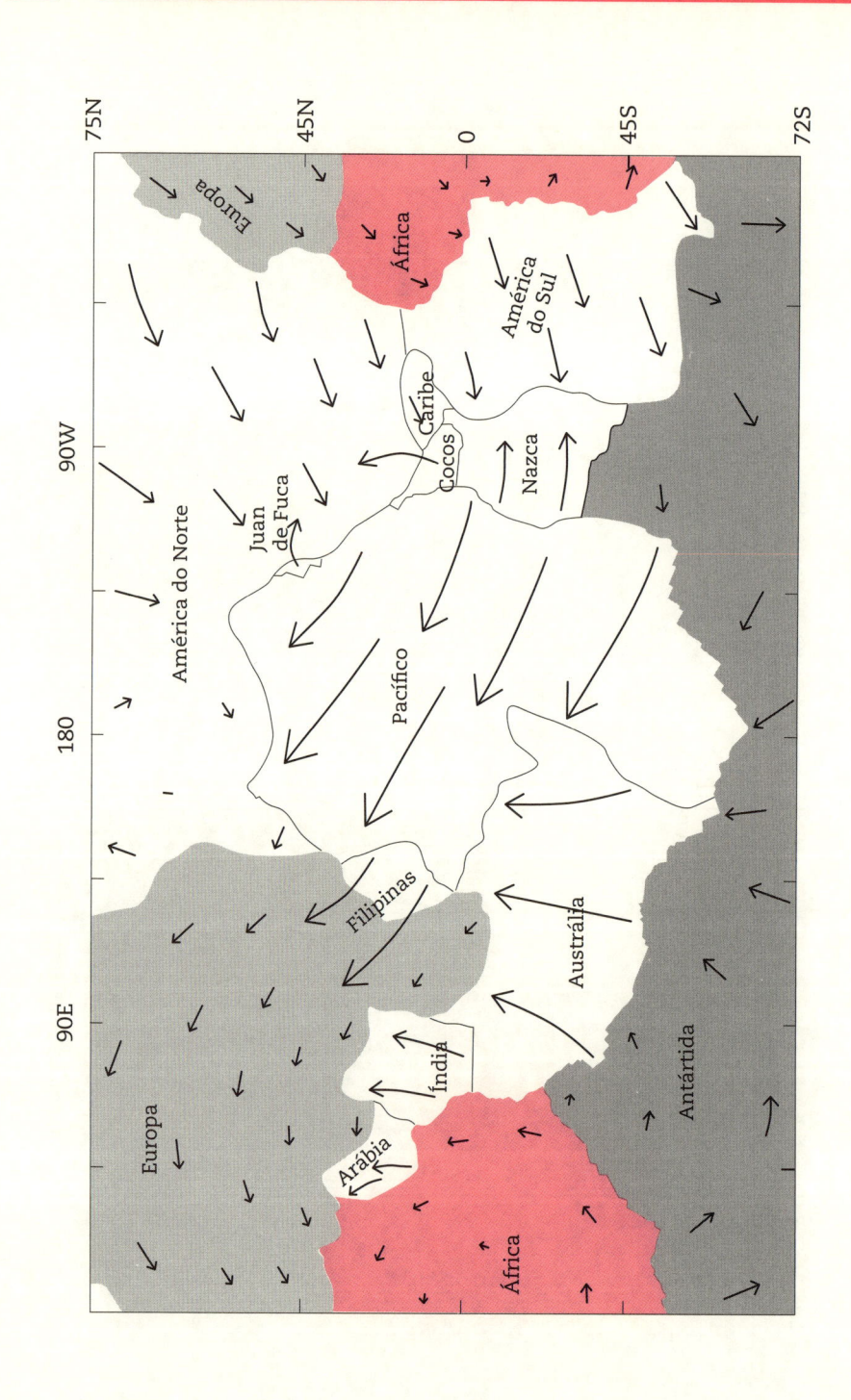

81 Os métodos de análise em geociências

A pesquisa em ciências da terra baseia-se no uso de métodos analíticos (de laboratório e no terreno) das áreas da química, física, matemática etc. Apresenta-se aqui apenas uma lista de algumas técnicas de pesquisa dos objetos geológicos e de sua área de atuação. O leitor pode consultar obras especializadas para obter mais detalhes sobre o aspecto teórico ou a aplicação desses métodos.

Análises de terreno: medições de terreno de diferentes dados da tectônica (plano de falha, estrias, *pitchs*, eixos de dobra), da estratigrafia (plano de estratificação), do metamorfismo (plano de esquistosidade) e da sedimentologia (sentido das paleocorrentes). Levantamento de paisagens, de cortes, de *log* sedimentológico, análise de fácies, amostragem.

Catodoluminescência: técnica de observação no microscópio de amostras geológicas que permite identificar os minerais, suas fases e as fases de seu crescimento.

Datação por traços de fissão: ao medir os traços de fissão deixados na amostra durante a fissão espontânea de um isótopo de urânio no microscópio óptico, pode-se datar e reconstituir a história térmica de uma amostra geológica.

Diagrafias: técnica de análises contínuas das propriedades petrofísicas (resistência, radioatividade, porosidade, permeabilidade) de rochas com detectores baixados, depois levantados, de poços de perfurações.

Difração dos raios X (DRX): técnica espectométrica que permite identificar as diferentes fases minerais que compõem uma amostra.

Espectrometria de massa: técnica de dosagens de isótopos estáveis contidos nas amostras geológicas pela detecção de massas características.

Espectrometria elementar (absorção ou emissão atômica): técnicas de dosagens dos elementos químicos das rochas. Elas permitem a dosagem de elementos em concentrações às vezes muito fracas (< 1 ppb).

Granulometria a *laser*: técnica de medição do diâmetro médio das diferentes partículas ou grãos que compõem uma amostra sedimentar.

Microscopia eletrônica com varredura (MEV): método de observação com uma ampliação muito grande (objetos com uma dimensão < 100 mm) de objetos geológicos. A imagem é obtida graças à varredura do objeto geológico com o feixe de elétrons. Além das imagens, essa técnica também permite a análise elementar.

Microscopia eletrônica com transmissão (MET): método de observação comparável ao MEV, porém com o MET a amostra é observada com transmissão (ou transparência) e o poder de ampliação é ainda maior (resolução de alguns angströms).

Microscopia óptica com luz polarizada/analisada: método de observação e de reconhecimento dos minerais e outros constituintes que formam uma rocha. A amostra é preparada em forma de lâmina fina ou com uma substância orgânica, e os objetos utilizados têm uma ampliação de 5 × a 100 × (Ficha 21).

Modelagem analógica: reprodução dinâmica, mas em escala reduzida, de um sistema natural, cujos diferentes componentes são substituídos por materiais de propriedades mecânicas similares.

Modelação numérica: simulação do comportamento de um sistema natural com base em sistemas de equações ou de dados numéricos.

Peneiração: técnica de separação granulométrica dos constituintes de amostras não endurecidas, como areias.

Perfurações e extrações de amostras do solo: técnica de extração de amostras de grandes profundidades, da terra e do mar.

Pirólise: técnica de destruição térmica das amostras, o que permite identificar os compostos orgânicos das rochas sedimentares.

Radiocronologia: datação das amostras pela dosagem da quantidade de um par de isótopos, sendo um radioativo (o pai) e o outro, radiogênico (o filho) (Ficha 5).

Sensoriamento remoto: reagrupa todas as técnicas de aquisição e de medições aéreas ou espaciais (altimetria, GPS, imagem, radar) (Ficha 70).

Separação por líquidos densos: método de separação densimétrica por decantação em um líquido denso, o bromofórmio, por exemplo, dos minerais pesados (densidade > 2,87) como zircão, turmalina, granadas.

Sísmica de reflexão: método de "ilustração" em grande escala das geometrias, descontinuidades e formações geológicas.

Tomografia sísmica: permite estabelecer cortes do globo terrestre pela análise das velocidades de propagação das ondas sísmicas.

Elementos da geologia de Marte 82

Palavras-chave
Marte – Planeta – Planetologia – Vulcanismo – Atmosfera – Datação relativa – Campo magnético – Água

Marte, quarto planeta do sistema solar, é menor do que a Terra (Ficha 1). Seu diâmetro é a metade do diâmetro terrestre. Ele tem dois satélites naturais: Fobos e Deimos. Muitas missões para Marte possibilitaram uma cartografia bem precisa da superfície, o que o tornou um dos planetas mais bem conhecidos do sistema solar. A história de Marte permite entender melhor as primeiras etapas da formação da Terra.

82.1 Exploração de Marte

Tab. 82.1 Dados característicos do planeta Marte

Distância do Sol	228.106 km / 1,52 UA
Excentricidade	1,85° (1,381 e 1,666 UA)
Período de revolução	868,71 dias
Período de rotação	4,62 horas
Inclinação do eixo de rotação	25° 19
Diâmetro	6.779 km
Massa	$6,42 \cdot 10^{23}$ kg
Satélites	Fobos e Deimos
Gravidade (no equador)	3,71 m.s^{-2}
Temperatura na superfície	–130°C a +27°C (equador) Média –53°C

Marte e a Terra ficam muito próximos quando Marte está em oposição. Ao se considerar a excentricidade das órbitas, a distância entre os dois planetas varia a cada oposição, e torna-se mínima a cada sete oposições. Assim, em 27 de agosto de 2003, às 9h51min e 14s UTC, a distância Terra/Marte era de apenas 55.758 milhões de quilômetros.

Missão	Data de Lançamento
Mariner 4 (EUA)	1964
Mariner 6 (EUA)	1969
Mariner 7 (EUA)	1969
Mariner 9 (EUA)	1971
Viking 1 e 2 (EUA)	1975
Global Surveyor (EUA)	1996
Mars Pathfinder (EUA)	1996
Mars Odissey (EUA)	2001
Spririt	2003
Opportunity	2003
Mars Express (UE)	2003

A maioria das 41 missões a Marte fracassou. No entanto, as que conseguiram coletaram muitas informações sobre suas atmosfera, composição química e mineralógica, assim como história de Marte.

82.2 Atmosfera de Marte

A atmosfera de Marte contém traços de Neônio (Ne), críptons (Kr), metanol HCHO, Xenônio (Xe), ozônio (O_3) e metano (CH_4) irregularmente distribuído. Há também traços de formaldeído.

A pressão atmosférica é muito pequena (7,3 milibares) e varia de forma sazonal, conforme a quantidade de CO_2 precipitado no nível das calotas polares. Nessas condições de pressão, a água em Marte só pode existir em estado de vapor ou de gelo (Fig. 82.1).

A estrutura térmica da atmosfera de Marte é sensivelmente diferente da estrutura térmica Terra. A troposfera de Marte estende-se por até 50 km e não há estratosfera. A mesosfera, limitada pela mesopausa, estende-se por até 110 km. Depois disso, até a uma altitude de 200 km, existe a termosfera, depois a ionosfera, a uma altitude de 200 a 800 km. O vento solar penetra profundamente na atmosfera de Marte. Os raios UVs não são bloqueados pelo ozônio e, assim, realizam a fotólise de CO_2 em CO e O, e H_2O em OHx e H. Os radicais hidróxilos, assim formados, catalisam a regeneração de CO_2. Paradoxalmente, a riqueza e a estabilidade do teor de CO_2 devem-se à presença da água na atmosfera marciana. Outra característica dessa atmosfera é a presença de quantidades significativas de poeira, agitadas pelas tempestades sazonais, que podem durar várias semanas e são sentidas por até 50 km de altitude. Por isso, elas modificam sensivelmente o albedo, a quantidade de energia recebida e, portanto, a temperatura do solo.

Tab. 82.2 Composição atmosférica de Marte

	Composição (%)
Dióxido de carbono CO_2	95,32
Nitrogênio N_2	2,7
Argônio Ar	1,6
Oxigênio O_2	0,13
Monóxido de Carbono CO	0,07
Vapor de água H_2O	0,03
Monóxido de nitrogênio NO	0,013

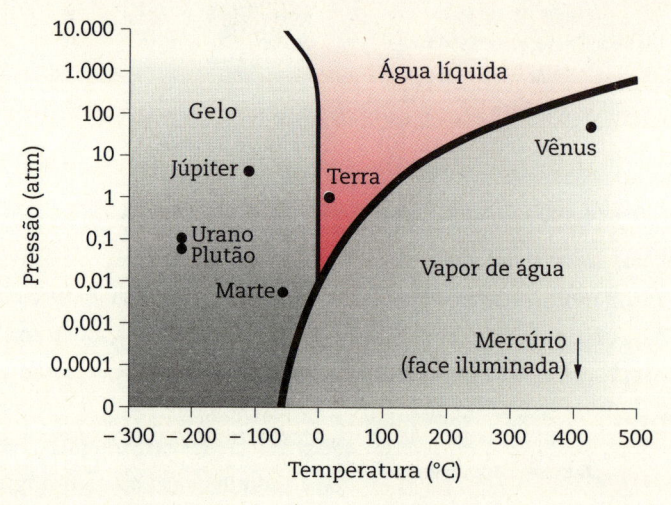

Fig. 82.1 *Diagrama de fase da água em função da temperatura e da pressão e posição dos diferentes planetas do sistema solar (Pomerol et al., 2005)*

82.3 Estrutura externa, geomorfologia

O nível de referência das altitudes é convencionalmente fixado em 6,1 milibares. A topografia de Marte apresenta muitos contrastes, com uma importante dicotomia. O hemisfério boreal é constituído de grandes planícies de baixa altitude e pouca craterização (portanto, recentes), enquanto o hemisfério sul é constituído de um imenso planalto muito acidentado e muita craterização, portanto, bem mais antigo, e há também duas crateras bem grandes, por impacto, Hellas

82 | Elementos da geologia de Marte

e Argyre, visíveis claramente no mapa (Fig. 82.2). Entre essas duas unidades, encontra-se uma fronteira muito nítida e sinuosa, marcada por escarpas importantes, ou taludes intermediários, com conjuntos vulcânicos demarcando esse limite. A região de Társis comporta grandes vulcões de escudo, como o Olympus Mons, que culmina a mais de 27.000 m.

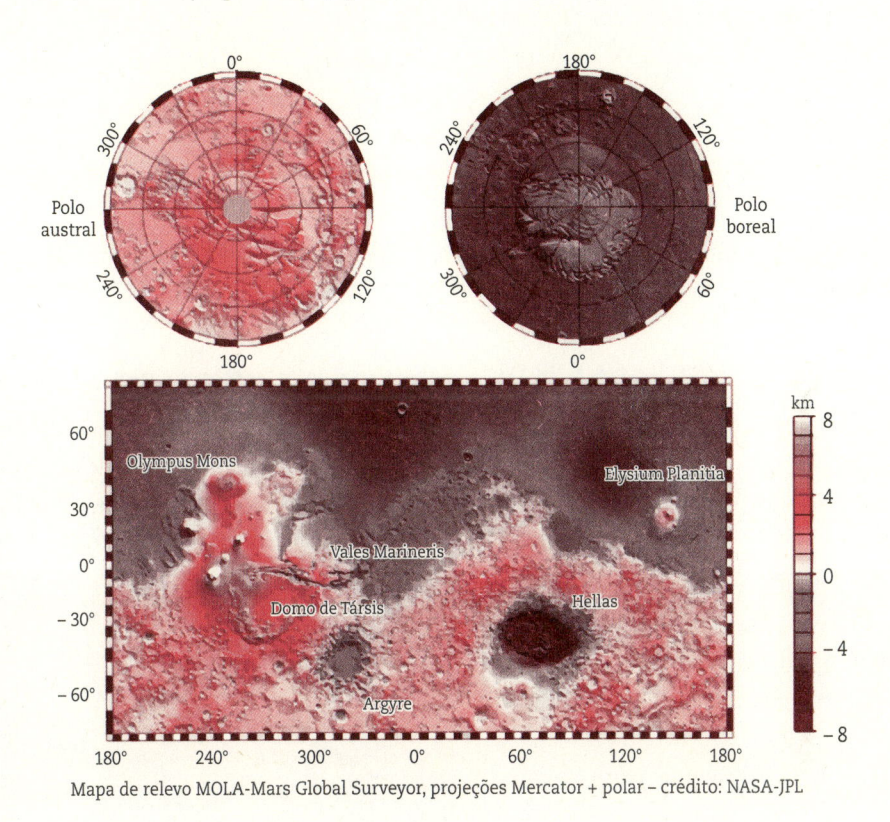

Fig. 82.2 *Mapa topográfico de Marte, elaborado a partir de medições de* Mars Orbiter Laser Altimeter *(MOLA), de* Mars Global Surveyor *(de NASA-JPL)*

Como os polos de Marte são muito diferentes, o polo boreal foi o mais observado até agora. A superfície e o volume das calotas polares variam com as estações e parecem formadas, alternadamente, por gelo carbônico, gelo de água e camadas de poeira escura. A calota austral tem diâmetro de 400 km, enquanto a calota boreal tem cerca de 1.000 km.

No mapa (Fig. 82.2), observam-se as estruturas oblíquas dos Vales Marineris, o imenso abaulamento dos Montes Társis, as diferentes edificações vulcânicas e as grandes crateras de Hellas e Argyre.

82.4 Estrutura e atividade interna

a] Estrutura interna

A estrutura interna de Marte apresenta núcleo metálico com raio de 1.300 km, manto silicatado (olivina) e crosta de espessura variável. A dicotomia crostal encontra-se no MOHO que, no hemisfério boreal, está a uma profundidade de 30 km, enquanto esteve a mais de 80 km de profundidade no hemisfério boreal no decorrer da história de Marte.

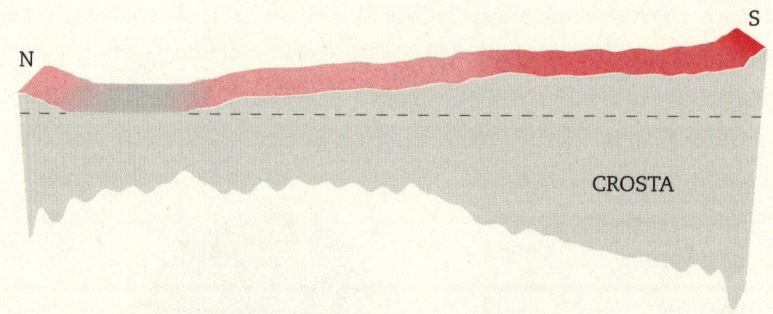

Fig. 82.3 *Posição do MOHO e dicotomia crostal (Pomerole et al., 2005)*

Em 1998, a sonda *Mars Global Surveyor* descobriu um campo magnético que afetava as rochas mais antigas e que seria muito precoce na história do planeta. O campo mostra faixas que significam inversões de polaridade. Por enquanto, nenhuma simetria pode afirmar a existência de fenômenos de expansão ou de tectônica das placas. Os terrenos do hemisfério norte não apresentam traços de campo magnético, assim como as duas grandes depressões de Hellas e Argyre. O magnetismo parece ter desaparecido muito depressa, antes do episódio que culminou na formação dessas duas imensas crateras de impacto.

b] Atividade interna e vulcanismo

As análises mostram rochas vulcânicas, basaltos e andesitos. Encontra-se, ainda, uma significativa dicotomia entre o hemisfério boreal, onde as rochas seriam mais andesíticas, e o hemisfério austral, basáltico. Imensos vulcões de escudos, como o Olympus Mons, produziram enormes quantidades de lava durante longos períodos, o que parece excluir a possibilidade de movimentos das placas.

Fig. 82.4 *Conjunto vulcânico de Marte. No alto, à esquerda, Olympus Mons, o maior vulcão do sistema solar (21.229 m); mais ao sul, a convexidade de Társis, com o alinhamento NE-SO dos três vulcões Arsia Mons (17.400 m), Pavonis Mons (14.120m) e Aescreus Mons (18.200 m).*

82.5 História de Marte

a] Elementos de datação

A história de Marte é marcada por três épocas bem distintas. Foram construídas duas escalas temporais: uma com base na frequência das crateras de impacto (escala de Hartmann, depois de Hartmann e Neukum), que extrapola as cronologias lunares; a outra, com dados mineralógicos recolhidos pela equipe de J. P. Bibring, também mostra três éons:

- o **Filosiano** (presença de filossilicatos formados na presença de água) $-4,2 \cdot 10^9$ anos;
- o **Teiikien** (presença de minerais sulfurosos de origem vulcânica $-3,6 \cdot 10^9$ anos;
- o **Siderikiano** (presença de óxidos de ferro anídricos).

82 | Elementos da geologia de Marte

Um período de intensos bombardeamentos de meteoritos (análogo ao grande bombardeamento tardio LHB, constatado na Lua) situa-se entre o **Filosiano** e o **Teiikien**.

As duas escalas de datação não correspondem, e as datações obtidas não são muito precisas. Faltam dados de cronologia absoluta, que só podem ser obtidos em amostras trazidas à Terra.

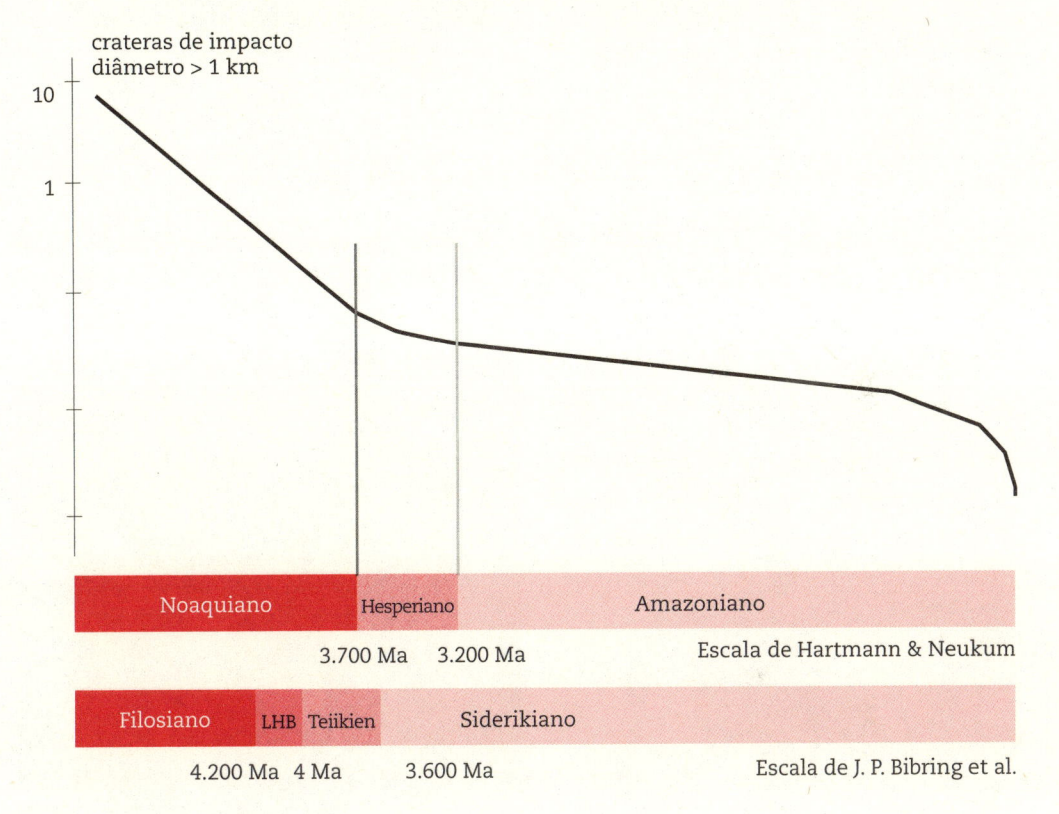

Fig. 82.5 *Elementos de cronologia de Marte*

b] A água em Marte

As missões em Marte procuraram a presença de água, assim como traços de vida ou de fósseis. Nenhuma forma de vida foi encontrada até agora. O metano e o formaldeído da atmosfera, que acusam atividades bioquímicas na Terra, podem ter origem por reações químicas e não por atividade bacteriana. Em contraposição, a água em estado líquido existiu em Marte, como provam as jazidas de hematita, os depósitos de sulfatos hidratados (gipso, jarosita, kieserita) dos Vales Marineris e das regiões circumpolares do hemisfério boreal e a existência de minerais argilosos (filossilicatos) formados durante o Filosiano e revelados pelo espectro de imagens OMEGA, da *Mars Express*. As figuras de escavação e de escoamento obtidas pelas fotografias corresponderiam ao escoamento de água. A sonda Mars Odissey identificou a presença de K (potássio) nas planícies do hemisfério boreal.

A baixa massa do planeta, a erosão atmosférica e o desaparecimento do campo magnético em Marte empobreceram a atmosfera e, muito depressa, a água líquida desapareceu da superfície. Atualmente, há quantidades importantes de gelo nos polos, nas calotas glaciais e em solos congelados. Se houve vida em Marte, provavelmente nesse contexto serão encontrados traços.

82.6 Conclusão

Marte, quarto planeta do sistema solar, apresenta uma história complexa. Há quatro milhões de anos, o planeta tinha um campo magnético e uma atmosfera primitiva espessa. Nessas condições, a água líquida pôde existir na superfície do planeta. As condições eram semelhantes às da Terra da mesma época. Antes de três bilhões de anos, as condições degradaram-se pela perda progressiva da atmosfera e pelo desaparecimento do campo magnético marciano.

Questionário de Múltipla Escolha QME

Em cada questão, uma ou mais alternativas estão corretas.

1 Em Astronomia, uma Unidade Astronômica (UA) corresponde a:
- a) uma unidade arbitrária sem grandeza.
- b) a distância Terra – Sol.
- c) a distância Terra – Lua.
- d) a velocidade da luz no vácuo.

2 A idade do sistema solar é:
- a) 4,5 Ma.
- b) 4,5 Ga.
- c) equivalente à dos condritos.
- d) calculada por efeito Doppler.

3 Qual é o corpo chamado "telúrico"?
- a) Vênus.
- b) Saturno.
- c) Io (satélite de Júpiter).
- d) Urano.

4 O campo magnético terrestre:
- a) tem intensidade constante em toda a superfície do globo.
- b) é medido em kT (kiloTesla).
- c) varia de intensidade e de inclinação no decorrer do tempo.
- d) pode estar "fossilizado" nas rochas vulcânicas.

5 Nas altas latitudes (regiões polares, latitude > 60°):
- a) o balanço radioativo é deficitário.
- b) a salinidade oceânica é mais elevada do que nas zonas tropicais.
- c) as águas marinhas são densas.
- d) o fluxo solar incidente é mais alto do que no equador.

6 Um bom fóssil estratigráfico:
- a) deve ter ampla distribuição geográfica.
- b) é, acima de tudo, um lindo fóssil.
- c) deve corresponder a uma espécie que apresentou uma evolução lenta.
- d) permite a datação relativa.

7 O período de um elemento radioativo:
  ☐ a) corresponde ao tempo necessário para que se desintegre totalmente.
  ☐ b) é também chamado de meia-vida.
  ☐ c) está relacionado à constante de desintegração.
  ☐ d) é de 5,57 Ka para o ^{14}C.

8 Em Mineralogia, os silicatos são:
  ☐ a) minerais com a mesma densidade.
  ☐ b) minerais que precipitam na mesma rede cristalina.
  ☐ c) compostos, principalmente, de $(SiO_4)^{4-}$.
  ☐ d) os minerais mais abundantes da crosta terrestre.

9 A crosta oceânica:
  ☐ a) é mais densa do que a crosta continental.
  ☐ b) é de natureza granítica.
  ☐ c) é espessa em uma centena de quilômetros.
  ☐ d) forma-se no nível das dorsais oceânicas.

10 As falhas normais:
  ☐ a) são características de zonas em extensão.
  ☐ b) separam dois blocos da crosta terrestre, seguindo em movimentos horizontais.
  ☐ c) são numerosas nos vales axiais das dorsais oceânicas.
  ☐ d) também são chamadas de falhas transformantes.

11 No domínio oceânico, a CCD:
  ☐ a) é a profundidade a partir da qual começa a dissolução dos carbonatos.
  ☐ b) está acima da lisoclina.
  ☐ c) é a profundidade sob a qual não é possível nenhum depósito de calcita.
  ☐ d) é idêntica em qualquer ponto do domínio oceânico.

12 Num diagrama de fase, o Solidus é:
  ☐ a) o limite entre os domínios "tudo líquido" e "tudo sólido".
  ☐ b) o limite entre os domínios "tudo líquido" e "líquido + sólido".
  ☐ c) o limite entre os domínios "sólido + líquido" e "líquido + sólido".
  ☐ d) o limite entre os domínios "tudo sólido" e "sólido + líquido".

13 A camada D":
  ☐ a) é o local de formação de determinados pontos quentes.
  ☐ b) situa-se na transição entre o manto e o núcleo externo.
  ☐ c) localiza-se a aproximadamente 3.000 km de profundidade.
  ☐ d) é também chamada de descontinuidade de Lehman.

Questionário de Múltipla Escolha

14 O plano de Wadati-Benioff:
- ☐ a) situa-se no limite entre a crosta continental e a crosta oceânica.
- ☐ b) é definido pela divisão dos pontos sísmicos em profundidade, numa zona de subducção.
- ☐ c) permite definir a inclinação do painel mergulhante.
- ☐ d) é o limite inferior da atividade sísmica em zona de subducção.

15 Os diferentes limites de placas são:
- ☐ a) as falhas transformantes, as zonas de acreção oceânica, as zonas de subducção.
- ☐ b) as falhas inversas e as falhas normais.
- ☐ c) as zonas de obducção, de colisão e de subducção.
- ☐ d) as transições continentes/oceanos, os pontos quentes, as planícies abissais.

16 O geoide:
- ☐ a) passa pelo nível médio dos oceanos.
- ☐ b) é uma superfície confundida com a elipsoide de referência.
- ☐ c) também é chamado de superfície de compensação isostática.
- ☐ d) corresponde à superfície equipotencial da força da gravidade.

17 A fusão das rochas do manto sob uma dorsal oceânica deve-se:
- ☐ a) ao aumento da temperatura.
- ☐ b) a uma diminuição da pressão, sem mudança de temperatura.
- ☐ c) à presença de água.
- ☐ d) à interseção do geoterma com o Solidus dos peridotites.

18 Debaixo de uma montanha, a transição crosta/manto (Moho):
- ☐ a) sobe.
- ☐ b) desaparece.
- ☐ c) afunda.
- ☐ d) entra em subducção.

19 Num oceano, o talude localiza-se:
- ☐ a) entre a fossa e as planícies abissais.
- ☐ b) entre a plataforma continental e as planícies abissais.
- ☐ c) no nível de uma margem passiva.
- ☐ d) nos limites da placa.

20 As rochas chamadas de ultrabásicas são:
- ☐ a) pobres em sílicas.
- ☐ b) subsaturadas.
- ☐ c) ricas em minerais ferro-magnesianos.
- ☐ d) muito simples.

Questões de revisão

Ficha 1

A lei de Wien (1883) demonstra que o comprimento de onda da radiação energética máxima emitida por um corpo escuro é inversamente proporcional a sua temperatura de superfície:
λ = 0,0029/ T (em Kelvin)
Considere que o comprimento de onda l de intensidade máxima é emitido pelo Sol, em torno de 500 nm. Calcule a temperatura de superfície dessa estrela.

Ficha 2

Com base na Fig. 2.2, calcule a intensidade B do campo magnético terrestre em Paris, considerando-se que D = –0,904°; I = 64°; h = 20.906 nT.

Ficha 3

1 Um perfil de areias de idade oligocênica apresenta um nível de conglomerados com seixos rolados de sílex pretos que contêm fósseis de ouriços-do-mar silicificados e rolados. Os ouriços-do-mar são do Oligoceno?
2 Numa matéria em fusão de riolitos permianos, encontram-se antigas cavidades de desgaseificação com preenchimento silicatado do tipo geódico, ou litófito. O esquema a seguir mostra um desses litófitos na posição que ocupava no momento de sua descoberta *in situ*. O litófito está na posição normal? Que hipótese pode-se formular quanto à posição da matéria em fusão de riolitos?

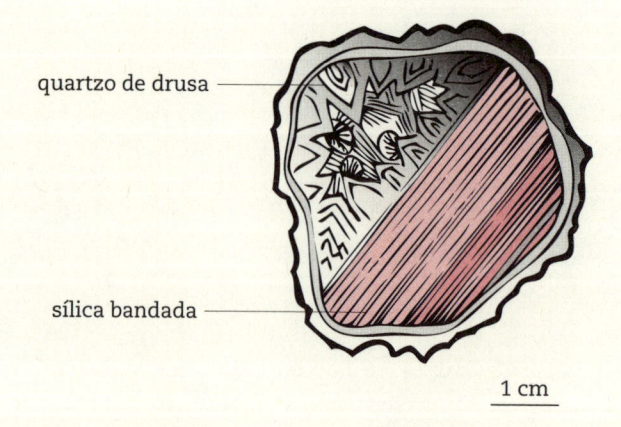

Ficha 10

1 Que papel a Lua pode desempenhar nessa teoria astronômica do clima?
2 Por que a estrela polar é fixa?

Questões de revisão

Ficha 11
Quantas moléculas de água podem se ligar ao redor de outra molécula de água por meio das ligações hidrogênicas?

Ficha 15
As recentes técnicas de ilustração sísmica (tomografia) revelaram certa heterogeneidade das temperaturas no manto. Qual é o fenômeno observado?

Ficha 18
Calcule o bombeamento ($P_2 - P_1$) observado no eixo de uma dorsal oceânica com o emprego da igualdade das pressões em **a** e em **b**, com a profundidade de compensação P_3.

As massas do volume são: $\rho_{água} = 1$ g/cm³; $\rho_C = 2,90$ g/cm³; $\rho_L = 3,28$ g/cm³; $\rho_M = 3,15$ g/cm³; $\rho_A = 3,40$ g/cm³.

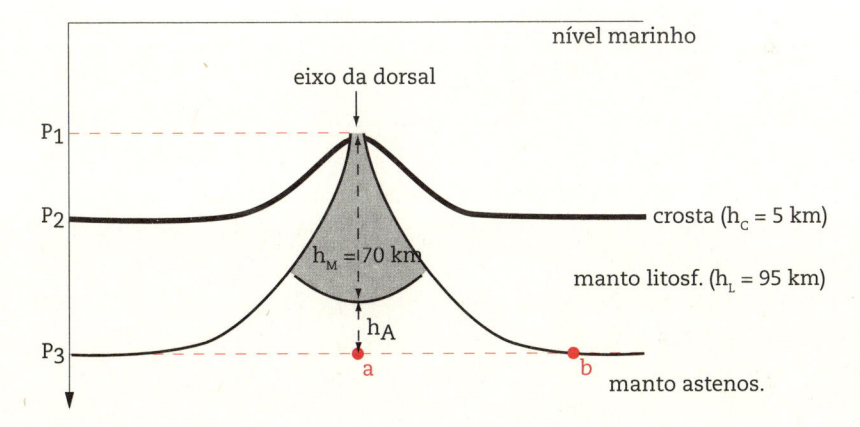

Ficha 19
Quais são as diferenças entre duas espécies minerais isotípicas de um lado e, do outro, polimorfas?

Ficha 20
1 Proponha um método que permita separar os minerais metálicos (sulfeto de chumbo, densidade 7,5 e sulfossais de prata) dos grãos de uma areia aluvial.
2 Um estudante de geologia vai fazer um estágio em campo: o que ele deve levar para reconhecer e identificar as rochas e as formações que deve estudar?

Ficha 23
1 De acordo com a classificação de Cox, qual é a porcentagem de SiO_2 de um diorito? Pode-se também encontrar quartzo?
2 A classificação de Streckeisen (Fig. 23.2) baseia-se nas proporções relativas de quatro minerais.
   a) Coloque no diagrama a rocha com a seguinte composição:
      Q = 50%; P = 25%; F = 25%. Qual é o nome dessa rocha plutônica?
   b) Qual é a porcentagem de quartzo em uma essexita?

Ficha 27

1. No microscópio, uma amostra colhida nos Alpes mostra uma paragênese de granada e onfacita. Em torno das granada desenvolve-se uma auréola de anfibólio, o glaucofânio. A amostra é recortada por filetes verdes claros de actinota e epídoto. Qual pode ser a história dessa rocha?
2. Uma lâmina delgada numa rocha granulada encontrada numa cadeia de montanhas mostra as seguintes paragêneses:

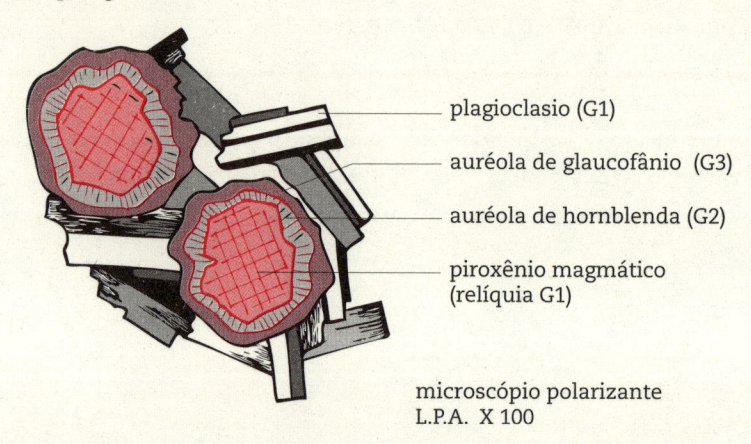

plagioclasio (G1)
auréola de glaucofânio (G3)
auréola de hornblenda (G2)
piroxênio magmático (relíquia G1)

microscópio polarizante
L.P.A. X 100

a) Identifique a paragênese G1. Qual é o protolito?
b) Qual é a cronologia entre as paragêneses G1, G2 e G3? Coloque as paragêneses G1, G2 e G3 no diagrama PT.
c) Qual é a história dessa rocha? Em que contexto(s) geodinâmico(s) ela se formou?

Ficha 32

Imagine uma ilha vulcânica, cujo ponto culminante atinge 700 m acima do nível do mar, e repousa sobre uma crosta oceânica datada de 16 Ma. Quanto tempo seria necessário para que essa edificação esteja completamente submersa?

Ficha 33

Que informações são obtidas por meio do estudo e da localização de focos sísmicos em de fossas de subducção? Como se interpreta a ausência de sismicidade em profundidades superiores a 600-700 km?

Ficha 34

Como datar o fechamento de um oceano materializado por uma sutura ofiolítica?

Ficha 35

Um cavalgamento é uma falha de baixo ângulo (tabular) de amplitude quilométrica. Em que contexto(s) geodinâmico(s) ela pode ocorrer?

Ficha 36

No cruzamento de uma dobra anticlinal observam-se fendas de tensão mineralizadas em quartzo e calcita. Qual é a relação entre a abertura da fenda e o eixo da dobra?

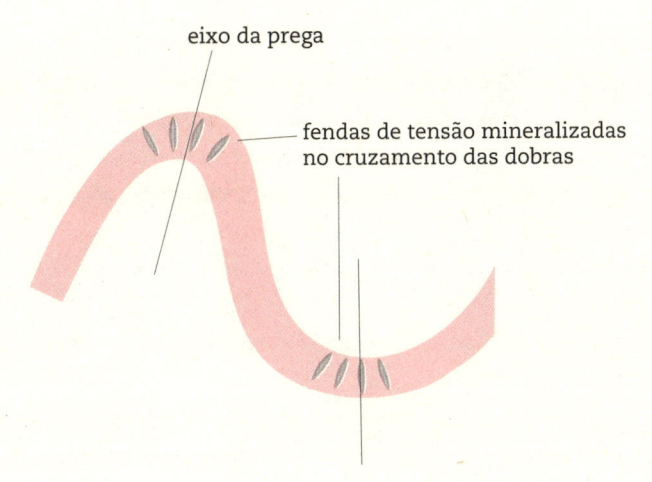

Questões de revisão — eixo da prega — fendas de tensão mineralizadas no cruzamento das dobras

Ficha 37
1. Por que se deve usar um modelo de propagação de onda para calcular uma distância ao epicentro em vez de uma simples lei d = v/t?
2. Qual é a contribuição da análise do tempo de percurso das diferentes ondas sísmicas, além da localização de um sismo?

Ficha 38
A que profundidade pode-se formar magma nas zonas de subducção?

Ficha 39
Um batolito de granito leucocrático apresenta um contato difuso com as rochas encaixantes (paragnaisse). Qual é a possível origem desse granito?

Ficha 41
1. A mistura quartzo-albita é considerada congruente. A partir dos dados do diagrama de fases do sistema quartzo-albita (Fig. 41.2), qual é a composição relativa de uma mistura quartzo-albita com 65% de SiO_2 depois da cristalização?
2. O estudo de um cumulado cromífero de dunitas mostra um acamamento muito parecido com aquele de sedimentação. Como uma rocha magmática pode mostrar tais feições?

Ficha 42
O alinhamento de ilhotas vulcânicas do Imperador (oceano Pacífico) mostra a existência de um ponto quente (sempre ativo no Havaí). Os basaltos das ilhas de Detroit (52° N) e de Suiko (44° N) foram datados em 82 e 65 Ma, respectivamente. Ao considerar que o trajeto que separa essas duas ilhas vulcânicas segue a mesma longitude, calcule a velocidade (em cm · ano^{-1}) de deslocamento da placa pacífica.

Ficha 55
Encontram-se nos depósitos Ordovicianos (370 Ma) depósitos mal selecionados, heterométricos, com seixos trapezoidais estriados. Trata-se de que tipo de sedimento e o que se pode deduzir?

Ficha 56

1. Uma perfuração realizada em Beauce revela a superposição de estratos de rochas aquíferas. A −568 m de profundidade, as areias glauconíticas de idade albiana encerram aproximadamente $4{,}25 \cdot 10^{11}$ m^3 de água pouco mineralizada, cuja temperatura é de 28°C. A água que alimenta esse aquífero é originária de Aragonne e calcula-se sua velocidade de escoamento em 4 m · ano^{-1}.
   a) O que acontece quando se perfura um poço nesse aquífero?
   b) Na cidade de Paris, consomem-se $6{,}5 \cdot 10^5$ m^3 de água por dia. Em quanto tempo esse recurso esgota-se?
   c) Antes de alimentar o aquífero, o trajeto da água da chuva é de 100 km. Pode-se considerar que se trata de um recurso renovável?

2. Uma companhia de armazenamento de resíduos tem o projeto de instalar um aterro em Beauce, num platô de substrato calcário. Uma série de perfurações mostra que, sob 20 m de calcário lacustre muito fraturado, há 45 m de camadas alternadas de areias siliciosas e carbonatadas, em seguida, uma camada de calcários grosseiros, de 6 m, e um nível de argilas verdes com traços de lignita. Os vales próximos do projeto têm fontes permanentes que são captadas para alimentar com água potável as plantações de agrião e os vilarejos vizinhos.
   a) O projeto da central de aterro é pertinente?
   b) Que precauções devem ser tomadas?

Ficha 64

A atividade humana deve ser considerada como a causa de uma atual crise biológica maior?

Ficha 67

Qual seria a velocidade de propagação de um *tsunami* de origem tectônica a uma profundidade oceânica de 1.000 m?

Ficha 68

Os centros de vigilância sísmica registraram um terremoto de magnitude 9, cujo epicentro estava na orla do Chile, ao longo da fossa de Atacama (oceano Pacífico).
1. É preciso dar o alarme?
2. A que horas o *tsunami* chegaria à Ilha de Páscoa, situada a 4.200 km da costa chilena?

Ficha 69

Os diamantes são encontrados apenas em zonas cratônicas estáveis. Por quê?

Ficha 71

Qual é a expressão literal para o cálculo de um grau de longitude (em quilômetros) para determinada latitude? Atribuir o valor numérico para 1° de longitude na latitude 45° (Norte ou Sul).

Ficha 73

Realizou-se uma sondagem vertical através de uma série sedimentar do fundo de um lago nos sete primeiros metros de profundidade. A análise das inversões do campo magnético terrestre desses sedimentos revelou a seguinte sucessão:

Profundidade (cm)	Polaridade	Duração das inversões
0-90	Normal	0-0,7 Ma
90-130	Inversa	0,7-0,9 Ma
130-300	Normal	0.9-1 Ma
300-520	Inversa	1-1,8 Ma
520-700	Normal	1,8-2 Ma
700-?	Inversa	2-2,4 Ma

Ao comparar esses dados com os da escala de referência calibrada por métodos radiométricos, forneça a taxa de sedimentação do conjunto da sondagem (em mm · 1.000 anos^{-1}).

Gabarito das QME

1. **b)** a distância Terra – Sol.
2. **b)** 4,5 Ga.
   c) equivalente à dos condritos.
3. **a)** Vênus.
   c) Io (satélite de Júpiter).
4. **c)** varia de intensidade e de inclinação no decorrer do tempo.
   d) pode estar "fossilizado" nas rochas vulcânicas.
5. **a)** o balanço radioativo é deficitário.
   c) as águas marinhas são densas.
6. **a)** deve ter ampla distribuição geográfica.
   d) permite a datação relativa.
7. **b)** é também chamado de meia-vida.
   c) está relacionado à constante de desintegração.
   d) é de 5,57 Ka para o ^{14}C.
8. **c)** compostos, principalmente, de $(SiO_4)^{4-}$.
   d) minerais mais abundantes da crosta terrestre.
9. **a)** é mais densa do que a crosta continental.
   d) forma-se no nível das dorsais oceânicas.
10. **a)** são características de zonas em extensão.
    c) são numerosas nos vales axiais das dorsais oceânicas.
11. **c)** é a profundidade sob a qual não é possível nenhum depósito de calcita.
12. **d)** o limite entre os domínios "tudo sólido" e "sólido + líquido".
13. **a)** é o local de formação de determinados pontos quentes.
    b) situa-se na transição entre o manto e o núcleo externo.
    c) localiza-se a aproximadamente 3.000 km de profundidade.
14. **b)** é definido pela divisão dos pontos sísmicos em profundidade, numa zona de subducção.
15. **a)** as falhas transformantes, as zonas de acreção oceânica, as zonas de subducção.
16. **a)** passa pelo nível médio dos oceanos.
    d) corresponde à superfície equipotencial da força da gravidade.
17. **b)** a uma diminuição da pressão, sem mudança de temperatura.
    d) à interseção do geoterma com o Solidus dos peridotitos.
18. **c)** afunda.
19. **c)** no nível de uma margem passiva.
20. **a)** pobres em sílicas.
    b) subsaturadas.

Respostas das questões de revisão

Ficha 1

T° = 5.800 K. A luz emitida pelo Sol é branca e corresponde a um espectro amplo de emissão, que cobre todos os comprimentos de onda do visível, com intensidades variáveis. Na Terra, o Sol parece amarelo, pois, ao atravessar a atmosfera terrestre, a cor azul encontra-se bem difusa. Então, esse "filtro atmosférico" deixa passar uma mistura de amarelo (dominante), laranja e vermelho.

Ficha 2

A partir da Fig. 2.2, obtêm-se as seguintes expressões:
$$X = h \cos(D), Y = \text{sen}(D) \text{ e } I = \tan^{-1}(z/h) \text{ e } B = (X^2 + Y^2 + Z^2)^{1/2}$$

Aplicação numérica:
$$X = 20.903{,}34 \text{ nT}; Y = -329{,}84 \text{ nT e } Z = 42.878{,}20 \text{ nT}$$
$$\Rightarrow B_{\text{Paris}} = 47.703{,}23 \text{ nT}$$

Ficha 3

1. Os fósseis de ouriços-do-mar foram silicificados e remanejados antes de seu depósito no conglomerado oligoceno e, portanto, a silificação e a erosão são posteriores à fossilização do ouriço-do-mar e anteriores aos depósitos oligocenos.
2. O preenchimento dessa cavidade ocorreu em dois momentos: depósito de sílica bandada na base, depois preenchimento do geodo do espaço restante. Originalmente, a litação de sílica e calcedônia foi horizontal, e a parte geódica ficava por cima. O geodo foi empurrado aproximadamente 50° em relação a sua posição inicial. Portanto, pode-se supor que a matéria em fusão de riolito também foi deslocada em 50° em relação a sua posição inicial.

Ficha 10

1. A Lua, satélite da Terra, tem o papel de "moderadora", por estabilizar a obliquidade do planeta (amplitudes de ± 1,30°). Em compensação, o planeta Marte, que só tem dois pequenos satélites (Deimos e Fobos), tem obliquidade suscetível de grandes variações (de ± 30°).
2. Porque ela se situa no prolongamento do eixo de rotação da Terra, cuja inclinação é variável em relação às estrelas (precessão). Assim, a estrela polar não é sempre a mesma: atualmente, trata-se de uma estrela da constelação da Ursa Menor; há 4.000 anos era Alfa do Dragão e, daqui a 12.000 anos, será Vega, uma estrela da constelação da Lira.

Ficha 11

Uma molécula de água pode ser rodeada de quatro outras moléculas de água ao criar duas ligações hidrógenas entre seus átomos de H e dois O de outras moléculas e duas ligações hidrogênicas entre seu átomo de oxigênio e dois átomos de H de outras moléculas.

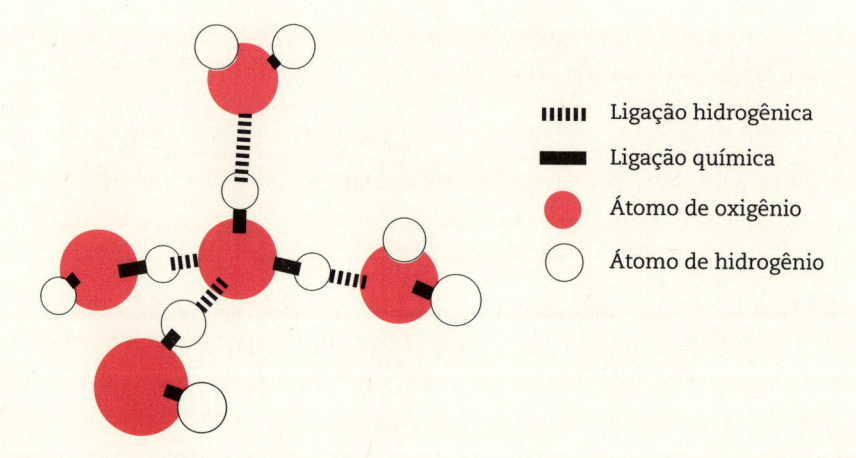

|||||| Ligação hidrogênica
▬▬ Ligação química
● Átomo de oxigênio
○ Átomo de hidrogênio

Ficha 15
As diferenças de temperatura observadas no manto ilustram o fenômeno de sua convecção. Por exemplo, as diferenças térmicas entre a base e o topo do manto, associadas a um comportamento plástico, acionam os movimentos de matéria ditos convectivos. Tais anomalias também são observadas sob as zonas de subductilidade, onde o material frio e denso (a litosfera) atravessa o material mais quente (a astenosfera).

Ficha 18
O equilíbrio isostático impõe **Pa = Pb**, ou seja:
$$\rho_M h_M + \rho_A (h_C + h_L + (P_2 - P_1) - h_M) = \rho_C h_C + \rho_L h_L + \rho_{água} (P_2 - P_1)$$
$$\Rightarrow (P_2 - P_1) = [\rho_A (h_M - h_L - h_C) + \rho_L h_L + \rho_C h_C - \rho_M h_M]/(\rho_A - \rho_{água})$$
Aplicação numérica:
$$(P_2 - P_1) = 1{,}5 \text{ km.}$$

Ficha 19
Duas espécies minerais são isotípicas quando elas não apresentam as mesmas composições químicas, porém apresentam a mesma estrutura cristalina, os mesmos poliedros de coordenação e pertencem ao mesmo grupo espacial (ex.: halita (NaCl) e silvita (KCl) do sistema cúbico).
Duas espécies são polimorfas quando apresentam a mesma fórmula química, mas não se organizam no mesmo sistema cristalino (ex.: calcita ($CaCO_3$) no sistema romboédrico e aragonita ($CaCO_3$) no sistema ortorrômbico).

Ficha 20
1 Os sulfetos e sulfossais de chumbo apresentam densidade importante. Eles são separados dos outros grãos pela gravidade, quando se lava a areia na água corrente: os minerais mais leves são eliminados, os minerais mais densos ficam no recipiente de lavagem. É o princípio da prospecção aluvial "na bateia".
2 Um frasco de ácido diluído para a identificação dos carbonatos; alizareína para destacar a dolomita; uma lâmina de vidro para o teste de dureza; o martelo, para saber se o mineral risca o aço e para obter uma fenda recente; uma lupa de mão para observar (clivagens, brilho, ranhuras etc.), sacos para amostras de rochas para estudos em laboratório; um marcador para

numerar as amostras e um bloco de papel para anotar e desenhar as observações em campo, a jazida da amostra e seu número de referência.

Ficha 23

1 A porcentagem de SiO_2 de acordo com o diagrama de Cox está entre 55% e 63% de SiO_2: excepcionalmente, o quartzo sob forma mineral pode estar expresso, mas sua presença não é significativa, o que não é o caso dos dioritos quartíferos, nos quais o quartzo e o ortoclásio são frequentes.

2 a) É um granito.

b) As essexitas contêm feldspatoides, portanto não contêm quartzo.

Ficha 27

1 A paragênese de granada/onfacita é característica de fácies eclogitas. A rocha é um metagabro subductado. A presença de auréolas de reação de glaucofânio, depois de filetes secantes de actinota e epídoto assinala uma emersão relativamente rápida à superfície e testemunha uma colisão.

2 a) G1 comporta relíquias de piroxênio magmático e de cristais de plagióclase. O protolito é uma rocha granulosa: é um gabro.

b) Com o contato entre os minerais de G1, desenvolve-se uma auréola de reação de hornblenda G2. G2 é posterior a G1 e anterior a G3 (auréola de glaucofânio).

c) O protolito formou-se na litosfera oceânica por resfriamento lento de um magma basáltico (G1). Um resfriamento do gabro em contato com a água do mar formou uma nova paragênese G2. G3 mostra que as condições de pressão e de temperatura variaram e correspondem a uma subducção da litosfera oceânica no manto.

Ficha 32

Esquematicamente, a litosfera oceânica é soterrada à medida que envelhece, segundo a lei:

$$P = 2.500 + 350 \cdot t^{0,5}$$

É preciso começar pelo cálculo da profundidade atual da crosta oceânica, cuja idade é de 16 Ma e que suporta a ilhota vulcânica:

$$P = 2.500 + 350 \cdot (16)^{0,5} = 3.900 \text{ m}$$

Para submergir totalmente a ilha, é preciso um aprofundamento total de:

$$P = 3.900 + 700 = 4.600 \text{ m}$$

Essa profundidade será atingida em:

$$4.600 = 2.500 + 350 \cdot t^{0,5} \Leftrightarrow t = 36 \text{ Ma}.$$

Ficha 33

Os focos sísmicos localizados em profundidade nas zonas de subducção permitem "visualizar" o plano de Wadati-Benioff, que mostra as pressões sofridas pela litosfera mergulhante em contato com a astenosfera. Além de determinada profundidade, a ausência de sismicidade pode significar:

- uma ruptura da placa em subducção;
- uma queda de rigidez da placa em subducção e/ou uma mudança nas condições mecânicas torna a deformação plástica, portanto, assísmica.

Observa-se que, em geral, a profundidade máxima de localização dos sismos encontra-se em torno de 670 km, ou seja, na transição entre o manto superior e inferior. No caso da subducção lenta de uma placa relativamente jovem (subducção ao Sul do Japão), a sismicidade desaparece rapidamente (40-60 km), pois o painel mergulhante tem tempo para se re-equilibrar termicamente com a astenosfera ambiente.

Ficha 34

Os ofiólitos correspondem a fragmentos de litosfera oceânica carreados sobre os continentes durante a obdução. São encontrados em cadeias de montanhas, o que ilustra a cicatriz (ou sutura) de um oceano fechado. A idade do fechamento oceânico pode ser conhecida:
- pela datação dos sedimentos com base diretamente em discordância sobre os ofiólitos;
- pela datação do metamorfismo que, potencialmente, tenha afetado os ofiólitos;
- pela datação do metamorfismo da margem continental, desencadeado pela obdução.

Ficha 35

Um cavalgamento resulta em um encurtamento significativo e a um espessamento vertical. Ocorre num contexto em compressão, nas cadeias de montanhas, quando a pressão das rochas sobrejacentes é fraca; portanto, na parte superior da cadeia.

Ficha 36

No cruzamento de uma dobra, as pressões são tamanhas, que σ_1 e σ_2 estão no plano axial. A abertura ocorre por σ_3, perpendicular ao plano axial. Portanto, ele vai abrir uma série de fendas, pelas quais os fluidos poderão migrar para cristalizar.

Ficha 37

1. Utilizar uma lei simples do tipo V = d/t implicaria uma Terra de composição e densidade homogêneas. Como essa abordagem é falsa, é preciso uma lei mais complexa, que considere as heterogeneidades dos meios atravessados pelas ondas sísmicas.
2. A análise do tempo de percurso das ondas sísmicas informa a natureza e a composição dos diferentes invólucros do globo terrestre. As ondas de volume (P e S) informam quanto às estruturas profundas, enquanto as ondas de superfície (L), que circulam na parte sólida da superfície, permitem diferenciar a crosta oceânica ($Vp = 5{,}4$ km.s^{-1}) da crosta continental ($Vp = 6{,}5$ km.s^{-1}).

Ficha 38

O geoterma intercepta o Solidus dos peridotites hidratados em dois pontos, que correspondem a 80 km e 200 km, isto é, a uma pressão de 25 a 80 kbar.

Ficha 39

O contato é difuso, então não há diferença térmica entre o granito e a encaixante metamórfica. O granito resulta da anatexia dos paragnaisses de origem sedimentar quando as rochas ultrapassam o Solidus do granito. Se o granito for intrusivo, pode-se observar uma auréola de metamorfismo de contato entre as duas formações.

Ficha 41

1. O quartzo e a albita não são miscíveis: a fusão de uma rocha com essas duas espécies minerais resulta em um líquido de composição idêntica à da rocha inicial.

2. Numa câmara magmática, os primeiros cristais que se formam por cristalização fracionada são a olivina e os óxidos (CrO_2, TiO_2...). As correntes de convecção e a gravidade separam o magma líquido dos primeiros cristais formados. Os minerais vão sedimentar nas paredes da câmara magmática e seu depósito evidencia os traços da corrente que os transportou. Trata-se de "sedimentação" magmática.

Ficha 42

A distância **d** que separa as duas ilhas é de 8° de latitude:

$$d = (8\pi/180) \cdot R_{TERRA} = 889{,}4 \text{ km}$$

Ao superpor a velocidade de deslocamento da placa constante entre 82 e 65 Ma (ou seja, 17 Ma), obtém-se:

$$V = d/T = 889{,}4 \cdot 10^5 / 17 \cdot 10^6 = 5{,}23 \text{ cm.ano}^{-1}$$

Ficha 55

Esses depósitos são característicos de um till com seixos de estrias glaciais. Essas rochas chamam-se tilitos. Isso pressupõe a existência de importantes geleiras do Ordoviciano (480-440 Ma).

Ficha 56

1. a) A água da perfuração está sob pressão, portanto, ela deve jorrar do poço (artesiano).

   b) $4{,}25 \cdot 10^{11} \text{ m}^3 / 6{,}5 \cdot 10^5 \text{ m}^3 \cdot \text{j}^{-1} = 6{,}53 \cdot 10^5$ dias, portanto menos de 2.000 anos (1.789 anos).

   c) A água deve percorrer 100 km a uma velocidade de 4 m.ano^{-1}, portanto, $t = 10^5/4$.
   Logo, $t = 2{,}5 \cdot 10^4$ anos. Na escala humana, esse recurso não é renovável.

2. a) O calcário fraturado é muito permeável, e a água superficial penetra muito depressa nos níveis arenosos subjacentes. A água de infiltração é retida pelo nível de argilas impermeáveis e forma um aquífero, cujo exutório encontra-se no nível das fontes que pontilham os vales próximos. Uma poluição devida aos resíduos do aterro iria poluir esse aquífero e também ameaçaria a saúde das populações tributárias das captações da atividade econômica ligada às plantações de agrião: portanto, o projeto não parece pertinente.

   b) Esse tipo de local deve ser implantado sobre rochas impermeáveis e muito pouco porosas. Além disso, é preciso prever sistemas de toldos e de papel-filme isolante, para evitar um contato entre o subsolo e projetar bacias de coleta e de tratamento das águas servidas, que são muito poluidoras.

Ficha 64

Infelizmente, esse é um debate amplo e atual. A dificuldade está em discriminar o que se deve a um processo natural daquilo que resulta da atividade antrópica (poluição, desmatamento...). Constata-se que o número de espécies desaparecidas atualmente é da mesma ordem de grandeza observada durante a crise K/T.

Ficha 67

A uma profundidade de 1.000 m, a velocidade de um *tsunami* de origem tectônica é obtida pela relação v ≈ $\sqrt{g \cdot h}$, portanto, nesse momento, v ≈ 95 km · h^{-1}.

Ficha 68

1 Um terremoto de tal magnitude deve-se à subducção sob a placa sul-americana, potencialmente muito perigosa (ver terremoto de 1960). Portanto é preciso tocar um alarme imediato, que abranja todos os países ou ilhas do Pacífico.
2 Estima-se que a velocidade de um *tsunami* de origem tectônica seja de 870 km/h. Portanto os 4.200 km são percorridos em menos de cinco horas.

Ficha 69

A localização dos diamantes está ligada ao seu modo de jazimento, em chaminés (*pipes*) de kimberlito. Como as zonas cratônicas nunca passaram por subducção, só os kimberlitos das zonas estáveis puderam ser preservados. Encontram-se também diamantes de pláceres, onde a erosão desmantelou os kimberlitos que são preservados nos sedimentos.

Ficha 71

Em qualquer latitude α é possível definir um círculo, paralelo ao plano do equador, de circunferência:

$$C = 2 \cdot \pi \cdot r = 360° \text{ de longitude}$$

e **r = R cos** α, em que R é o raio da Terra.

A circunferência desses círculos aumenta com a aproximação do equador, isto é, quando a latitude diminui. Portanto,

$$1° \text{ de longitude} = (2 \cdot \pi \cdot R \cdot \cos \alpha)/360.$$

A 45° de latitude (Norte ou Sul), 1° de longitude corresponde a aproximadamente 85 km (como referência de máxima ordem de grandeza, 1° de longitude do equador equivale a cerca de 111 km).

Ficha 73

A taxa de sedimentação (T_x) corresponde à espessura de sedimento depositado por unidade de tempo. Portanto trata-se de uma velocidade. Na escala da sondagem estudada, calcula-se essa taxa de duas maneiras simples:

- Faz-se um cálculo "médio", limitando-se às extremidades da sondagem:

$$T_x = 7.000/2 \cdot 10^3 = 3,5 \text{ mm.ka}^{-1}$$

- Os dados das inversões dos campos magnéticos permitem subdividir a série em intervalos de duração mais curta, bem pressionados no tempo. Então, calcula-se a taxa de sedimentação para cada intervalo (T_i) antes de calcular a média:

$$T_i = ep_i / \text{duração i}$$
$$T_x = S(T_i)/ni \Rightarrow T_x = 6,4 \text{ mm} \cdot \text{ka}^{-1}.$$

Leitura recomendada

Os resumos oferecem uma visão extremamente sintética dos diferentes assuntos abordados. Para ampliar e aprofundar seus conhecimentos, o leitor deverá consultar as obras na forma e conteúdo originais. Seguem algumas das leituras recomendadas tanto gerais quanto especializadas.

BABIN C., *Principes de paleontologie*. Armand Colin, 449 p., 1997.

BARDINTZEFF J.-M., *Volcanologie*, 4/e. Dunod, 320 p., 2011.

BOILLOT G., HUCHON P., LAGABRIELLE Y. et BOUTLER J., *Introduction à la géologie: la dynamique de la lithosphère*, 4/e. Dunod, 228 p., 2008.

BONIN B., MOYEN J.-F., *Magmatisme et roches magmatiques*, 3/e. Dunod. 320 p., 2011.

BRAHIC A., HOFFERT M., LARDEAUX J.M., SCHAAF A. et TARDY M., *Sciences de la Terre et de l'Univers*. Vuibert, 617 p., 2004.

CAMPY M. et MACAIRE J.J., *Géologie de la surface. Érosion, transfert et stockage dans les environnements continentaux*, 2/e. Dunod. 448 p., 2003.

CANEROT J., *Les Pyrénées – Histoire géologique*, Vol. 1. Atlantica, 516 p., 2008.

CARON J. M., GAUTHIER A., L ARDEAUX J. M., SCHAAF A., ULYSSE J., WOZNIAK J., *Comprendre et enseigner la planète Terre*. Ophrys, 303 p., 2004.

COJAN I. et RENARD M., *Sédimentologie*, 2/e. Dunod, 444 p., 2006.

DEBELMAS J. et MASCLE G., *Les grandes structures géologiques*, 5/e. Dunod, 336 p., 2008.

DERCOURT J., L ANGLOIS C., PAQUET J. et THOMAS P., *Géologie: objets, méthodes et modèles*, 12/e. Dunod. 534 p., 2006.

DE WEVER P., LABROUSSE L., RAYMOND D. et SCHAAF A., *La mesure deu temps dans l'histoire de La Terre*. Vuibert, 132 p., 2005.

FOUCAULT A., *Climatologie et paléoclimatologie*, Dunod, 320 p., 2009.

GILLI E., MANGAN C., et MUDRY J., *Hydrogéologie*, 2/e. 352 p., Dunod, 2008.

POMEROL C. et coll., *Stratigraphie: méthodes, principes et applications*. Doin, 283 p., 1987.

POMEROL C., LAGABRIELLE Y. et RENARD M., *Elements de géologie*, 14/e. Dunod, 762 p., 2011.

LETHIERS F., *Évolution de la biosphère et événements géologiques*. Gordon Breach. 321 p., 1998.

REY J. et coll., "Stratigraphie terminologie française". *Bull. Centres Rech. Explor. Prod. Elf Aquitaine*. Mem. 19, 164 p., 1997.

SOREL D., VERGELY P., *Atlas d'initiation aux cartes et aux coupes géologiques*. 2/e. Dunod. 120 p., 2010.

Índice remissivo

A

ACD (Aragonite Compensation Depth) 155, 156
acondrito 202, 203
acreção 9, 12, 29, 52, 105, 107, 108, 109, 111, 112, 113, 115, 121, 160
albedo 29, 48, 175, 232
alteração mecânica 145, 149
alteração química 53, 58, 145, 146, 147, 149, 150, 151
altímetro 211
alto nível marinho 156
amonita 195
anatexia 124, 128, 129, 142, 143
andar 18, 96, 187, 196
angiosperma 195
anisotropia 77, 79, 98
anomalia de Bouguer 68, 69, 70
anomalia gravimétrica 66, 68, 69, 71
anomalia magnética 109, 139, 227
anoxia 191, 192, 197
anticlinal 117, 183, 218
aplito 83
aquiclude 176
aquífero 117, 176, 177, 220
arco insular 103, 107, 108, 112, 113, 122, 126
areia 152, 154, 158, 172, 177, 183, 220, 230
argila 76, 151, 152, 154, 157, 158, 172, 177, 178, 183, 186
astenosfera 52, 53, 54, 63, 108, 111, 114, 115, 124, 140, 143
asteroide 9, 11, 12, 181, 202, 208
atividade bacteriana 165, 185, 235
atmosfera 11, 12, 26, 29, 30, 33, 34, 39, 41, 43, 44, 52, 54, 55, 56, 58, 59, 60, 61, 62, 185, 194, 195, 202, 231, 232, 235, 236
atualismo 16, 190
auréola de reação 97
australopiteco 198
autigênese 166

B

bacia marginal 107
bacia sedimentar 107, 160, 182
baixo nível marinho 156
basalto 53, 64, 84, 96, 98, 101, 109, 115, 125, 126, 131, 136, 142, 143, 168, 210, 234
batimetria 161, 162
biorresistasia 151, 152
biosfera 52, 54, 55, 56, 60, 61, 147, 186, 195, 196, 197
biostasia 151
bioturbação 18, 165, 191
biozona 20, 22, 23, 190
bipedalidade 198
birrefringência 76, 77, 79, 80

C

cadeia de montanhas 70, 107, 109, 113, 115, 121, 140, 188
calcrete 166, 180
camada D" 64, 93, 94, 137
campo de gravidade 67, 212
campo magnético 13, 14, 15, 140, 197, 217, 218, 231, 234, 235, 236
carbonato de cálcio 155
cartografia 205, 207, 211, 231
célula de Ferrel 35
célula de Hadley 35

célula polar 35
Cenozoico 156, 174, 195
CH4 30, 31, 56, 58, 88, 168, 183, 185, 231
ciclo biogeoquímico 55
ciclo da água 52, 53, 54, 55
ciclo do carbono 56, 58, 59, 62
ciclo do nitrogênio 60, 61
ciclo eustático 19, 160
ciclo orogênico 188
ciclo sedimentar 19, 24, 144
cimento 89, 90, 91, 178
cinemática 138, 139, 140
cinza 88, 154, 158, 198, 206, 207
clima 29, 34, 36, 40, 47, 48, 49, 51, 54, 55, 149, 150, 151, 159, 160, 173, 174, 175, 189, 220
clivagem 74, 79, 80
cloreto 76, 81, 158
clorinidade 38
CO_2 30, 31, 39, 40, 43, 52, 56, 58, 59, 61, 62, 88, 147, 155, 166, 175, 185, 232
coesita 100, 202
colisão 72, 113, 114, 115, 122, 129, 143, 208
composição química da água do mar 39, 53
concreção cárstica 166
Cone submarino 154
constante radioativa 24, 25
convergência 43, 72, 107, 112, 113, 114, 122, 141, 161
coordenada 212, 213, 214
corpo sedimentar 162, 163
criosfera 170
crise biológica 21, 195, 196, 197
cristalização fracionada 84, 126, 128, 132, 133, 134
crosta 12, 53, 54, 61, 63, 64, 71, 72, 81, 101, 102, 105, 106, 107, 108, 109, 111, 112, 113, 114, 115, 116, 117, 126, 129, 131, 140, 156, 161, 168, 169, 218, 220, 233
crosta oceânica 53, 64, 101, 102, 105, 107, 109, 112, 114, 131, 140, 156, 161, 168, 218

cumulado 132, 180
curva de nível 177, 213, 214, 216, 218

D

datação absoluta 23, 24, 28
datação relativa 16, 18, 20, 21, 23, 24, 28, 231
delta 154
densidade 11, 12, 37, 41, 50, 51, 64, 68, 69, 71, 72, 74, 75, 93, 101, 102, 112, 114, 134, 165, 230
depósito deltaico 154
depósito eoliano 154
depósito fluviátil 154
depósito glacial 154
depósito lacustre 154
depósito vulcano-sedimentar 154
descalcificação 166
descontinuidade 21, 22, 63, 64, 65, 93, 101, 149, 230
deserto 154, 220
desidratação 126, 129, 131, 147, 166
desintegração 24, 25, 26, 27
desnitrificação 60, 61
diáclase 120, 149, 220
diagênese 28, 89, 91, 142, 164, 165, 166, 167, 180, 183, 192
diagênese precoce 164, 165, 166
diagênese tardia 165, 166
diapiro 128, 131, 180, 183
diatomácea 91, 158
dissolução 79, 144, 146, 147, 149, 155, 156, 165, 166, 192, 210, 219, 220
dobra 18, 116, 117, 118, 119, 150, 200, 215, 217, 218, 229
dobra anticlinal 117
dolomitização 166
dorsal 29, 53, 96, 101, 102, 103, 105, 107, 109, 110, 111, 112, 121, 122, 125, 126, 131, 135, 138, 139, 140, 141, 154, 159, 161, 168, 169, 179

dorsal médio-oceânica 53, 159
dorsal oceânica 29, 96, 101, 103, 105, 109, 121, 126, 135, 168
downwelling 43
dunitos 135

E

Ediacara 194
efeito estufa 29, 30, 31, 52, 56, 61, 62, 175
elipsoide 63, 66, 67, 68, 116, 211
elíptica 11, 34, 47, 48
energia solar 29, 34, 54, 58
eolianito 166
epicentro 108, 122, 123
erosão 18, 40, 48, 53, 59, 90, 107, 118, 143, 144, 145, 149, 150, 151, 152, 154, 160, 168, 170, 171, 172, 181, 202, 220, 235
erupção vulcânica 20, 21, 87, 204, 206, 217
escala 10, 15, 16, 18, 20, 22, 28, 36, 53, 58, 59, 71, 74, 75, 117, 123, 139, 160, 161, 175, 187, 188, 189, 190, 206, 209, 211, 213, 214, 216, 217, 218, 223, 230, 234, 235
escala dos tempos 175, 188, 189
escala estratigráfica 20, 187, 223
estimativa radioativa 34
estimativa térmica 29
estratigrafia 16, 17, 18, 19, 20, 22, 23, 163, 187, 229
estratigrafia sequencial 21, 163
estratotipo 18, 19, 187, 188
estrela 9, 48, 202
estuário 154
eustatismo 160, 161, 162
evaporação 30, 35, 38, 39, 43, 46, 54, 92, 174
evolução 21, 48, 111, 134, 162, 166, 167, 169, 172, 182, 183, 186, 195, 196, 198, 207
extensão 17, 22, 23, 37, 103, 105, 107, 109, 121, 173, 175, 180, 190
extinção 76, 79, 80, 188, 196, 197

exumação 21, 48, 106, 111, 134, 142, 162, 166, 167, 169, 172, 182, 183, 186, 195, 196, 198, 207

F

fácies 17, 22, 94, 99, 100, 128, 142, 143, 156, 158, 229
falha 17, 103, 105, 106, 120, 121, 183, 204, 212, 215, 217, 229
falha inversa 121
falha normal 105, 109, 115, 120, 121, 217
falha transformante 103, 120
Fanerozoico 160, 162, 187, 188, 196
feldspático 98
feldspato 82, 84, 90, 148
feldspatoides 84
fengita 100
fenocristal 83, 84
fermentação 58, 186
ferralitização 151
ferromagnesianos 84
fibrorradiadas 83
filíticas 97
filonianas 83, 84
físico-químicas 37, 39, 53, 63, 156, 165, 166, 190, 197
fixação biológica 60, 61
fluido hidrotermal 143, 169
flutuações climáticas 172
fluxo sedimentar 161, 162
foco 112, 113, 122
foco sísmico 112
foraminífero 188
força da gravidade 66, 67, 68, 69, 71, 72
fosfato 43, 81, 82, 158
fosfatos 43, 82, 158
fossa de subducção 113, 138
fossa oceânica 103, 107, 122, 168
fóssil 18, 20, 21, 23, 24, 26, 58, 59, 61, 89, 136, 137, 140, 182, 183, 185, 187, 188, 189,

190, 191, 192, 194, 196, 198, 200, 235
fóssil estratigráfico 190
fossilização 165, 189, 191, 192, 193
fotossíntese 26, 58, 59, 60, 61, 185, 186
freático 176
fusão parcial 65, 84, 93, 101, 102, 107, 108, 109, 111, 126, 130, 131, 137

G

gabros 101, 108, 109, 115
geleira 53, 55, 87, 154, 170, 171
geobarômetro 98, 100
geoide 66, 67, 68, 212
geomorfologia 219, 220, 232
geoterma 124, 125, 142, 143
geotermômetro 97, 98, 100
gimnosperma 194, 195
glaciação 48, 54, 72, 170, 173, 174, 175
glaucofânio 100, 131, 143
graben 121
gradiente geotérmico 63, 142, 143, 183
gradiente térmico 37, 143, 164
granito 64, 84, 128, 129, 130, 180
granulometria 148, 154, 165, 230
grão 83, 89, 97, 131, 158, 165, 220, 230
gravimétrica 67, 68
Gulf Stream 42
Gutenberg (descontinuidade) 63, 64, 93

H

halmirólise 164, 165, 166
hidratação 116, 126, 129, 147
hidrocarboneto 117
hidrólise 144, 146, 147, 148, 150, 151
hidrosfera 29, 34, 37, 52, 53, 54, 56, 58, 93, 194, 195
hidrotermalismo 40, 111, 120, 121, 168, 169
hidróxido 146, 148, 151, 152, 158
hominídeo 195
hominização 198

hornblenda 82, 142
hulhíferos 140

I

impactito 202
inclinação 13, 15, 26, 27, 34, 47, 103, 112, 113, 120, 121, 214, 215, 216, 217, 217, 219, 231
inlândsis 72, 154, 170, 175
insolação 31, 34, 41, 47, 48, 161
inversão tectônica 114, 115
isócrono 28
isostasia 71, 72
isótopos radioativos 24, 25
isótropo 63, 77, 79

J

jadeíta 100
jet stream 35

K

40K/40Ar 24, 26, 28
kimberlito 93, 180, 209

L

lago 53, 54, 55, 154, 172, 213, 221
laguna 154
lama calcária 158
lama siliciosa 158
latitude 13, 15, 31, 32, 34, 35, 37, 38, 39, 41, 42, 43, 44, 47, 48, 66, 68, 146, 150, 155, 161, 213, 214
lava 18, 28, 87, 88, 90, 106, 126, 154, 178, 207, 234
Lehman 63, 65
Lehman (descontinuidade) 218
lineamento 97, 98
linha de costa 162
linhagem humana 173, 198, 200
litificação 166
litosfera 52, 53, 54, 56, 63, 71, 84, 94, 101,

105, 106, 107, 108, 109, 111, 112, 114, 115, 121, 122, 124, 126, 128, 129, 136, 138, 140, 142, 143, 160, 168, 169, 178, 202

litosfera continental 108, 114, 128, 129, 143

litosfera oceânica 53, 56, 94, 106, 107, 108, 109, 111, 112, 114, 115, 126, 136, 138, 143, 160, 169

longitude 213, 214

lunar 84, 181, 202, 234

luz natural (LPNA) 77, 78, 79, 80

luz polarizada (LPA) 77, 78, 79, 80, 229

M

macla 73, 74, 76, 79, 80

macrofóssil 189

magma 26, 81, 82, 83, 84, 87, 101, 102, 107, 108, 109, 124, 125, 126, 128, 131, 132, 134, 136, 137, 206

magnetização 217, 218

magnetização remanente natural 217

magnetocrono 217, 218

magnetoestratigrafia 15, 21, 217, 218

magnetopausa 13

magnetosfera 13, 15

magnetozona 217

magnitude 123, 204, 206

malha 73, 74

manto 12, 53, 61, 63, 64, 67, 72, 93, 94, 95, 96, 101, 106, 107, 108, 109, 111, 112, 113, 115, 124, 125, 126, 128, 129, 130, 131, 136, 137, 140, 145, 150, 152, 161, 179, 233

manto empobrecido 131

manto superior 63, 67, 72, 96, 101, 125, 137

mapa geológico 213, 215, 217, 218

mapa topográfico 213, 215

margem 103, 105, 106, 107, 108, 112, 113, 115, 121, 126, 157, 161, 162, 163, 179, 226

margem ativa 103, 106, 107, 108, 112, 115, 121, 126, 179

margem passiva 103, 105, 106, 107, 115, 121,

157, 161

matriz 83, 89, 90, 91, 202, 203

mesocrático 84

mesosfera 63, 232

Mesozoico 140, 156, 174, 195

metamorfismo 98, 128, 129, 142, 143, 165, 180, 216, 229

metamorfismos oceânicos 142

metassomatose 97, 98, 166, 180

meteorito 9, 20, 21, 28, 52, 64, 142, 180, 197, 202, 203, 204, 208, 235

microfóssil 189

micropaleontologia 189

microscópio polarizante 77, 78, 79, 80, 82

milonito 120, 121

mineral 24, 25, 26, 53, 64, 73, 74, 75, 76, 77, 78, 79, 80, 81, 82, 83, 84, 89, 90, 91, 94, 97, 98, 100, 117, 121, 129, 130, 131, 133, 134, 142, 145, 146, 147, 148, 149, 150, 151, 166, 168, 176, 178, 179, 180, 181, 183, 186, 189, 192, 202, 209, 210, 216, 229, 230, 234, 235

Moho 63, 65, 101, 115

MOHO 93, 233, 234

movimento atmosférico 34, 35, 36

movimento oceânico 39, 48, 50, 54

movimentos atmosféricos 29, 31, 34, 35, 36, 48, 54

N

nitrificação 60, 61

nível de base 160

nível de compensação da calcita (CCD) 154, 155, 156, 158, 159

nível marinho relativo 161

núcleo 11, 12, 13, 24, 29, 63, 64, 65, 93, 96, 137, 185, 203, 233

núcleo externo 29, 63, 64

núcleo interno 29, 63, 64

O

oceano 34, 36, 37, 38, 39, 40, 41, 42, 43, 44,

46, 48, 51, 52, 53, 54, 55, 56, 58, 59, 61, 63, 67, 70, 71, 72, 87, 93, 101, 102, 103, 105, 106, 107, 108, 109, 112, 113, 114, 115, 122, 137, 138, 140, 155, 156, 157, 159, 168, 169, 197, 204, 205, 211, 212

ofiólito 114, 115, 131

olivina 64, 73, 82, 84, 93, 94, 126, 131, 203, 233

onda sísmica 63, 64, 93, 124, 207, 230

onfacita 100, 143

órbita 11, 12, 47, 67, 211, 212, 231

origem biológica 81, 157, 159

origem terrígena 157

orogênese 188

oscilações do nível do mar 160

óxido 81, 82, 84, 148, 151, 154, 158, 181, 234

ozonosfera 194

P

paleomagnetismo 139, 140

paleontologia 21, 22, 189, 190

paleotemperatura 173

Paleozoico 140, 174, 194

palinologia 189

paragênese 98, 100, 128, 129

parâmetros orbitais 21, 22, 47, 48, 161, 173

pedogênese 151, 166

pegmatito 180

peridotites 101, 102, 108, 111

peri-hélio 47

peritético 132

petróleo 91, 182, 183, 184

pH 61, 151, 155, 166

placa 29, 53, 58, 75, 94, 101, 105, 106, 107, 108, 112, 113, 114, 115, 121, 122, 136, 137, 138, 139, 140, 143, 159, 168, 169, 175, 179, 204, 212, 226, 228, 234

planaltos continentais 92

planeta gigante 12

planeta telúrico 9, 11, 12

planície abissal 103, 105, 111, 154, 168

plano reticular 73, 74

plataforma continental 72, 103, 151, 157, 162

pleocroísmo 79

Plutão 9, 12

poços artesianos 176

podzol 150

poeira 12, 88, 154, 158, 202, 232, 233

polar 31, 34, 35, 36, 37, 38, 44, 50, 51, 63, 66, 173, 174, 232, 233

polimorfo 100, 166

polo magnético 13

ponto quente 96, 126, 136, 138, 139

pontos quentes 94, 125, 136, 137, 138

poro 53, 89, 165, 185

porosidade 165, 166, 176, 230

potencial iônico 146

precipitação 35, 38, 39, 46, 52, 54, 90, 92, 134, 145, 146, 147, 154, 165, 166, 168, 220

pressão litostática 71, 118, 142

protolito 97, 142, 143

psicrosfera 37

pterópode 158

Q

quartzo 73, 75, 80, 81, 84, 90, 91, 98, 100, 129, 130, 131, 133, 142, 148, 151, 166, 180, 202

quimiossíntese 168

R

radiocronologia 24, 25, 28, 218, 230

reajuste isostático 72, 150

reciclagem 52, 54, 55, 56, 58, 60, 112, 169, 178

recristalização 79, 98, 166

regressão 27, 197, 198, 212

regressões 162, 197

rejeito 120, 121, 178

reservatório 52, 54, 55, 56, 58, 59, 61, 101, 176, 182, 183

respiração 26, 39, 58, 59, 186
rifting 105, 120
rio 39, 44, 53, 54, 55, 105, 149, 154, 157, 168, 171, 183, 211, 213, 217
riolitos 126
Rios 55
rocha 16, 17, 18, 20, 22, 24, 25, 26, 27, 52, 54, 56, 58, 71, 73, 75, 76, 77, 78, 79, 82, 83, 84, 85, 89, 90, 91, 92, 97, 98, 99, 101, 102, 107, 108, 109, 116, 117, 118, 120, 124, 126, 128, 129, 130, 131, 132, 134, 135, 142, 143, 144, 145, 146, 147, 148, 149, 150, 151, 164, 165, 166, 171, 176, 177, 178, 179, 180, 181, 182, 183, 185, 187, 188, 189, 190, 191, 192, 202, 209, 210, 216, 217, 219, 220, 222, 229, 230, 234
rocha carbonada 91
rocha carbonatada 180
rocha detrítica 90
rocha evaporítica 92, 145, 219
rocha fosfatada 92
rocha-mãe 144, 148, 149, 150, 151, 183
rocha magmática 83, 97
rocha siliciosa 76, 91
rochas magmáticas 24, 26, 79, 83, 84, 108, 126, 132
rocha terrígena 90
rocha ultrabásica 84, 209, 210
rocha vulcânica 17, 83, 84, 90, 149, 234

S

salinidade 37, 38, 39, 40, 41, 44, 51, 154, 155, 161
satélite 9, 11, 31, 67, 139, 205, 206, 211, 212, 231
sedimentação evaporítica 154
sedimentação gravitacional 131, 154
sedimentação nerítica 154, 157
sedimentação pelágica 154, 155, 157
sedimento 24, 37, 56, 58, 59, 61, 89, 90, 91, 92, 107, 115, 140, 143, 144, 154, 155, 156, 157, 158, 159, 161, 163, 164, 165, 166, 167, 171, 172, 173, 174, 183, 189, 190, 191, 192
sedimentologia 21, 22, 89, 229
sequência 18, 21, 22, 23, 152, 162, 217, 218
sequência de depósito 162
série isomorfa 132, 133, 134
série magmática 134
sílica 81, 83, 84, 91, 101, 102, 126, 150, 151, 166, 168, 178, 192, 210
silicato 12, 26, 81, 84, 148, 151, 158
silt 90, 158, 172, 177
simbiose 61, 168, 169
sinclinal 116, 117, 218
sismicidade 107, 108, 112, 225
sismo 64, 108, 122, 123, 204, 206, 208, 212
sismograma 122, 123
sistema cristalino 73, 74, 79, 210
sobreposição 114, 118
soclo 180
Sol 9, 11, 12, 29, 33, 41, 47, 231
sólido 11, 13, 52, 56, 64, 65, 73, 87, 93, 96, 101, 109, 124, 137, 165, 170
solutos 144
stishovita 81, 100, 142, 202
subductilidade 137
subsaturação 150, 155, 159
subsidência 43, 72, 109, 143, 156, 160, 161, 162, 163, 211
substâncias nitrogenadas 40
substituição 166, 210
sulfato 81, 82, 158, 168, 180, 235
sulfetos 81, 82, 121, 154, 158, 168, 179, 180, 181
superfície de compensação 71
superfície piezométrica 176

T

tafonomia 191
taxa de sedimentação 92, 154, 158
tectito 21, 158, 202
tectónica das placas 140, 159, 234
temperatura 31, 33, 37, 38, 39, 40, 41, 50, 51,

52, 63, 65, 81, 88, 94, 96, 98, 101, 102, 118, 125, 128, 131, 132, 134, 142, 147, 148, 149, 150, 151, 154, 155, 161, 164, 165, 166, 168, 174, 175, 202, 209, 210, 220, 231, 232
temperaturas 29, 31, 37, 132, 146
tempo de residência 52, 55, 56, 61
termoclina permanente 37
termoclina sazonal 37
tomografia sísmica 93, 94, 95, 96, 230
transporte de Ekman 41
trapa 136
trasgressão 162
trato 94
tsunami 122, 204, 205, 206, 207, 212
tufos 88, 166

U

unidade cronoestratigráfica 187, 188
unidade geocronológica 187
upwelling 43, 159

V

vidro 75, 84, 88, 158, 202
vítrea 83, 202
vulcanismo 64, 87, 93, 107, 108, 109, 113, 121, 126, 136, 197, 231, 234
vulcão 52, 58, 87, 88, 89, 90, 107, 109, 136, 154, 206, 207, 212, 233, 234

X

xenomórfico 83
xistosidade 97, 98

Z

zonagem 35, 76, 150